大气污染控制与治理探究

张平 著

U0345755

团结出版社
UNITY PRESS

图书在版编目（ＣＩＰ）数据

大气污染控制与治理探究 / 张平著. -- 北京 ： 团结出版社, 2024.2

ISBN 978-7-5234-0841-4

Ⅰ.①大... Ⅱ.①张... Ⅲ.①空气污染控制－研究 Ⅳ.①X510.6

中国国家版本馆 CIP 数据核字(2024)第 050794 号

大气污染控制与治理探究

出版发行：团结出版社
　　　　　（北京市东城区东皇城根南街 84 号）
电　　话：(010)65228880 65244790
网　　址：http://www.tjpress.com
E—mail：65244790@163.com
经　　销：全国新华书店
印　　刷：山东宏文印务有限责任公司

开　　本：210mm×285mm　　1/16
印　　张：17.5
字　　数：280 千字
版　　次：2024 年 2 月第 1 版
印　　次：2024 年 2 月第 1 次印刷

书　　号：978-7-5234-0841-4
定　　价：92.00 元

随着社会经济的快速发展，工业化、城镇化进程的加快，使得人口快速增长、煤炭使用量大幅攀升、汽车迅猛普及，这些现象都导致大气污染越来越严重，并且日益危害到人们的生存环境，特别是近年来大众对于PM2.5的关注度居高不下，使得业界重新刮起了一股关注大气污染的浪潮。据目前所知，大气污染物种类多样，它的预防与治理也显得困难重重，但这并不意味着人们对大气污染物毫无办法，对于大气污染的预防与治理还是有律可循的。

大气污染物对人类的危害相当巨大，我们需要在事前做好防护工作，事后做好治理工作，不能割裂二者之间的联系，只有二者形成良性互动、有效配合，大气污染物的防治工作才能有长足的进步。

本书是一本研究大气污染控制与治理的专业著作。在写作过程中，作者参阅了大量的相关资料，对相关文献的作者，在这表示感谢。由于写作时间仓促，书中难免存在不妥之处，敬请各位专家、学者、读者朋友们批评指正。

目 录

第九章 地方政府协同治理大气污染问题研究

第十章 大气污染联防联控的社会参与机制研究

第十一章 应用实例分析

第一章　大气污染控制概论

第一节　大气与大气污染

一、大气的组成

（一）大气和空气

国际标准化组织（ISO）对大气和空气作了如下定义：大气是指环绕地球的全部空气的总和；环境空气是指人类、植物、动物和建筑物暴露于其中的室外空气。据此，我们可以看到"大气"和"空气"并无本质的区别，只是"大气"所指范围比"空气"要大一些。大气污染控制工程所研究的内容和范围其实更侧重于和人类关系最密切的近地层环境空气，因此无论是"大气"或"空气"，都是指"环境空气"。

（二）大气的组成

大气是多种气体的混合物，其组成可以分为三部分：干燥清洁的空气、水蒸气和各种杂质。

干洁空气主要成分是氮、氧、氩和二氧化碳气体，其含量占全部干洁空气的99.996%（体积），氖、氦、氪、甲烷等次要组分只占0.004%左右。由于大气丰富而有序的运动，使得从地面到90km高度这一人类经常活动的范围内，干洁空气的组成保持不变，物理性质基本相同。

大气中的水蒸气含量，平均不到0.5%，与干洁空气不同，水蒸气的分布极不均匀。随着时间、地点和气象条件的不同，其变化可达0.01%~4%。大气中的水蒸气具有重要的功能，它通过云、雾、雨、雪、霜、露等天气现象的变化，实现了大气中热能的输送和交换。此外，水蒸气吸收太阳辐射的能力

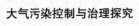

较弱，但吸收地面长波辐射的能力较强，所以对地面的保温起着重要的作用。

大气中的各种杂质是由于自然过程和人类活动排到大气中的各种悬浮微粒和气态物质形成的。大气中的悬浮微粒包括水滴、冰晶、有机微粒和无机固体微粒。有机微粒主要有细菌、病毒、植物花粉等；无机微粒则包括燃料燃烧和人类活动产生的烟尘、岩石和土壤风化后的尘粒、流星燃烧后产生的灰烬、浪花溅起的盐粒、火山灰等；气态物质主要有硫氧化物、氮氧化物、碳氧化物、硫化氢、氨、甲烷、甲醛、恶臭气体等。

杂质的存在对辐射的吸收和散射，对云、雨、雾的形成、对各种光学现象及人体的健康都具有重要影响，已经深深地影响了我们的生活和未来，是大气污染控制工程研究和治理的对象。

二、大气污染的基本概念

（一）大气污染

国际标准化组织对大气污染的定义为：由于人类活动或自然过程引起的某些物质进入大气中，呈现出足够的浓度，达到了足够的时间，并因此而危害了人体的舒适、健康和福利或环境。其中人类活动包括生产活动和生活活动；自然过程包括火山活动、山林火灾、海啸、土壤和岩石的风化及大气圈中空气的运动等。对人体舒适、健康的危害，包括对人体正常生理机能的影响，引起疾病以至死亡等；福利则包括与人类协调共存的生物、自然资源及财产、器物等。大气污染主要是由人类活动造成的。

（二）大气污染源和大气污染物

1. 大气污染源

大气污染源可以分为自然污染源和人为源两类：自然污染源是指由于自然原因向环境释放污染物的地点或场所；人为源是指由于人类的生产活动和生活活动形成的污染源。大气污染控制工程的研究对象主要是人为源。

根据研究的对象和目的的不同，人为源又可做以下划分：按污染源的状态，可分为固定源（各类工厂、窑炉等）和移动源（机动车、飞机等）；按污染物排放的方式，可分为点源（污染物集中于一点或相当于一点的小范围排放源，如工厂的烟囱排放源）、面源（在相当大的面积范围内有许多个污染物排放源，如一个居住区内许多大小不同的污染物排放源）和线源；按污染物排放的时间，可分为连续源、间歇源和瞬时源；按污染物产生的类型，可分为工业污染源、生活污染源和交通污染源。根据对主要大气污染物的分类统计分析，大气污染源可概括分为三大方面：燃料燃烧、工业生产和交通运输。

2. 大气污染物

国际标准化组织对大气污染物的定义为：由于人类活动或自然过程排入大气的并对人或环境产生有害影响的物质。

大气污染物种类很多，按其存在状态可以分为气溶胶状态污染物和气体状态污染物。

（1）气溶胶状态污染物

在大气污染中，气溶胶是指沉降速度可以忽略的固体粒子、液体粒子或它们在气体介质中的悬浮体系，亦称颗粒物。按照气溶胶的物理性质，可将其分为以下几种：①粉尘：指悬浮于气体介质中的小固体颗粒，受重力作用能发生沉降，但在一段时间内能保持悬浮状态。它通常是由固体物质的破碎、研磨、分级、输送等机械过程或土壤、岩石的风化等自然过程形成的。颗粒的形状往往是不规则的。颗粒的尺寸范围一般为 $1\sim200\mu m$。②烟：指由冶金过程形成的固体颗粒的气溶胶。它是由熔融物质挥发后生成的气态物质的冷凝物，在生成过程中总是伴有诸如氧化之类的化学反应。烟颗粒的尺寸很小，一般为 $0.01\sim1\mu m$。③飞灰：指随燃料燃烧产生的烟气排出的分散得较细的灰分。④黑烟：指由燃料燃烧产生的能见气溶胶。在无须仔细区分的工程中，一般将冶金过程和化学过程形成的固体颗粒气溶胶及燃料燃烧过程中产生的飞灰和黑烟称为烟尘；在其他情况下或泛指小固体颗粒的气溶胶时，则通称粉尘。⑤雾：指气体中液滴悬浮体的总称。在气象中指造成能见度小于 1km 的小水滴悬浮体。

根据粉尘颗粒的大小，颗粒物又可分为总悬浮颗粒物、可吸入颗粒物 PM_{10}、细颗粒物 PM2.5。

总悬浮颗粒物（TSP）：指分散在大气中的各种粒子的总称，其空气动力学当量直径小于等于 $100\mu m$，是目前大气质量评价中的一个通用的重要污染指标。

可吸入颗粒物（PM_{10}）：指悬浮在空气中，空气动力学当量直径小于等于 $10\mu m$ 的颗粒物。

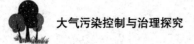

细颗粒物（PM2.5）：指悬浮在空气中，空气动力学当量直径小于等于$2.5\mu m$的颗粒物。

PM$_{10}$和PM2.5已经成为最引人注目的研究对象。因为粒径越小，越容易被人直接吸入并沉积在呼吸道中，对人体健康的危害越大。且因其在大气中长期漂浮，易使污染范围扩大，为新的光化学反应提供反应床，并产生危害更大的二次污染物。

2012年2月29日，我国发布新修订的《环境空气质量标准》（GB3095—2012），新标准增加了细颗粒物（PM2.5）的浓度限值监测指标。

（2）气体状态污染物

气体状态污染物是以分子状态存在的污染物，简称气态污染物；气态污染物种类极多，主要分为五大类：以二氧化硫为主的含硫化合物、以一氧化氮和二氧化氮为主的含氮化合物、碳氧化合物、有机化合物及卤素化合物（表1-1）。

表1-1　气体状态污染物

类别	一次污染物	二次污染物	主要人为源
含硫化合物	SO_2，H_2S	SO_3，H_2SO_4，MSO_4	燃烧含硫的燃料
含氮化合物	NO，NH_3	NO_2，MNO_3	在高温时N_2和O_2的化合
有机化合物	$C_1\sim C_{10}$	醛、酮、过氧乙酰基硝酸酯、O_3	燃料燃烧，精炼石油，使用溶剂
碳的氧化物	CO，CO_2	无	燃烧
卤素化合物	HF，HCL	无	冶金作业

对气体状态污染物，根据其来源又可分为一次污染物和二次污染物。一次污染物是指直接从污染源排放到大气中的原始污染物质；二次污染物是指由一次污染物与大气中已有组分或几种一次污染物之间经过化学或光化学反应而生成的与一次污染物性质不同的新污染物质。

对上述主要气态污染物的特征、来源等简单介绍如下。

①硫氧化物：硫氧化物中主要有二氧化硫，它是目前大气污染中数量较大，影响范围较广的一种气态污染物。大气中二氧化硫的来源很广，几乎所有工业企业都可能产生二氧化硫。它主要来自化石燃料的燃烧过程，以及硫化物矿石的焙烧、冶炼等热过程。火力发电厂，有色金属冶炼厂、硫酸厂、

炼油厂，以及所有烧煤或油的工业窑炉等都会排放二氧化硫烟气。

②氮氧化物：氮和氧的化合物有 N_2O，NO，NO_2，N_2O_3，N_2O_4 和 N_2O_5，总体上用氮氧化物来表示。其中污染大气的主要是 NO，NO_2。NO 毒性不太大，但进入大气后可被缓慢地氧化成 NO_2，当大气中有臭氧等强氧化剂存在时，或在催化剂作用下，其氧化速度会加快。NO_2 的毒性约为 NO 的 5 倍。当 NO_2 参与大气中的光化学反应，形成光化学烟雾后，其毒性更强。人类活动产生的氮氧化物，主要来自各种炉窑，机动车和柴油机的排气，其次是硝酸生产、硝化过程、炸药生产及金属表面处理等过程。其中由燃料燃烧产生的氮氧化物约占 83%。

③碳氧化物：CO 和 CO_2 是各种大气污染物中发生量最大的一类污染物，主要来自燃料燃烧和机动车排气。CO 是一种窒息性气体，进入大气后，由于大气的扩散稀释作用和氧化作用，一般不会造成危害。但在城市冬季采暖季节或在交通繁忙的十字路口，当气象条件不利于排气扩散稀释时，CO 的浓度有可能达到危害人体健康的水平。CO_2 是无毒气体，但当其在大气中的浓度过高时，氧气含量相对减小，对人体产生不良影响。地球上 CO_2 的浓度的增加会产生"温室效应"，迫使各国政府开始实施控制措施。

④有机化合物：有机化合物很多，从甲烷到长链聚合物的烃类。大气中的挥发性有机化合物（VOC），一般是 $C_1 \sim C_{10}$ 化合物，它与严格意义上的碳氢化合物不完全相同，因为它除含有碳原子和氢原子外，还常含有氧、氮和硫的原子。VOC 是光化学氧化剂臭氧和过氧乙酰硝酸酯（PAN）的主要贡献者，也是温室效应的贡献者之一，所以必须加以控制。VOC 主要来自机动车和燃料燃烧排气，以及石油冶炼和有机化工生产等。

⑤光化学烟雾：光化学烟雾是在阳光照射下，大气中的氮氧化物、碳氢化合物和氧化剂之间发生一系列光化学反应而生成的蓝色烟雾（有时略带紫色或黄褐色）。其主要成分有臭氧、过氧乙酰硝酸酯、酮类和醛类等。光化学烟雾的刺激性和危害要比一次污染物强烈得多。

（三）大气污染的危害

1. 对人体健康的影响

大气污染对人体健康危害严重，其影响与污染物的浓度和毒性、暴露时间，以及人体健康状况有关。呼吸是人体受到大气污染危害的最直接、最主要的途径，因此，大气污染危害的主要表现为会引起一系列呼吸道疾病。此外直接的皮肤吸收和食用受污染的食物也是重要的途径。在突发的高浓度污染物作用下会造成人的急性中毒，并在短时间内引起死亡。

（1）颗粒物

颗粒物对人体健康的影响，主要取决于颗粒物的暴露浓度、颗粒物的粒径和颗粒物的理化活性。

研究数据表明，因呼吸道疾病、心脏病、肺气肿等疾病到医院就诊人数的增加，与大气中颗粒物浓度的增加是相关的。在震惊世界的英国伦敦烟雾事件中，颗粒物的浓度与死亡人数具有高度相关性。

粒径的大小也同样强烈影响着它们危害的范围及其严重性。一方面，粒径越小越不容易沉降，长时间的漂浮会很容易被人吸入体内，且粒径越小，越容易沉积在肺泡的深处，引起严重的尘肺病；另一方面，粒径越小，粉尘比表面积越大，物理、化学活性越高，可以吸附空气中的各种有害气体（如苯并 [a] 芘、细菌）而成为它们的载体和进一步反应的反应床。

颗粒物的化学性质在决定它们对健康和环境的影响时也非常重要，重金属（如铬、锰、镉、铅、汞、砷等）和杀虫剂残余物的危害更大，严重时会引起中毒和死亡。

（2）硫氧化物

SO_2 浓度较低（$1.0 \times 10^{-6} \sim 0.3 \times 10^{-6}$）时，会引起人类包括动物出现支气管收缩，浓度较高（$3 \times 10^{-6} \sim 1 \times 10^{-6}$）时，多数人开始感觉到刺激，浓度达到 1.0×10^{-7} 时刺激加剧，个别人会出现严重的支气管痉挛。与颗粒物和水分结合的硫氧化物对人类健康的影响更加显著。

当大气中的 SO_2 氧化形成硫酸和硫酸烟雾时，即使其浓度只相当于 SO_2 的 1/10，其刺激和危害也将更加明显。据动物实验表明，硫酸烟雾引起的生理反应要比单一 SO_2 气体强 4~20 倍。

（3）一氧化碳

CO 是一种有毒吸入物。被人体吸入后，CO 会与血液中负责携带氧气的血红蛋白结合，其结合力比氧与血红蛋白的结合力大 210 倍，从而妨碍氧气的补给。人暴露于高浓度（大于 7.50×10^{-8}）的 CO 中会导致死亡。

2. 对植物的伤害

受污染的空气对植物的破坏有两种途径：一种是被污染空气中污染物的毒性破坏了敏感的细胞膜。如二氧化硫能直接损害植物的叶子，特别是生理功能旺盛的成熟叶子，因为成熟叶子气孔开得最大，而二氧化硫主要是通过气孔侵入的。氟化氢对植物来说是一种累积性毒物。即使暴露在极低的浓度中，植物最终也会把氟化物累积到足以损害其叶子组织的程度。臭氧可对植物气孔和膜造成损害，导致气孔关闭，可损害三磷酸腺苷的形成，降低光合作用对根部营养物的供应，影响根系向植物上部输送水分和养料。另一种途径是通过乙烯类的化学物质，充当植物激素，干扰植物正常的新陈代谢，破坏植物正常的生长和发展。公路和工业区附近的甲醛含量很高足以伤害敏感植物。一些科学家认为欧洲和北美洲大量森林的毁灭是由于火山喷发出的挥发性有机物造成的。

环境因素之间的特定结合会产生协同效应，即同时面临两种环境因素造成的伤害要大于各单因素分别作用之和。例如，白松幼苗分别暴露于低浓度的臭氧和二氧化硫气体中时，没有可见的伤害发生。可是当同样浓度的两种气体同时作用时，会产生可见的伤害。

3. 对器物和材料的影响

大气污染对金属制品、油漆涂料、皮革制品、纸制品、纺织品、橡胶制品和建筑物等也会产生严重损害。这种损害包括玷污性损害和化学性损害两个方面。玷污性损害时是尘、烟等粒子落在器物表面造成的，有的可以通过清扫冲洗除去，有的很难除去，如煤油中的焦油等。化学性损害是由于污染物的化学作用，使器物腐蚀变质。如 SO_2 可使纸张变脆、褪色，使胶卷出现污点、皮革脆裂并使纺织品抗张力降低，SO_2 是造成金属腐蚀最为有害的污染物。含硫物质或硫酸会侵蚀多种建筑材料，如石灰石、大理石、花岗岩、水泥砂浆等，这些建筑材料先形成较易溶解的硫酸盐，然后被雨水冲刷掉。O_3 及 NO_x 会使染料与绘画褪色，使艺术品失去价值。

4. 对大气能见度和气候的影响

（1）对大气能见度的影响

大气污染最常见的后果之一是大气能见度降低。一般来说，对大气能见

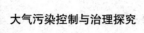

度或清晰度有影响的污染物是气溶胶粒子（TSP、光化学烟雾）、能通过大气反应生成气溶胶粒子的气体（SO_2 和其他含硫化合物）或有色气体（NO_2）。

通常气候干燥时能见度比潮湿时好得多，主要因为细颗粒物从大气中吸收水分长大到更有效地散射太阳光的尺度。能见度降低会影响人们对环境的审美及交通安全。

（2）对气候的影响

大气污染对气候的影响极其复杂，CO_2 等温室气体的增加导致大气层温度升高，气候变暖，形成温室效应，同时气溶胶因为反射阳光使地表空气温度降低，就局部区域而言，气溶胶会大大抵消温室气体的温暖效应，但是气溶胶在空气中存在时间很短，因而降温效果是暂时的。20 世纪许多工业城市都经历了显著的变冷趋势。无论人为气溶胶还是自然气溶胶对气候的影响都是重要的。1991 年菲律宾皮纳图博火山爆发时喷射出的巨量火山灰和硫酸盐颗粒，使全球气温降低 1℃达 1 年之久。由于空气温度升高和海水表层升温造成的水蒸气含量增加是飓风和极端天气（罕见的大雨及洪水）频频发生的直接原因。

三、全球性大气污染问题

（一）全球气候变暖

大气中的 CO_2 和 H_2O 等微量组分对地球长波辐射吸收作用使近地面热量得以保持，从而导致全球气温升高的现象称为"温室效应"。

按照全球政府间气候变化小组（IPCC）第三次报告评估，全球平均地表气温自 1861 年以来一直在升高，20 世纪增加了 0.6℃±0.2℃，全球海平面上升了 10~20cm。该报告和更多的数据显示：全球气候正在发生有史以来从未有过的急剧变化。并且根据各种计算机模型的预测，地球平均表面温度预计在 1990~2100 年还将升高 1.4~5.8℃，海平面将升高 8~9cm。全球气候变暖将使得雪盖面积和冰川面积减少，导致海平面上升，使全球降水格局发生变化并导致全球灾害性气候增加，加大人群的发病率和死亡率，影响农业和自然生态系统。

全球气候变暖主要是人类在自身发展过程中对自然资源的过度开发，特别是对能源的过度使用从而造成大气中人为温室气体快速增加的结果。在已知的 30 多种与气候变化相关的大气组分中，二氧化碳、甲烷、氧化亚氮、氟利昂和臭氧是对气候变暖贡献最为显著的 5 种气体。其主要特征见表 1-2。

表 1-2 主要温室气体及特征

气体	大气中体积分数 /10^{-6}	年增长率 /%	生存期 /a	温室效应比（CO_2=1）	现有贡献率 /%	主要来源
CO_2	355	0.4	50~200	1	50~60	煤、石油
CFC	0.00085	2.2	50~102	3400~15000	12~20	发泡剂、清洗剂
CH_4	1.7	0.8	12~17	11	15	湿地、化石
N_2O	0.31	0.25	120	270	6	化肥、深林砍伐
O_3	0.01~0.05	0.5	数周	4	8	光化学反应

从表 1-2 中可以看出，CO_2 是最主要的温室气体，贡献率达 50%~60%，这主要是因为一方面 CO_2 在大气中所占比重大，全球浓度增长显著；另一方面 CO_2 在大气中性质稳定、能长期存在。据预测，由温室效应加强的全球变暖将持续几个世纪。

CH_4 是大气中浓度最高的有机化合物，各项研究显示，甲烷对红外辐射的吸收带不在 CO_2 和 H_2O 的吸收范围之内。而且 CH_4 在大气中浓度增长的速度比 CO_2 快，单个 CH_4 的红外辐射能力超过 CO_2。因此，CH_4 在温室效应的研究中也具有重要的地位。

大气中的氟利昂没有天然来源，全部来自人为的生产过程。氟利昂的大气寿命很长，而且对红外辐射的吸收能力极强，在"温室效应"中的作用不容忽视。由于对臭氧层的破坏，氟利昂的使用已经有所减缓，但其许多替代品的显著增温能力值得高度关注。

为了有效遏制全球变暖的趋势，1992 年 149 个国家和地区签署了二个协议，允诺减少未来温室气体排放量的增加。这个历史性协议的成果之一就是1997 年 12 月在日本东京由 84 个国家签署的一个正式气候变化议定书——《京都议定书》。这是第一次世界上国家同意对它们各自所设定的未来 CO_2 排放削减量的目标和时间表。中国于 1998 年 5 月 29 日签署了该议定书。

（二）臭氧层破坏

平流层中最重要的化学组分是臭氧，它保存了大气中 90% 的臭氧，我们把这一层高浓度的臭氧称为"臭氧层"。臭氧层距离地球表面为 15~25km，臭氧对太阳的紫外辐射有很强的吸收作用，有效地阻挡了对地表生物有伤害作用的短波紫外线。事实上可以认为，直到臭氧层形成之后，生命才有可能在地球上生存、延续和发展。正常大气中臭氧的柱浓度约为300D.U（多布森单位，Dobsonunit）。

20世纪70年代末和80年代，全世界范围内都观察到了平流层臭氧浓度的降低。最严重的臭氧层破坏是在南极洲，每到春天南极上空的平流层臭氧都会发生急剧的大规模的耗损，极地上空臭氧层的中心地带，有近95%的臭氧被破坏。从地面向上观测，高空的臭氧层极其稀薄，与周围相比像是形成了一个洞，"臭氧洞"因此得名。臭氧洞被定义为臭氧的柱浓度小于200D.U。如果臭氧浓度的降低发生在人口密集地区，那么紫外辐射穿透率的增加会导致皮肤癌、白内障和失明的可能性增加，对海洋中的藻类和浮游植物会造成危害，从而影响陆地和水体的生物地球化学循环。如果臭氧层被我们破坏殆尽，地球的生物将不复存在。

消耗臭氧层物质（ODSs）主要物质是人工合成的全氯氟烃（CFCs，氟利昂）、溴氯氟烷（CFCB，哈龙）、四氯化碳（CCl_4）、甲基氯仿（CH_3CCl_3）、氯氟烃（HCFC）、甲基溴（CH_3Br）等。在平流层中，强烈的紫外线照射使CFCs和哈龙等消耗臭氧层物质发生离解，释放出自由的氯原子和溴原子，它们通过以下反应消耗臭氧：

$$Cl+O_3=ClO+O_2$$

$$ClO+O=Cl+O_2$$

据估算，一个氯原子自由基可以破坏$10^4 \sim 10^5$个臭氧分子，而由哈龙释放的溴原子自由基对臭氧的破坏能力是氯原子的30~60倍。

由于认识到全球范围的平流层臭氧破坏问题，1987年46个国家联合签署了《关于消耗臭氧层物质的蒙特利尔议定书》（以下简称《蒙特利尔议定书》），对破坏臭氧层的物质提出了削减使用的时间要求。我国于1992年加入了《蒙特利尔议定书》。在各项国际环境公约中，《蒙特利尔议定书》是执行得最好的公约之一。但由于氟利昂相当稳定，可以在大气中稳定存在50~100年，即使议定书得到完全履行，臭氧层损耗也只能在2050年以后才有可能完全复原。

（三）酸雨

由于大气中 CO_2 的存在，正常降水的 pH 为 5.6。酸雨通常指 pH 低于 5.6 的降水。现在酸雨的定义已被扩展，泛指酸性物质以湿沉降或干沉降的形式从大气转移到地面上。湿沉降是指酸性物质以雨、雪形式降落地面，干沉降是指酸性颗粒物以重力沉降、微粒碰撞和气体吸附等形式由大气转移到地面。酸雨中绝大部分酸性物质是硫酸和硝酸，它们主要来源于二氧化硫和氮氧化物。

酸雨最早出现在挪威、瑞典等北欧国家，随后扩展至整个欧洲。美国和加拿大东部也是一大酸雨区。由于污染物长距离传输，造成了典型的越境污染问题，加拿大有一半酸雨来自美国。我国经济的快速发展，以及对能源特别是煤炭的大量使用，酸雨问题也日益严重。20 世纪 80 年代，我国的酸雨主要发生在重庆、贵阳和柳州为代表的西南地区，酸雨区面积约为 170 万 km^2。到 90 年代中期，酸雨已发展到长江以南、青藏高原以东及四川盆地的广大地区，酸雨区扩大了 100 多万 km^2。以长沙、赣州、南昌、怀化为代表的华中酸雨区现已成为全国酸雨污染最严重的地区，其中心区平均降水 pH 低于 4.0，酸雨频率高达 90% 以上，已到了"逢雨必酸"的程度。以南京、上海、杭州、福州和厦门为代表的华东沿海地区也成为我国主要的酸雨地区。值得注意的是，华北的京津、东北的丹东、图们等地区也频频出现酸雨，年均 pH 低于 5.6 的区域已占全国国土面积的 40% 左右。

酸雨造成的淡水和溪流的酸化直接影响鱼类和其他水生生物的生存，对海拔较高且土壤贫瘠的森林也具有较大的破坏作用，会导致一些树种死亡。酸雨对特定地区的危害很大程度上还取决于土壤的缓冲容量。如果当地的土壤中含有大量的石灰石，即 $CaCO_3$，那么雨水的酸度会被中和。如果土壤中石灰石含量少，那么观测到的地表水的 pH 比较低，产生的危害效应将很显著，因为酸度的增加也会加速金属从土壤中的溶出，比如铝，这样就增加了水中金属的含量，这些溶解的金属会对水生生物、植物和人类的饮用水造成更大的危害。

为控制酸雨污染，各国都在提倡、研究、实施清洁煤技术，美国建立了一套二氧化硫排放交易制度，以控制二氧化硫的排放，取得了显著的效果。我国实行了排污许可证制度，1998 年 3 月，国务院批复了国家环保总局上报

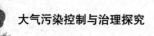

的"酸雨控制区"和"二氧化硫控制区"（"两控区"）划分方案。通过重点整治"两控区"，来遏制二氧化硫的排放，从而减轻酸雨的危害。"两控区"划定范围约占国土面积的 11.4%，二氧化硫排放量约占全国排放总量的 60%。要求到 2010 年全国二氧化硫排放总量控制在 2000 年排放水平以内，酸雨控制区降水 pH 小于 4.5 的面积比 2000 年有明显减少。

第二节　大气污染控制的主要内容

一、大气污染控制的主要对象

大气污染控制的对象主要是人为活动，特别是燃料燃烧、工业生产和交通运输等过程排放的各种废气。主要包括含尘废气、低浓度 SO_2 废气、NO_2 废气、含氟废气、含铅废气、含汞废气、有机化合物废气、H_2S 废气、酸雾、沥青烟及恶臭等，也包括对破坏臭氧层的物质和温室气体的控制。

由于我国的能源结构以煤为主，属于煤烟型污染，所以大气污染控制的重点对象是工业燃煤和居民生活燃煤过程中排放的污染物。随着经济的快速发展，城市化进程的进一步加快，以汽车为代表的石油型污染在一些大中城市日益突出，因此汽车尾气也成为大气污染控制的主要对象。

二、大气污染控制技术

根据污染控制的方法原理，大气污染控制技术可分为洁净燃烧技术、烟气的高烟囱排放、颗粒污染物净化技术和气态污染物净化技术等。根据污染控制对象的不同，大气污染技术又可分为除尘技术、脱硫技术、NO_x 控制技术及含氟废气、含铅废气、含汞废气、有机化合物废气、H_2S 废气、酸雾、沥青烟及恶臭等的净化技术。

（一）洁净燃烧技术

洁净燃烧技术指为提高燃料利用率和减少燃烧过程污染物排放的所有技术的总称，主要是指洁净煤技术和低 NO_x 燃烧技术。垃圾焚烧及其污染控制技术也属于洁净燃烧技术。我国是世界上最大的煤炭生产国和消费国，传统的煤炭开发利用方式导致严重的煤烟型污染，已成为中国大气污染的主要类型。由于以煤为主的能源格局在相当一段时间内难以改变，发展洁净煤技术是现实的选择。其重点技术主要有：

（1）先进的燃煤技术，如流化床燃烧技术等；

（2）燃煤脱硫、脱氮技术，如煤炭洗选、型煤、水煤浆技术等；

（3）煤炭加工成洁净能源技术，如煤炭气化、液化技术，常压循环流化床、加压流化床、整体煤气化联合循环技术（IGCC）等；

（4）提高煤炭及粉煤灰利用率，如煤泥制水煤浆、煤泥和煤矸石燃烧、混烧技术、炉渣做水泥原料、粉煤灰制作各种建材的成型技术。

（二）烟气的高烟囱排放

烟气的高烟囱排放主要是通过高烟囱把含有污染物的烟气直接排入大气，使污染物向更大范围和更远区域扩散、稀释，充分利用大气的自净作用，使烟气达标排放，进一步降低地面空气中污染物的浓度，以减轻局部大气污染问题。虽然高烟囱排放不是根本办法，因为它没从本质上减少污染物的总量，只是暂时降低了污染源周围的污染物浓度，但考虑到我国的实际国情，仍有些地方采用高烟囱排放。

（三）颗粒污染物净化技术

颗粒污染物的净化技术就是气体与粉尘微粒的多相混合物的分离操作技术，是我国大气污染控制的重点。它主要是各种除尘器的设计，具体介绍如下。

（1）重力沉降室：通过重力作用使尘粒从气流中沉降分离的除尘装置，它的设计模式有层流式和湍流式两种。它结构简单，投资少，压力损失小，维修管理容易。但它的体积大，效率低，因此只能作为高效除尘的预除尘装置，除去较大和较重的粒子。

（2）旋风除尘器：利用旋转气流产生的离心力使尘粒从气流中分离的装置。它结构简单，对于捕集分离 $5\sim10\mu m$ 的粉尘效率较高，可达 90% 以上，其应用广泛。

（3）过滤式除尘器：使含尘气体通过一定的过滤材料来达到分离气体中固体粉尘的一种高效除尘设备。对微米和亚微米级的粉尘粒子除尘效率可达 99% 以上，运行稳定，没有污泥处理、腐蚀和粉尘比电阻问题。

（4）电除尘器：使含尘气体在通过高压电场进行分离的过程中，使粉尘荷电，并在电场力的作用下，使粉尘沉积于电极上，将粉尘从含尘气体中分离出来的一种除尘装置。除尘效率高，可达到99%以上，且结构简单，压力损失小，可以实现自动控制，但设备投资相对较高。

（四）气态污染物净化技术

（1）吸收法：利用气体混合物中的一种或多种组分在选定的吸收剂中的溶解度不同或与吸收剂中的组分发生选择性的化学反应，从而将其从气相分离出去的操作过程。吸收法具有工艺成熟、设备简单、投资低等特点，但必须对吸收液进行适当的回收和利用，否则易造成二次污染和资源浪费。

（2）吸附法：利用多孔性固体物质选择性地吸附废气中的一种或多种有害组分的过程。分为物理吸附和化学吸附。常用于用其他方法难以分离的低浓度有害物质。

（3）催化法：利用催化剂的催化作用，将废气中的污染物转化为无害或易于去除或回收利用的物质的净化方法，应用广泛，需避免催化剂中毒。

（4）燃烧法：利用某些废气中的污染物可燃烧氧化的特性，将其燃烧变为无害或易于进一步处理和回收的物质的方法。分为直接燃烧、催化燃烧、热力燃烧三类。

（5）冷凝法：指气体在不同温度及压力下具有不同饱和蒸汽压，在降低温度和加大压力时，某些气体物质凝结成液体分离出来，进而达到净化和回收的目的。冷凝法特别适合回收高浓度有价值的污染物。

第三节　大气环境控制标准

大气环境标准按其用途可分为环境空气质量标准、大气污染物排放标准、大气污染物控制技术标准等。按其使用范围可分为国家标准、地方标准和行业标准。此外，我国还实行了大中城市空气污染指数报告制度。

一、环境空气质量标准

"怎样的空气才算清洁？"这个问题要由《环境空气质量标准》来回答。

《环境空气质量标准》是以改善环境空气质量，防止生态破坏，创造清洁适宜的环境，保护人体健康而制定的。2012年2月29日我国发布新修订的《环境空气质量标准》（GB3095—2012），由于我国不同地区的空气污染特征、经济发展水平和环境管理要求差异较大，自发布之日起，新标准按国家要求分期实施，自2016年1月1日起在全国实施。

与《环境空气质量标准》（GB3095—1996）相比，新标准修订的主要内容为：

（1）调整了环境空气功能区分类，将功能区由三类合并为两类；

（2）增设了细颗粒物浓度限值和臭氧8h平均浓度限值；

（3）调整了可吸入颗粒物、二氧化氮、铅和苯并[a]芘等的浓度限值；

（4）调整了数据统计的有效性规定。将有效数据要求由50%~75%提高至75%~90%。

按照新标准，我国环境空气功能区分为两类：一类区为自然保护区、风景名胜区和其他需要特殊保护的区域；二类区为居民区、商业交通居民混合区、文化区、工业区和农村地区。一类区适用一级浓度限值，二类区适用二级浓度限值。一、二类环境空气功能区质量要求见表1–3、表1–4。

表1–3　环境空气污染物基本项目浓度限值（摘自GB3095—2012）

污染物名称	取值时间	浓度		浓度单位
		一级	二级	
二氧化硫（SO_2）	年平均	20	60	$\mu g/m^3$（标准状态）
	24h平均	50	150	
	1h平均	150	500	
可吸入颗粒物（PM_{10}）	年平均	40	70	
	24h平均	50	150	
细颗粒物（$PM_{2.5}$）	年平均	15	35	
	24h平均	35	75	
二氧化氮（NO_2）	年平均	40	40	
	24h平均	80	80	
	1h平均	200	200	

污染物名称	取值时间	浓度		浓度单位
		一级	二级	
臭氧（O₃）	日最大 8h 平均 1h 平均	100 160	160 200	μg/m³（标准状态）
一氧化碳（CO）	24h 平均 1h 平均	4 10	4 10	mg/m³（标准状态）

表 1-4　环境空气污染物其他项目浓度限值（摘自 GB3095—2012）

污染物名称	取值时间	浓度限值		浓度单位
		一级	二级	
总悬浮颗粒物（TSP）	年平均 24h 平均	80 120	200 300	μg/m³（标准状态）
氮氧化物（NOx）	年平均 24h 平均	50 100	50 100	
铅（Pb）	年平均 季平均	0.5 1	0.5 1	
苯并 [a] 芘（B[a]P）	年平均 24h 平均	0.001 0.0025	0.001 0.0025	

在实施新标准之前，各地适用的仍为《环境空气质量标准》（GB3095—1996）。它规定二氧化硫（SO₂）、总悬浮颗粒物（TSP）、可吸入颗粒物（PM₁₀）、二氧化氮（NO₂）、一氧化碳（CO）、臭氧（O₃）、铅（Pb）、苯并 [a] 芘（B[a]P）和氟化物（F）9 种污染物的浓度限值（表 1-5）。该标准根据对空气质量要求的不同，将环境空气质量分为三级。

一级标准：为保护自然生态和人群健康，在长期接触情况下，不发生任何危险性影响的空气质量要求。

二级标准：为保护人群健康和城市、乡村的动植物在长期和短期的接触情况下，不发生任何危险性影响的空气质量要求。

三级标准：为保护人群不发生急、慢性中毒和城市一般动、植物（敏感者除外）正常生长的空气质量要求。

表 1-5 《环境空气质量标准》规定的各项污染物的浓度限值（摘自 GB3095—1996）

污染物名称	取值时间	浓度限值			浓度单位
		一级标准	二级标准	三级标准	
二氧化硫（SO_2）	年平均	0.02	0.06	0.10	mg/m³（标准状态）
	日平均	0.05	0.15	0.25	
	1h 平均	0.15	1.50	0.75	
总悬浮颗粒物（TSP）	年平均	0.08	0.20	0.30	
	日平均	0.12	0.30	0.50	
可吸入颗粒物（PM_{10}）	年平均	0.04	0.10	0.15	
	日平均	0.05	0.15	0.25	
二氧化氮（NO_2）	年平均	0.04	0.08	0.08	
	日平均	0.08	0.12	0.12	
	1h 平均	0.12	0.24	0.24	
一氧化碳（CO）	日平均	4.00	4.00	6.00	
	1h 平均	10.00	10.00	20.00	
臭氧（O_3）	1h 平均	0.12	0.20	0.20	mg/m³（标准状态）
铅（Pb）	季平均		1.50		μg/m³（标准状态）
	年平均		1.00		
苯并 [a] 芘（B[a]P）	日平均		0.01		
氟化物（F）	日平均		7		
	1h 平均		20		
	月平均	1.8	3.0		μg/（㎡·d）
	植物生长季平均	1.2	2.0		

该标准将环境空气质量功能区分为三类：

一类区为自然保护区、风景名胜区和其他需要特殊保护的地区；

二类区为城镇规划中的居住区、商业交通居民混合区、文化区、一般工业区和农村地区；

三类区为特定工业区。

一类区执行一级标准，二类区执行二级标准，三类区执行三级标准。

二、大气污染物排放标准内容

大气污染物排放标准是以实现环境空气质量标准为目标，对从污染源排人大气的污染物浓度（或数量）所做的限制规定。我国于 1973 年颁布《工业"三废"排放试行标准》（GBJ—4），暂定了 13 种有害物质的排放标准。经过 20 多年试行，1996 年修改制定了《大气污染物综合排放标准》（GB16297—1996），规定了 33 种大气污染物的排放限值，其标准体系为最高允许排放浓度、允许排放速率和无组织排放监控浓度限值。

该标准指标体系规定：①通过排气筒排放废气的最高允许排放浓度；②通过排气筒排放的废气，按排气筒高度规定的最高允许排放速率；任何一个排气筒必须同时遵守上述两项指标，超过其中任何一项均为超标排放；③以无组织方式排放的废气，规定无组织排放的监控点及相应的监控浓度限值。

该标准将 1997 年 1 月 1 日前设立的污染源称为现有污染源，执行现有污染源的标准值；将 1997 年 1 月 1 日起设立（包括新建、扩建、改建）的污染源称为新污染源，执行新污染源的标准值。该标准规定的最高允许排放速率，现有污染源分为一、二、三级，新污染源分为二、三级。按污染源所在的环境空气质量功能区分类别，执行相应级别的排放速率标准。即：①位于一类区的污染源执行一级标准（一类区禁止新、扩建污染源，一类区现有污染源改建执行现有污染源的一级标准）；②位于二类区的污染源执行二级标准；③位于三类区的污染源执行三级标准。

大气污染物综合排放标准的其他规定：①排气筒高度除须遵守表列排放速率标准值外，还应高出周围 200m 半径范围的建筑 5m 以上，不能达到该要求的排气筒，应按其高度对应的表列排放速率标准值严格 50% 执行；②两个排放相同污染物的排气筒，若其距离小于其几何高度之和，应合并视为一根等效排气筒。若有三根以上的近距排气筒，且排放同一种污染物时，应以前两根的等效排气筒，依次与第三、四根排气筒取等效值。等效排气筒的有关参数计算方法见等效排气筒有关参数；③若某排气筒的高度处于本标准列出的两个值之间，其执行的最高允许排放速率以内插法计算；当某排气筒的高度大于或小于本标准列出的最大值或最小值时，以外推法计算其最高允许排放速率，内插法和外推法计算式见排气筒最高允许排放速率的内插法和外推法；④新污染源的排气筒一般不应低于 15m。若新污染源的排气筒必须低于 15m 时，其排放速率标准值按外推计算结果再严格 50% 执行。

三、大气污染控制技术标准

《大气污染控制技术标准》是根据污染物排放标准引申出来的辅助标准，如燃料、原料使用标准，净化装置选用标准，排气筒高度标准及卫生防护距离标准等。它们都是为保证达到污染物排放标准而从某一方面做出的具体规定。

四、空气质量指数

空气质量指数（AQI）是定量描述空气质量状况的无量纲指数。针对单项污染物还规定了空气质量分指数。参与空气质量评价的主要污染物为细颗粒物、可吸入颗粒物、二氧化硫、二氧化氮、臭氧、一氧化碳共六项。

（一）空气质量指数分级

2012年上半年出台规定，将用空气质量指数（AQI）替代原有的空气污染指数（API）。空气质量按照空气质量指数大小分为六级，相对应空气质量的六个类别，指数越大、级别越高说明污染的情况越严重，对人体的健康危害也就越大，从一级优，二级良，三级轻度污染，四级中度污染，直至五级重度污染，六级严重污染。

根据《环境空气质量指数（AQI）技术规定（试行）》（HJ633—2012）规定：空气污染指数划分为0~50、51~100、101~150、151~200、201~300和大于300六档，对应于空气质量的六个级别，指数越大，级别越高，说明污染越严重，对人体健康的影响也越明显。

（二）空气质量指数与空气污染指数的区别

AQI与原来发布的空气污染指数（API）有着很大的区别。AQI分级计算参考的标准是新的环境空气质量标准（GB3095—2012），参与评价的污染物为 SO_2、NO_2、PM10、PM2.5、O_3、CO 六项；而 API 分级计算参考的标准是老的环境空气质量标准（GB3095—1996），评价的污染物仅为 SO_2、NO_2 和 PM_{10} 三项，且 AQI 采用分级限制标准更严。因此，AQI 较 API 监测的污染物指标更多，其评价结果更加客观。

为此，空气质量新标准——《环境空气质量标准》（GB3095—2012）在

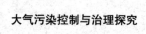

2012 年初出台，对应的空气质量评价体系也变成了 AQI。"污染指数"变成了"质量指数"，在 API 的基础上增加了细颗粒物（PM2.5）、臭氧（O_3）、一氧化碳（CO）3 种污染物指标，发布频次也从每天一次变成每小时一次。

（三）空气质量指数评价过程

第一步是对照各项污染物的分级浓度限值 [AQI 的浓度限值参照（GB3095—2012），API 的浓度限值参照（GB3095—1996）]，以细颗粒物（PM2.5）、可吸入颗粒物（PM10）、二氧化硫（SO_2）、二氧化氮（NO_2）、臭氧（O_3）、一氧化碳（CO）等各项污染物的实测浓度值（其中 PM2.5、PM10 为 24h 平均浓度）分别计算得出空气质量分指数（IAQI）。

第二步是从各项污染物的 IAQI 中选择最大值确定为 AQI，当 AQI 大于 50 时将 IAQI 最大的污染物确定为首要污染物。

第三步是对照 AQI 分级标准，确定空气质量级别、类别及表示颜色、健康影响与建议采取的措施。

简言之，AQI 就是各项污染物的空气质量分指数（IAQI）中的最大值，当 AQI 大于 50 时对应的污染物即为首要污染物。IAQI 大于 100 的污染物为超标污染物。

第二章　燃烧与大气污染

燃料及燃料的燃烧

一、燃料的分类

目前，广泛使用的燃料是煤、石油、天然气等化石燃料，称为常规燃料。非常规燃料种类也很多，如生活垃圾、污水厂污泥、农林废物、有机工业固废、衍生燃料等。通常，根据物态可将燃料分为固体燃料、液体燃料和气体燃料三类。

（一）固体燃料

固体燃料的燃烧一般比液体、气体燃料困难，且容易发生不完全燃烧，产生的污染物量大。固体燃料中使用最多的是煤，另外还有垃圾衍生燃料、生物质燃料等。

煤是由古代植物在地层内经过长期炭化而形成的。煤中主要可燃成分是由碳、氢及少量氧、氮、硫等共同构成的有机聚合物。此外，煤中还含有一些不可燃的矿物杂质和水分等。煤中有机、无机成分的含量，随煤种类和产地不同而有很大差异。根据植物在地层内炭化程度的不同，可将煤分为四大类，即泥煤、褐煤、烟煤及无烟煤。

（二）液体燃料

液体燃料属于比较清洁的燃料，发热量大且稳定，燃烧产生的污染物相对较少。液体燃料中使用最多的是石油类，另外还有人工合成液体燃料及煤

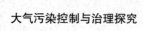

液化燃料等。

石油（原油）是天然存在的，由链烷烃、环烷烃和芳香烃等碳氢化合物组成的混合液体，含碳、氢和少量的氧、氮、硫等元素，还含有微量金属元素，如钒、砷、铅等。原油经蒸馏、裂化和重整等生产出各种规格的液体燃料油、溶剂和化工产品。燃料油主要有汽油、煤油、柴油和重油。

（三）气体燃料

气体燃料容易燃烧，燃烧效率高，产生的污染物量很少。气体燃料中使用最多的是天然气，另外还有液化石油气、煤气、高炉煤气等。

天然气从油气地质构造层采出，主要由甲烷（约85%）、乙烷（约10%）、丙烷等碳氢化合物组成，还可能含有水蒸气、二氧化碳、氮、氦和硫化氢等气体。天然气燃料在民用、工业、交通等方面均有大量应用，此外还可制造化工原料。

天然气中的硫化氢具有腐蚀性，它的燃烧产物为硫的氧化物，因此许多国家都规定了天然气中硫和硫化氢含量的最大允许值。多数情况下，天然气中的惰性组分可忽略不计，但当其比例增加时，将降低燃料热值，并增加运输成本。惰性组分也会影响天然气的其他燃烧特性，故当其影响严重时，必须除去惰性组分或用其他气体混合稀释。

二、燃料的成分分析

燃料不同其成分也不同，且相差很大。燃料的成分分析主要包括工业分析和元素分析两种。对于煤而言，工业分析主要测定煤中水分、灰分、挥发分和固定碳，估测硫含量和发热量，是评价工业用煤的主要指标；元素分析主要是用化学分析的方法测定去掉外部水分后煤中 C、H、O、N、S 的含量，不仅可作为锅炉设计计算的依据，也是燃烧过程中各种污染物生成量的计算依据（表2-1）。

表 2-1　燃料的成分分析

项目	煤的成分		分析方法
工业分析	水分（M）	外部水	一定重量 13mm 以下粒度的煤样，在干燥箱内 45~50℃温度下干燥 8h，取出冷却，称重
		内部水	将失去外部水分的煤样保持在 102~107℃下，约 2h 后，称重
	挥发分（V）		风干煤样密封在坩埚内，放在 927℃的马弗炉中加热 7min，放入干燥箱冷却至常温，再称重
	固定碳（FC）		失去水分和挥发分的剩余部分（焦炭）放在 800±20℃的环境中灼烧到重量不再变化时，取出冷却，称重
	灰分（A）		从煤中扣除水分、灰分、固定碳后剩余的部分即为灰分
	发热量（Q）		一定量的试样在充有过量氧气的氧弹内燃烧，根据试样燃烧前后量热系统产生的温升，并对点火热等附加热进行校正，即可求得高位发热量（热量计的热容量通过相近条件下燃烧一定量的基准量热物苯甲酸来确定）
元素分析	C		通过分析燃烧后尾气中 CO_2 的生成量测定
	H		通过分析燃烧后尾气中 H_2O 的生成量测定
	O		常通过其他元素测定结果间接计算 O 含量
	N		在催化剂作用下使煤中的氮转化为氨，碱液吸收，滴定
	S		与 MgO、Na_2CO_3 混合燃烧，使 S 全部转化为可溶 SO_4^{2-}，再加入氯化钡溶液转化为硫酸钡沉淀，过滤后灼烧、称重

　　需要指出，煤中硫主要以四类形态存在，即有机硫、硫化铁硫、元素硫和硫酸盐硫。元素硫、有机硫和硫化铁硫都能参与燃烧反应，因而总称为可燃硫；而硫酸盐硫不参与燃烧反应，常称为不可燃硫，是灰分的一部分。根据全硫的多少，可将煤划分为特低硫煤（≤ 0.50%）、低硫煤（0.51%~0.90%）、中硫煤（0.91%~1.50%）、中高硫煤（1.51%~3.00%）和高硫煤煤中全硫（>3.00%）等五个级别。我国煤中硫含量的变化范围为 0.02%~10.48%，其

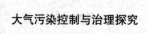

中以特低硫煤和低硫煤为主，其保有储量分别占全国保有储量的 40.56% 和 31.84%；其次为中硫煤，占全国保有储量的 17.71%；硫分 >2.00% 的中高硫煤和高硫煤的保有储量仅占全国保有储量的 9.90%。

由于煤中水分和灰分常随开采、运输和贮存条件不同而有较大的变化，为了更准确地说明煤的性质，比较和评价各种煤，通常将煤的分析结果分别用收到基、空气干燥基、干燥基和干燥无灰基来表示。所谓"基"，就是计算基准的意思。煤中各种成分均以质量分数来表示。

（1）收到基：以包括全部水分和灰分的燃料作为 100% 的成分，即以准备进入锅炉燃烧的煤作为基准，用下角标"ar"可表示为：

$$C_{ar}+H_{ar}+O_{ar}+N_{ar}+S_{ar}+A_{ar}+M_{ar}=100\%$$

在进行燃料计算和热效应试验时，都以收到基为准。但由于煤中外部水分是不稳定的，收到基的百分组成也随之波动，因此不宜利用收到基来评价煤的性质。

（2）空气干燥基：以去掉外部水分的燃料作为 100% 成分，用下角标"ad"可表示为：

$$C_{ad}+H_{ad}+O_{ad}+N_{ad}+S_{ad}+A_{ad}+M_{ad}=100\%$$

空气干燥基，也是炉前使用的煤经风干后所得的各组分的质量分数。

（3）干燥基：以去掉全部水分的燃料作为 100% 的成分，以下角标"d"可表示为：

$$C_d+H_d+O_d+N_d+S_d+A_d=100\%$$

灰分含量常用干燥基成分表示，因为排除了水分影响，干燥基能准确反映出灰分的多少。

（4）干燥无灰基：以去掉全部水分和灰分的燃料作为 100% 成分，以下角标"daf"可表示为：

$$C_{daf}+H_{daf}+O_{daf}+N_{daf}+S_{daf}=100\%$$

由于干燥无灰基避免了水分和灰分的影响，因此比较稳定，煤矿企业提供的煤质资料通常就是干燥无灰基成分。

三、燃料的发热量

燃料的燃烧过程就是释放燃料能量的过程，燃烧是放热反应。燃料的发热量，又称热值，是指单位量的燃料完全燃烧时所放出的热量，即在反应物开始状态和反应产物终了状态相同情况下的热量变化值，单位是 kJ/kg（固体、液体燃料）或 kJ/m³（气体燃料）。

燃料的发热量包括高位发热量和低位发热量两种，前者包括燃料燃烧生成物中水蒸气的汽化潜热，后者是指燃烧产物中的水以气态存在时，完全燃烧所释放的热量。由于一般燃烧设备中的排烟温度远高于水的凝结温度，因此燃料的发热量计算多指低位发热量，这也是实际可利用的燃料热量。

四、燃料的燃烧

（一）燃烧过程

燃烧是可燃物质与空气或氧气发生的快速氧化过程，并伴随有能量（光和热）的释放。燃料形态不同，燃烧过程也不一样。

1. 气体燃料燃烧

气体燃料燃烧时，燃料气体先与空气（或氧气）混合，然后是可燃物分子和氧分子在气相中扩散混合并迅速燃烧。气体燃料燃烧一般较为完全，燃烧过程受混合和扩散控制。

2. 液体燃料燃烧

液体燃料燃烧时，液体燃料首先蒸发变成气体，然后是气体可燃物与空气（或氧气）混合，在气相中扩散并迅速燃烧，燃烧过程受蒸发控制。

3. 固体燃料燃烧

固体燃料的燃烧过程一般包括预热干燥、干馏、燃烧、燃尽四个阶段。在预热干燥阶段，燃料温度逐渐升高，水分蒸发；当燃料温度升高到一定值后进入干馏阶段，此时挥发分析出，随温度升高析出量增加；温度达到挥发分着火点时，挥发分燃烧，温度急剧上升，达到固定碳着火点后，燃烧全面进行，温度达到最高，需要的空气量最大；随着可燃物消耗，温度开始降低，进入燃尽阶段，灰渣形成。

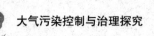

固体燃料燃烧过程比较复杂，包括蒸发燃烧、分解燃烧和表面燃烧等多种方式。与气体燃料、液体燃料相比，固体燃料的燃烧过程进行得比较慢，容易发生不完全燃烧。

（二）燃烧条件

使燃料尽可能完全燃烧的基本条件是：充足的空气量；足够高的温度；充分的燃烧时间；燃料与空气充分混合。

1. 空气

燃料燃烧时，必须向燃烧设备供应充足的空气量。如果空气供给不足，燃烧就不完全。但如果供给的空气量过多，会使炉温降低，增加不必要的排烟热损失。

2. 温度

燃料只有达到着火点温度，燃烧反应才能进行。所谓着火点温度，是指可燃物质在空气中开始燃烧所必须达到的最低温度。但温度过高时，会增加氮氧化物的生成量。不同燃料的着火点温度不同，并按固体燃料、液体燃料、气体燃料的顺序上升。

3. 时间

虽然燃烧反应速率通常较高，但混合、扩散均需要一定时间，所以必须保证燃料在燃烧室内停留足够长的时间，才能使燃烧比较完全。在一定的燃烧反应速率下，停留时间将决定燃烧室的大小。为使燃烧充分，就要增加停留时间，但相应燃烧室增大，会带来设备投资的增加。

4. 湍流度

燃料与空气的混合程度取决于气相的湍流度。湍流度增加，使液体燃料蒸发加快，使固体燃料表面的边界层变薄，有利于氧气向燃料表面扩散，这些都使得燃烧过程加快，燃料燃烧更加完全。但湍流度过大，势必增加能耗，对于固体燃料而言，还会增加烟气中烟尘的浓度。

综上所述，适当控制空气量、温度、时间和湍流度，是实现高效燃烧、减少大气污染物生成量的前提。评价燃烧过程和燃烧设备的优劣，必须认真考虑这些因素。通常把温度、时间和湍流度称为燃烧过程的"3T"。

（三）不完全燃烧

实际上，燃烧条件不可能充分保证，燃烧装置普遍存在不完全燃烧的现象。不完全燃烧不仅造成燃料浪费（相当于热损失，即不完全燃烧热损失），而且污染物生成量也明显增多。不完全燃烧包括化学不完全燃烧、机械不完全燃烧两种。

1. 化学不完全燃烧

化学不完全燃烧是指进入气相中的可燃成分燃烧不完全，它使烟气中存在可燃成分（主要是 CO，还有少量的碳氢化合物等）。在现代化燃烧装置中，化学不完全燃烧所占比例一般较小，如层燃炉约占 1%，煤粉炉 <0.5%，油、气炉 1%~1.5%，但它是气态污染物的重要来源。

2. 机械不完全燃烧

机械不完全燃烧是指固相中的可燃成分燃烧不完全，它使灰渣中残留可燃物，导致灰渣的热灼减率（LOI）升高。机械不完全燃烧所占比例较大，如层燃炉可达 5%~15%，煤粉炉 1%~5%，正常燃烧的油、气炉可以忽略。

（四）燃烧热损失

燃料燃烧产生的热量并非全部被利用，因为所有的燃烧装置都存在热损失。最优的设计和操作只能使热损失减至更小，而不可能消除所有的热损失。燃烧热损失主要包括不完全燃烧热损失、排烟热损失和散热损失三部分。

1. 不完全燃烧热损失

燃料不完全燃烧，包括化学不完全燃烧和机械不完全燃烧，均会造成燃烧热损失。由于机械不完全燃烧所占比例较大，所以其造成的热损失也相对较多。

2. 排烟热损失

排烟热损失是因为排烟温度较高而带走一部分热量所致，一般锅炉排烟热损失为 6%~12%。影响排烟热损失的因素主要是排烟温度和体积，排烟温度每升高 12~15℃，排烟热损失就会增加 1%。通过在燃烧系统中设置省煤器、空气预热器等可以降低排烟温度，提高热量利用率，但排烟温度过低会导致排烟装置的腐蚀程度加剧。一般工业锅炉的排烟温度为 150~200℃，大、中型锅炉的排烟温度为 110~180℃。

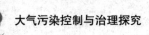

3. 散热损失

由于燃烧系统的各个组成部分，如锅炉炉墙、炉筒、联箱、管道等的温度高于周围环境空气温度，使部分热量辐射到空气中而造成的热损失，称为散热损失。散热损失不仅降低了燃烧系统的热效率，而且使燃烧系统周边环境温度升高，恶化了劳动条件。这项损失的多少与燃烧系统的散热面积、隔热效果及环境温度和风速等因素有关。

（五）燃烧产物及污染物

燃料燃烧过程是分解、氧化、聚合等多反应共存的复杂反应过程。燃料燃烧的产物主要是灰渣和烟气。烟气主要由悬浮的少量颗粒物、反应产物、未燃烧和部分燃烧的燃料、氧化剂及惰性气体（主要为 N_2）等组成。烟气中的污染物主要有二氧化碳、一氧化碳、硫氧化物、氮氧化物、颗粒物、金属盐类、醛、酮和碳氢化合物等，还可能有少量汞、砷、氟、氯和微量放射性物质。这些有害物质的产生与燃料种类、燃烧条件、燃烧组织方式等因素有关。

第二节　燃烧过程计算

一、空气量计算

（一）理论空气量

理论空气量是指单位燃料（气体燃料一般指 $1m^3$，液体、固体燃料一般指 $1kg$）按燃烧反应方程式计算完全燃烧所需的空气量。理论空气量是燃料完全燃烧所需要的最小空气量。建立燃烧反应方程式时，通常假定：①空气仅由氮气和氧气组成，其体积比为 79 ： 21=3.76；②燃料中的固定态氧参与燃烧反应；③燃料中的硫全部被氧化为二氧化硫；④忽略氮氧化物的生成量；⑤参加反应的元素为碳、氢、硫、氧，计算时空气和烟气中的各种组分（包括水蒸气）均按理想气体计算。

据此，可写出气体燃料（$C_xH_yS_zO_w$）与空气中氧完全燃烧的化学反应方程式：

$$C_xH_yS_zO_w + \left(x + \frac{y}{4} + z - \frac{w}{2}\right)O_2 + 3.76\left(x + \frac{y}{4} + z - \frac{w}{2}\right)N_2$$

$$\rightarrow xCO_2 + \frac{y}{2}H_2O + zSO_2 + 3.76\left(x + \frac{y}{4} + z + \frac{w}{2}\right)N_2 \quad (2\text{-}1)$$

根据式（2-1），1mol 气体燃料的理论空气量为：

$$V_a^0 = 2.4 \times 4.76\left(x + \frac{y}{4} + z - \frac{w}{2}\right)/1000 \quad (2\text{-}2)$$

式中 V_a^0——理论空气量，m^3/mol 燃料。

通常，固体和液体燃料中的 C、H、S、O 是以质量分数给出的，计算理论空气量时，可根据每种元素与氧气的反应方程式计算出各元素对应的需氧量，再求和得到理论需氧量和理论空气量。

$$C + O_2 \rightarrow CO_2$$

$$H + \frac{1}{4}O_2 \rightarrow \frac{1}{2}H_2O$$

$$S + O_2 \rightarrow SO_2$$

$$N \rightarrow \frac{1}{2}N_2$$

（二）空燃比及空气过剩系数

空燃比（AF）是指单位质量的燃料燃烧时所供给的空气质量。理论空燃比是指单位质量燃料燃烧时的理论空气质量，可通过式（2-1）计算求得。例如，甲烷在理论空气量下完全燃烧：

$$CH_4 + 2O_2 + 7.52N_2 \rightarrow CO_2 + 2H_2O + 7.52N_2$$

则空燃比为：

$$AF = \frac{2 \times 32 + 7.52 \times 28}{1 \times 16} = 17.2$$

随着燃料中 H 相对含量减少，碳相对含量增加，理论空燃比随之降低。例如，甲烷（CH_4）的理论空燃比为 17.2，汽油（按 C_8H_{18} 计）的理论空燃比为 15，纯碳（C）的理论空燃比约为 11.5。

为了保证完全燃烧，必须多供应一些空气，因此实际空燃比大于理论空燃比。通常，将实际供给的空气量与理论空气量的比值称为空气过剩系数，记为 a，显然 a>1。空气过剩系数是燃料燃烧及燃烧装置运行时非常重要的指标之一。它的最佳值与燃料种类、燃烧方式及燃烧装置结构完善程度等有关。空气过剩系数太大，将使烟气量增加，热损失增加，燃烧温度降低；空气过剩系数太小，则不能保证燃烧充分，从而增加一氧化碳、炭黑及碳氢化合物的排放量。对于不同类型的燃料，空气过剩系数大小顺序一般为：气体燃料＜液体燃料＜固体燃料，因为气体燃料最容易燃烧。

燃烧装置的空气过剩系数可以用实测烟气量及烟气成分数据计算求得。

当烟气中不含 CO 时：

$$a = 1 + \frac{\varphi o_2}{0.266\varphi_{N_2} - \varphi o_2} \quad (2\text{-}3)$$

当烟气中含有 CO 时：

$$a = 1 + \frac{\varphi o_2 - 0.5\varphi co}{0.266\varphi N_2 - (\varphi o_2 - 0.5\varphi co)} \quad (2\text{-}4)$$

式中 φo_2，φN_2，φco——烟气中 O_2、N_2 和 CO 的体积分数

（三）实际空气量

在计算出理论空气量，并已知空气过剩系数 a 的情况下，实际空气量为：

$$V_a = V_a^0 \times a \quad (2\text{-}5)$$

式中 V_a——际空气量，m³/kg 燃料（或 m³/mol 燃料）。

二、烟气量计算

（一）理论烟气量

理论烟气量是指在理论空气量下，燃料完全燃烧所生成的烟气量，以现表示。理论烟气的成分是 CO_2、SO_2、N_2 和 H_2O，前三者称为理论干烟气，包括 H_2O 时称为理论湿烟气。理论烟气量可根据燃烧方程式进行计算，此时只需把不同反应物的产物进行求和就可以得到理论烟气量。

（二）实际烟气量

实际烟气量 V_{fg} 是理论烟气量与过剩空气量之和，即

$$V_{fg} = V_{fg}^0 + V_a^0 (a-1) \quad (2\text{-}6)$$

相应地，实际干烟气量 = 理论干烟气量 + 过剩空气量，实际湿烟气量 = 理论湿烟气量 + 过剩空气量。通常，燃料是有水分的，若已知燃料中水分的质量分数为 W_w，则其对烟气量的贡献为 $1.244W_w$ m^3/kg 燃料，在计算湿烟气量时应考虑加上。此外，若考虑燃烧空气中的水分，则计算湿烟气量时还应考虑加上这一部分水分贡献的体积 $1.244aV_a^0 d_a$（d_a 是空气的含湿量，kg/m^3 干空气；其他符号意义同前）。

（三）烟气体积和密度的校正

实际燃烧装置产生的烟气温度和压力总是不同于标准状态（273K、101325Pa），在烟气体积和密度计算中往往需要换算成为标准状态。

大多数烟气可以视为理想气体，所以在烟气体积和密度换算中可以应用理想气体状态方程。若观测状态下（温度 T_s，压力 p_s）烟气的体积为 V_s、密度为 ρ_s，在标准状态下（温度 T_N，压力 p_N）烟气的体积为 V_N、密度为 ρ_s，则由理想气体状态方程可得到标准状态下的烟气体积：

$$V_N = V_s \cdot \frac{p_s}{p_N} \cdot \frac{T_N}{T_s} \quad (2\text{-}7)$$

标准状态下烟气的密度：

$$\rho_N = \rho_s \cdot \frac{p_N}{p_s} \frac{T_s}{T_N}$$

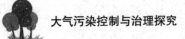

需要指出，美国、日本和国际全球监测系统网的标准状态是指 298K 和 101325Pa，在作数据比较或校对时需加以注意。

三、污染物排放量计算

通过测定实际烟气量和烟气中污染物的浓度，可以很容易地计算出污染物的排放量。然而，很多情况下需要预测烟气量和污染物浓度。尽管实际燃料燃烧的过程非常复杂，并不像是（2-1）描述的那么简单，但我们仍可利用燃烧假定及相关公式来估算污染物浓度。

第三节　燃烧过程中污染物的生成与控制

一、颗粒物的生成与控制

（一）颗粒物的生成

燃料燃烧产生的烟气中的颗粒物通常称为烟尘，它包括炭黑和飞灰两部分。固体燃料燃烧是烟尘的主要来源，气体燃料和液体燃料所产烟尘量很少，但燃烧不充分时也会产生炭黑。

炭黑是燃料不完全燃烧的产物。燃烧过程中，未燃烧的碳氢化合物中有一部分经过脱氢、分链、叠合、环化和凝聚等复杂的化学和物理过程，形成微颗粒污染物，即炭黑。根据检测结果，炭黑中存在芘、蒽、醌等多种多环芳烃及其他有机物。

飞灰主要是燃料所含的不可燃矿物质微粒被烟气带出的那一部分。由于经历了高温、降温、吸附、化合等过程，飞灰中还常含有 Hg、As、Se、Pb、Zn、Cl、F 等污染元素，虽然在燃料中这些均属于痕量元素，但在飞灰中可能被富集了数百甚至数千倍。

（二）颗粒物的生成控制

1. 炭黑的生成控制

气体燃料燃烧生成的炭黑最少。在燃烧过程中将过剩空气量控制在 10% 左右，气体燃料几乎完全燃烧，不形成炭黑。

液体燃料一般采用喷雾燃烧的方式，空气扩散速度较大时，与脱氢和凝聚速率相比，氧化速率更大，故燃烧后炭黑的残留量较少。通过采取优化喷嘴设计、控制燃烧空气量及改良燃烧装置结构等措施可有效控制炭黑的生成。

　　煤燃烧时，炭黑的生成与燃烧方式和煤的性状有关。控制炭黑生成的主要措施包括：改善燃料和空气的混合状况，保证足够高的燃烧温度，以及碳粒在高温区足够的停留时间。对于火电厂大型燃烧设备，采用煤粉燃烧时，在管理良好的情况下，可以控制炭黑几乎不生成。

　　2. 飞灰的生成控制

　　燃煤烟气中飞灰的含量和粒径大小与煤质、燃烧方式、烟气流速、炉排和炉膛热负荷，以及锅炉运行负荷等多种因素有关。

　　煤质，特别是煤的灰分、水分含量及煤粒大小对飞灰的生成量影响较大。灰分越高，水分越少，烟气中飞灰浓度就越高。因此，通过煤的洗选，降低煤的灰分含量，保持适当的水分和粒径分布，可以降低排烟中的飞灰浓度。

　　燃烧方式不仅影响烟气中的飞灰浓度和粒度，而且也影响着燃料灰分进入烟气的比例。一般情况下，煤粉炉和沸腾炉烟气中飞灰浓度较高。

　　自然引风锅炉的烟气流速较低，飞灰浓度也较低。但自然引风只适用于小锅炉，对于较大锅炉，自然引风会造成炉膛内供氧量不足，致使炉温降低，燃烧不完全，热损失较大。对于机械引风锅炉，需要合理地控制风量，既不能过小导致燃烧不完全，也不能过大导致排烟量太大，排尘浓度增加。

　　炉排和炉膛的热负荷也会对排尘浓度产生影响。炉排热负荷是指每平方米炉排面积上每小时燃料燃烧所释放出来的热量。炉排热负荷增加，导致单位炉排面积上燃煤量增大，则流过炉排的气流速度也将成正比增加，灰分被气流夹带而飞逸的可能性就越大。炉膛热负荷是每立方米炉膛容积内每小时燃料燃烧所释放出的热量。炉膛必须保持足够的燃烧空间，以使燃烧过程逸出的可燃气体有充分的时间进行燃烧，降低锅炉污染物的排放量。

　　燃煤锅炉排尘浓度还与锅炉运行负荷有关。锅炉运行负荷是指锅炉每小时蒸发量与该锅炉额定蒸发量的百分比。锅炉负荷越高，燃煤量越大，烟气量必然增大，排尘浓度就会增加。

二、硫氧化物的生成与控制

（一）硫氧化物的生成

燃料中的硫（S）通常以元素硫、硫化物硫、有机硫和硫酸盐硫的形式存在。燃烧过程中，前三种形式的硫参与燃烧反应，称为可燃性硫；硫酸盐硫不参与燃烧反应，主要存在于灰渣中，称为不可燃硫。燃烧时，三种可燃性硫发生的主要化学反应如下：

元素硫的燃烧

$$S + O_2 \rightarrow SO_2$$

$$SO_2 + \frac{1}{2}O_2 \rightarrow SO_3$$

硫化物硫的燃烧（以硫化亚铁为例）

$$4FeS_2 + 11O_2 \rightarrow 2Fe_2O_3 + 8SO_2$$

$$SO_2 + \frac{1}{2}O_2 \rightarrow SO_3$$

有机硫的燃烧（以二乙硫醚为例）

$$C_4H_{10}S \rightarrow H_2S + 2H_2 + 2C + C_2H_4$$

$$2H_2S + 3O_2 \rightarrow 2SO_2 + 2H_2O$$

$$SO_2 + \frac{1}{2}O_2 \rightarrow SO_3$$

研究表明，燃料中的可燃硫在燃烧时主要生成 SO_2，只有不到 5% 进一步氧化成 SO_3。因此，烟气中的硫氧化物主要以 SO_2 形态存在，硫氧化物的控制及常见的脱硫工艺主要针对 SO_2。

（二）硫氧化物的生成控制

含硫燃料的燃烧是造成大气 SO_2 污染的主要原因。减少 SO_2 排放的措施主要有采用低硫燃料、燃料脱硫、型煤固硫、燃烧过程中脱硫和烟气脱硫等。

SO_2 的生成量与燃料的含硫量有关，与燃烧温度等燃烧因素关系不大，因而燃料脱硫、燃烧过程中脱硫成为控制 SO_2 生成的主要手段。

1. 燃料脱硫

（1）煤炭脱硫与固硫

从煤矿开采出来的原煤必须经过分选以去除煤中杂质。目前，世界各国广泛采用的选煤工艺主要是重力分选法，分选后原煤含硫量降低 40%~90%。硫的去除率主要取决于煤中黄铁矿硫的含量及颗粒大小。重力脱硫法不能除去煤中的有机硫。其他的原煤脱硫方法还包括浮选法、氧化脱硫法、化学浸出法、化学破碎法、细菌脱硫、微波脱硫、磁力脱硫等，但工业实际应用仍较少。

型煤固硫是另一条控制 SO_2 生成的有效途径。针对不同煤种，采用无黏结剂或以沥青、黏土等作为黏结剂，以廉价的钙系如碳酸钙做固硫剂，经干馏成型或直接压制成型，制成各种型煤，可以有效固硫。例如，美国型煤加石灰固硫率达 87%，烟尘减少 2/3；日本蒸汽机车用加石灰的型煤固硫率达 70%~80%，固硫费用仅为选煤脱硫费用的 8%；我国广泛开展了型煤固硫技术研究并取得了较好成绩，民用蜂窝煤加石灰固硫率大于 50%，有的大于 80%。工业锅炉由于燃烧温度高，型煤除加石灰做固硫剂外，还须加锰等催化剂才能保持较高的固硫率。

（2）煤炭转化

煤炭转化主要是煤的气化和液化，即对煤进行脱碳或加氢改变其原有碳氢比，把煤变成清洁的二次燃料。

煤炭气化是指以煤炭为原料，采用空气、氧气、二氧化碳和水蒸气为气化剂，在气化炉内进行煤的气化反应，生产出不同组分、不同热值的煤气。煤气除主要成分 H、CO 和 CH_4 等可燃气体外，还含有少量 H_2S。大型煤气厂先用湿法脱除大部分 H_2S，再用干法净化其余部分。小型煤气厂只用干法，干法用 Fe_2O_3 脱除 H_2S，反应式为：

$$Fe_2O_3 \cdot 3H_2O + 3H_2S \rightarrow Fe_2S_3 + 6H_2O (\text{中性或碱性})$$

$$Fe_2O_3 \cdot 3H_2O + 3H_2S \rightarrow 2FeS + 6H_2O + S (\text{酸性})$$

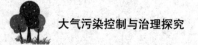

由于 FeS 易转化成 FeS_2，而 FeS_2 很难再生，所以应尽可能保持中性或碱性条件。

煤炭液化是指煤炭通过化学加工过程，使其转化为液体产品（液态烃类燃料，如汽油、柴油等）。溶剂精制煤（简称 SRC 法）是一种煤炭液化方法，它是将煤用溶剂萃取加氢，生成清洁的低硫、低灰分固体或液体燃料。加氢量少，氢化程度浅，主要得到固体清洁燃料；加氢量大，氢化程度深，主要得液体清洁燃料。SRC 法得到的固体燃料，一般灰分低于 0.1%，含硫量 0.6%~1.0%；液体燃料无灰分，含硫量 0.2%~0.3%。

（3）重油脱硫

重油是原油进行常压精馏时残留在蒸馏釜内的残油。重油中硫含量很高，原油中 80%~90% 的硫经精馏后富集在重油中。重油中的硫主要是有机硫。工业上一般采用加氢脱硫，大致分为直接法和间接法。

直接脱硫是将常压精馏残油引入装有催化剂的脱硫设备，在催化剂作用下，C—S 键断裂，氢与硫生成 H_2S 气体，从残油中脱除。直接法脱硫率可达 75% 以上，但催化剂易中毒，需要研发抗中毒性较好的催化剂。

间接脱硫是将常压残油先进行减压蒸馏，把含沥青和金属成分少的轻油与含这些成分多的残油分开，然后对轻油进行高压加氢脱硫，再把这种脱硫油和残油合并，得到含硫 2%~2.6% 的最终产品。间接脱硫可避免催化剂中毒，催化剂寿命较长。

2. 燃烧中脱硫

燃烧过程中添加白云石（$CaCO_3 \cdot MgCO_3$）或石灰石（$CaCO_3$），在燃烧室内 $CaCO_3$、$MgCO_3$ 受热分解生成的 CaO 和 MgO 与烟气中的 SO_2 反应生成硫酸盐随灰分排掉。

石灰石脱硫反应为：

$$CaCO_3 \rightarrow CaO + CO \uparrow$$

$$CaO + SO_2 + 1/2O_3 \rightarrow CaSO_4$$

白云石脱硫时，除了上述反应外，还有以下反应：

$$MgCO_3 \rightarrow MgO + CO_2 \uparrow$$

$$MgO + SO_2 + 1/2O_2 \rightarrow MgSO_4$$

影响脱硫效果的主要因素有脱硫剂用量、脱硫剂粒度、反应温度、流化速度和停留时间等。脱硫剂用量一般用钙硫摩尔比（β）表示：

$$\beta = \frac{脱硫剂用量（g）\times Ca的质量分数（\%）/40.1(g/mol)}{燃料用量（g）\times S的质量分数（\%）/32(g/mol)}$$

3. 烟气脱硫

烟气脱硫是有效削减 SO_2 排放量不可替代的技术。烟气脱硫的方法甚多，但根据物理及化学的基本原理，大体上可分为吸收法、吸附法、催化法三种。吸收法是净化烟气中 SO_2 的较重要的应用较广泛的方法。吸收法通常是指应用液体吸收净化烟气中的 SO_2，因此吸收法烟气脱硫也称为混法或混式烟气脱硫。

湿法烟气脱硫的优点是脱硫效率高，设备小，投资省，易操作，易控制，操作稳定，以及占地面积小。目前常见的混法烟气脱硫有：石灰石/石音法、氨法、钠碱法、铝法、金属氧化镁法等。

三、氮氧化物的生成与控制

（一）氮氧化物的生成

燃烧过程中生成的氮氧化物（NO_x）可分为三类：一类是燃料中固定氮生成的 NO_x，称为燃料型 NO_x；第二类是空气中的氮生成的 NO_x，称为热力型 NO_x；第三类是由于含碳自由基的存在生成的 NO_x，称为瞬时型 NO_x 在通常的燃烧温度水平下，NO 是 NO_x 的主要组成部分，NO_2 的生成浓度较低，与 NO 的浓度相比可以忽略不计。

1. 热力型 NO_x

目前，广泛接受的热力型 NO_x 生成模式源于泽利多维奇模型。NO 的生成可用如下反应来说明（原子氧主要来自高温下 O_2 的离解）。

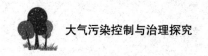

$$O + N_2 \rightarrow NO + N$$

$$N + O_2 \rightarrow NO + O$$

温度对热力型 NO_x 的生成起着决定性作用。燃烧温度低于 1000℃时，热力型 NO 生成量较少；燃烧温度高于 1100℃时，NO 生成速率快速增加。

空气过剩系数（影响氧浓度）与停留时间也是影响热力型 NO_x 生成的重要因素。相同停留时间下存在一个具体空气过剩系数值，对应的 NO 生成浓度最高。空气过剩系数过高或过低，NO 生成浓度均降低。相同空气过剩系数条件下，NO 生成量随停留时间增加而增大。当空气过剩系数等于 1 时，若烟气在高温区的停留时间为 0.01~0.1s，NO 的含量为（70~700）$\times 10^{-6}$。这与实际锅炉燃烧时 NO 的排放浓度水平相差不大。

2. 燃料型 NO_x

液体燃料和固体燃料中一般存在含氮有机物，如喹啉 C_9H_7N、吡啶 C_5H_5N 等。石油平均含氮 0.65%，煤含氮 1%~2%。燃用含氮燃料时，含氮有机物在进入燃烧区之前，很可能发生某些热裂解反应，生成一些低分子氮化物和自由基，如 NH_2、HCN、CN、NH_3 等，然后在高温下与氧发生一系列反应并最终生成 NO_x。

目前广泛接受的反应过程为：大部分燃料氮先转化为 HCN，再进一步转化为 NH 或 NH_2。NH 和 NH_2 能够与氧反应生成 NO 和 H_2O，也能够与 NO 反应生成 N_2 和 H_2O。因此，含氮燃料燃烧时氮转化为 NO 的量取决于燃烧区 NO 和 O_2 的体积比。

3. 瞬时型 NO_x

瞬时型 NO_x 主要指燃料中的 HC 燃烧时与空气中的 N_2 分子发生反应，生成 HCN、N、CN 等中间产物，中间产物再与活性基（O、O_2、OH 等）反应生成 NO。瞬时型 NO_x 的生成速度也很快，生成机理与燃料型 NO_x 生成机理相近，HCN 是最重要的中间产物。瞬时型 NO_x 主要产生于 HC 含量较高、氧浓度较低的富燃料区，多发生在液体燃料在内燃机中的燃烧过程中，而在燃煤锅炉中生成量少。

由于热力型 NO_x 和瞬时型 NO_x 都是空气中的 N_2 被氧化而生成的，所以也有人将它们统称为热力型 NO_x，而把前者称为狭义的热力型 NO_x。

（二）氮氧化物的生成控制

据统计，人类活动排入大气中的 NO_x 90% 以上来自燃料燃烧，其中 50% 以上的 NO_x 来自固定燃烧源，剩余的主要来自汽车等机动车尾气。从前面讨论 NO_x 生成机制可以看出，控制燃烧过程中 NO_x 生成量的主要技术措施是适当降低燃烧温度、氧气浓度及缩短烟气在高温区域的停留时间，但在控制 NO_x 生成量的过程中，还应考虑燃料的充分燃烧及热损失等问题。排烟再循环法、二段燃烧法等目前采用较多的低氮燃烧技术，就是在综合考虑各种因素的基础上产生的。

1. 排烟再循环法

排烟再循环法就是将一部分锅炉排烟与燃烧用空气混合后再送入炉内。由于循环烟气被送到燃烧区，使炉内温度和氧气浓度降低，从而使 NO_x 的生成量减少。该方法对控制热力型 NO_x 有明显效果，对燃料型 NO_x 基本上没有效果，因此排烟再循环法常用于含氮较少的燃料燃烧。

2. 两段燃烧法

两段燃烧法是指分两次供给空气：第一次供给的一段空气量低于理论空气量，约为理论空气量的 85%~90%，燃烧在富燃料贫氧条件下进行，燃烧区温度降低，同时氧气量不足，NO_x 的生成量很小；第二次供给其余的空气，过量的空气与富燃料条件下燃烧生成的烟气混合，完成整个燃烧过程，这时虽然氧气有剩余，但由于温度低，动力学上限制了 NO_x 的生成，既有效控制了 NO_x 的生成，又能保证完全燃烧所需的空气量。

一段空气过剩系数越小，NO_x 的生成量越少。由于缺氧，燃料中氮分解的中间产物也不能进一步氧化成燃料型 NO_x。然而，一段燃烧区空气过剩系数越小，不完全燃烧产物会增加。二段燃烧区主要完成未燃烧和不完全燃烧产物的燃烧，如果空气过剩系数设置不恰当，炉膛尺寸不合适，则会使烟尘浓度和不完全燃烧的损失增加。

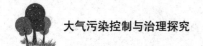

四、其他污染物的生成与控制

（一）汞的生成与控制

汞对人体健康的危害包括肾功能衰减、神经系统损坏等。进入水体的汞甲基化后，易在生物链中富集，并最终通过食物形式进入人体消化系统，对人体造成极大损害。

2013 年 1 月，联合国环境规划署通过了旨在全球范围内控制和减少汞排放的《水俣公约》，2017 年 8 月该国际公约已正式生效。煤作为世界主要燃料，平均汞含量在 0.012~0.33mg/kg。美国 EPA 估计，美国每年人为汞排放量在 144t，其中燃煤电厂贡献率为 33%。因此，早在 2000 年美国 EPA 就宣布将开始控制燃煤电厂烟气中汞的排放。联合国环境规划署的数据显示，2005 年全球人为汞排放总量约 2000t，而中国的排放量达到 800 多吨。作为《水俣公约》的首批签约国，我国于 2011 年 7 月发布的新版《火电厂大气污染物排放标准》（GB13223—2011）中，正式提出了燃煤烟气中汞的排放标准。汞的排放控制已成为我国燃煤烟气继烟尘、SO_x 和 NO_x 之后的又一控制的重点。

汞的挥发性很强，煤中所含的汞无论是有机态还是无机态，在燃烧过程中都将首先转化为气态单质汞（Hg^0），然后在烟气排出的降温过程中与其他成分作用而又部分转化成氧化态汞（Hg^{2+}）和颗粒态汞（Hg_P）。这三种形态总称为总汞（Hg_T）。颗粒态汞可在除尘设备中去除。氧化态汞易被吸附，且溶于水，大部分可在除尘或湿法脱硫设备中除去，剩余少量排至大气后很快在附近沉降。气态单质汞难以被烟气净化设备捕集，排至大气中可随风长距离迁移扩散，沉降在广域的陆地和水体中。因此，需要重点控制烟气中的气态单质汞。

气态单质汞（Hg^0）控制的原理一般是使成易被去除的氧化态汞。煤炭燃烧时，汞的氧化程度受燃烧设备结构、燃烧温度、烟气成分、降温速率、飞灰浓度及组成等多因素影响。但有研究表明，影响最大的是烟气中氯（Cl）

的含量。当煤中 Cl 含量高时，可将气态单质汞快速转化为气态 $HgCl_2$，由于 $HgCl_2$ 易被飞灰和其他吸附剂吸附且可溶于水，因而易于在烟气净化设备中去除。此外，燃烧室出口温度影响单质汞与其他物质的反应程度。提高燃烧室出口温度，延长烟气在高温区的停留时间，均有利于单质汞的氧化，这对于汞的排放控制非常有效。

（二）CO 的生成与控制

一氧化碳（CO）是燃烧过程中产生的主要污染物之一，主要来源于汽车排气。在含氢燃料的氧化中，CO 作为一种中间产物，其主要通过与 OH 反应生成 CO_2，与 O_2 直接反应的速度很慢。CO 如果不能被完全氧化，则会随烟气排出，造成大气污染。

CO 是燃料燃烧过程中的重要中间产物，如果燃烧过程中燃烧室烟气温度过低、氧含量减少或烟气停留时间过短，均会导致 CO 不能被完全氧化为 CO_2。另一方面，最终燃烧产物 CO_2 与 CO 和 O_2 在高温条件下存在可逆反应：

$$CO_2 \rightarrow CO + \frac{1}{2}O^2$$

而正反应方向为吸热反应，随着温度升高 CO_2 分解成 CO 的速率增加。此外，燃烧最终产物 H_2O 在高温下会发生分解反应生成 H_2 和 O_2，而 H_2 能与 CO_2 发生反应生成 CO。

$$H_2O \rightarrow H_2 + \frac{1}{2}O_2$$

$$H_2 + CO_2 \rightarrow CO + H_2O$$

由于 CO 是燃烧中间产物，因此对其的生成控制主要集中在努力让其完全氧化为 CO_2。研究表明，空燃比是影响 CO 生成的重要因素，适当提高空燃比（增加了氧含量）可以明显降低排烟中 CO 的含量。此外，提高燃烧气体温度、延长烟气在高温区停留时间、保持燃烧过程的连续稳定，均有利于减少 CO 的生成量。

第四节　机动车污染与控制

一、机动车排放主要污染物

（一）机动车排放的主要污染物

汽车作为现代化交通的主要工具，给人们的日常生活带来了极大便利，与此同时，汽车尾气排放的污染物，对大气环境造成了严重污染。汽车的排放污染物质主要包括：二氧化碳（CO_2）、一氧化碳（CO）、碳氢化合物（HC）、氮氧化合物（NO_x）、微粒物（由碳烟、铅氧化物等重金属氧化物等组成）和硫化物等。这些污染物由汽车的排气管、曲轴箱和燃油系统排出，分别称为尾气排放污染物、曲轴箱污染物和燃油蒸发污染物。

柴油机与汽油机主要排气污染物含量的对比如表 2-2 所列。其中，CO 和 NO_x 是汽油机尾气中的主要污染物，而排气微粒则是柴油机尾气中的主要污染物。柴油机的排气微粒主要由碳烟颗粒、可溶性有机成分（SOF）以及硫化物组成，其中可溶性有机成分主要来自未完全燃烧的碳氢化合物、机油及其中间产物。

表 2-2　柴油机与汽油机主要排气污染物含量对比

	柴油机	汽油机	柴油机／汽油机
CO/10^{-6}	<1000	<10000	<1∶100
NO_x/10^{-6}	1000~4000	2000~4000	≈1∶2
HC/10^{-6}	<300	<1000	<1∶3
PM/（g/m^3）	0.5	0.01	>50∶1

据调查显示，2016 年全国机动车排放污染物初步核算为 4472.5 万 t，其中 NO_x 577.8 万 t、CO 3419.3 万 t、HC 422.0 万 t、颗粒物（PM）53.4 万 t，汽车排放污染物总量占比分别为 92.5%、87.7%、84.1%、95.9%。研究表明，我国每年有 160 万人死于空气污染引起的疾病。汽车尾气是造成空气污染最重要的因素之一，也是导致死亡最凶残的"杀手"之一，因此，必须严格控制汽车的排放污染。

（二）机动车排放主要污染物的生成与危害

1.CO 的生成与危害

CO 是汽车尾气中有害物浓度最大的产物，主要是由于发动机内燃油燃烧不充分所导致的，是局部缺氧或者反应温度低而生成的中间产物。若以 R 代表碳氢根，则燃料分子 RH 在燃烧过程中生成 CO 反应过程如下：

$$RH \rightarrow R \rightarrow RO_2 \rightarrow RCHC \rightarrow RCO \rightarrow CO$$

CO 的生成主要受混合气浓度的影响。在过量空气系数 a<1 的浓混合气工况时，由于缺氧使燃料中的碳不能完全氧化成 CO_2，CO 作为其中间产物产生。在 a>1 的稀混合气工况时，理论上不应有 CO 产生，但实际燃烧过程中，由于混合不均匀造成局部区域中 a<1 而产生 CO；或者已成为燃烧产物的 CO_2 和 H_2 在高温时吸热，产生热离解反应生成 CO。另外，在排气过程中，未燃碳氢化合物 HC 的不完全氧化也会产生少量 CO。

CO 从呼吸道吸入后，通过肺泡进入血液，它和血液中的血红素蛋白（Hb）的亲和力比氧高 200~300 倍，很容易与之生成碳氧血红素蛋白（CO-Hb），使血液的输氧能力大大降低。同时碳氧血红素蛋白（CO-Hb）的解离速度比氧合血红蛋白的解离慢 3600 倍，且碳氧血红素蛋白（CO-Hb）的存在影响氧合血红蛋白的解离，阻碍了氧的释放，导致低氧血症，引起组织缺氧，造成脑血液循环障碍，损害中枢神经系统。为保护人体不受伤害，国家标准规定大气环境中 24 小时 CO 平均浓度不超过（5~10）×10-6（体积比）。

2.HC 的生成与危害

汽车排放的 HC 的成分极其复杂，估计有 100~200 种，其中包括芳烃、烯烃、烷烃和醛类等，它们主要来自燃油的不完全燃烧以及挥发出来的汽油成分。不同排放法规对 HC 排放的定义有所不同，中国、日本和欧洲各国在内的大部分国家，都将总碳氢化合物（THC）作为 HC 排放的评价指标。HC 与 CO 一样，也是一种不完全燃烧的产物，与过量空气系数 φa 有密切关系。但即使 $\varphi a>1$ 的条件下，也会产生很高的 HC 排放，这是因 HC 化合物还有淬熄和吸附等生成原因。

HC 包含有烷烃、烯烃、苯、醛、酮、多环芳烃等 100~200 多种复杂成分。

其中不饱和的非甲烷碳氢对环境和人类健康有较大的危害。烯烃对人体黏膜有刺激，经代谢转换变成对基因有毒的环氧衍生物，也是生成光化学烟雾的重要物质。醛类气体对眼睛、呼吸道和皮肤有强烈的刺激作用，当浓度超过一定指标后会引起头晕、恶心、红血球减少、贫血等。芳烃对血液和神经系统有害，其中多环芳烃及其衍生物（如苯并芘）是强烈的致癌物质。

汽车尾气中的 HC 与 NO 在紫外线作用下发生化学反应，生成臭氧（O_3），形成光化学烟雾。光化学烟雾因参与反应的污染物很多，其化学反应也很复杂。其主要产物是具有强烈氧化作用的氧化剂，臭氧占的比例最大，约为85% 以上，其次是各种过氧酰基硝酸酯（PAN）约占 10%，其他物质有甲醛、酮、丙烯醛等。近几年又发现有与 PAN 相近的过氧苯酰硝酸酯（PBN）。此外，如果大气中有 SO_2 存在，还含有硫酸雾微粒。光化学烟雾对人体健康危害很大，并且能损坏植物生长。

3. NO_x 的生成与危害

汽油机燃烧过程中主要生成 NO，另有少量 NO_2，统称 NO_x，其中 NO 占绝大部分，约占 NO_x 总排放量的 95%。在经排气管排入大气后，缓慢地与 O_2反应，最终生成 NO_2。

燃烧过程中产生的 NO 包括热力型 NO、燃料型 NO 和瞬时型 NO。燃料型 NO 的生成量极小，瞬时型 NO 的生成量也较少，热力型 NO 是主要来源。根据热力型 NO 反应机理，产生 NO 的三要素是温度、氧浓度和反应时间，即在足够的氧浓度的条件下，温度越高和反应时间越长，则 NO 的生成量越大。目前被广泛认可的 NO 形成理论是捷尔杜维奇链反应机理。

在汽车发动机中主要生成的是 NO，NO 是无色气体，高浓度 NO 会造成中枢神经系统轻度障碍。NO 在大气中氧化生成 NO_2，对眼、鼻、呼吸道以及肺部都有强烈刺激。NO_2 与血红素蛋白（Hb）的亲和力比氧高 30 万倍，对血液输氧能力的影响远远大于 CO，当其浓度为 250×10^{-6} 时会使人因肺水肿而死亡。此外，NO_x 是形成酸雨的重要来源之一，也是形成光化学烟雾的主要成分，其与水反应生成的硝酸和亚硝酸也会破坏植被以及建筑。

4. 排气微粒的生成及其危害

排气微粒的粒径分布与发动机的工况有很大关系，其粒径分布范围较为广泛。从粒径大小角度可分为积聚模态、凝核模态以及粗大模态三种形态。

粒径在 $0.1\sim0.3\mu pm$ 之间的颗粒呈现积聚模态，大部分颗粒物

质量分布在积聚模态区域内。此区域内的颗粒主要包括积聚形态的碳化合物及其吸附的其他物质。

粒径在 $0.005\sim0.05\mu m$ 之间的颗粒物呈现凝核模态。凝核模态的颗粒物通常由挥发性的有机物以及硫化物组成，并含有少量固体碳和金属化合物。凝核模态的颗粒物主要形成于尾气稀释以及冷却的过程中，该模态的颗粒物占排气微粒总质量的 1%~20%，但数量占排气微粒总数量的 90% 以上。

粒径大于 $1.0\mu m$ 的颗粒物呈现粗大模态。这类颗粒物占排气微粒总质量的 5%~20%，主要是由沉积在气缸壁以及排气管上的积聚模式的颗粒物再次飞散形成的。

排气微粒的结构与发动机转速和负荷有关。在高负荷不同转速下，排气微粒基本呈现核壳型机构。在低负荷低转速下，排气颗粒物粒径更大且不规则，而在低负荷高转速下，由于发动机内低的燃烧温度以及较短的燃烧时间，颗粒物呈现无序的结构。

汽车排气微粒粒径多小于 $1\mu m$，这些微细颗粒物能够长时间弥散在空气中，是造成我国雾霾的主要元凶，严重影响人们的出行和交通。同时排气微粒粒径小，比表面积大，易携带重金属等有毒、有害物质，且可随气流长距离输送，一经吸入人体可直接进入肺泡甚至渗透血管进入血液，引发严重的呼吸道以及心血管疾病。

此外，汽车尾气中还含有铅化合物、硫化合物等有害成分。

二、我国机动车尾气污染严重的主要原因

我国汽车尾气污染严重的原因主要有：

（1）随着经济的快速发展，我国汽车保有量迅速增加，但是我国高污染的在用陈旧车辆过多，车辆维护保养差，在用车的污染特别严重。

（2）由于我国经济发展过于集中，大中城市不断扩容，道路交通建设滞后，交通拥堵加剧等原因，不利于机动车尾气扩散，汽车尾气集中在城市中心区域。汽车处于怠速时，排放污染最严重，远超过正常行驶工况。而交通拥堵

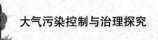

进一步加剧了汽车尾气污染状况。

（4）我国汽车排放标准与汽车工业发达国家存在差距，我国的排放标准无论从限值及执行时间上，都落后于欧洲排放标准，不利于控制技术的提高和排放污染的控制。

（5）我国汽车尾气污染防治法律法规体系不完善、政府监管能力不足、汽车尾气检验和维修（I/M）制度未有效落实、新能源汽车开发和推广力度不够、汽车尾气污染防治宣传不到位、社会对汽车尾气污染不够重视等都是造成汽车尾气污染的主要因素。

三、汽车尾气净化技术

目前，汽车尾气污染的情况日益突出，很多国内外研究人员在努力开发具有良好净化效果的尾气处理技术，现有的较为常用的汽车尾气处理技术大致可以归纳为三类：发动机内部净化处理技术、发动机外部净化处理技术、燃料的改进和替换技术。

（一）发动机内部净化处理技术

发动机内部净化处理技术主要是指根据尾气中有害物质的生成原因对发动机内部结构进行改进和调整，以达到减少尾气中污染物含量和控制燃烧的目的，其主要是通过提高燃料质量和改善燃料的燃烧条件来减少污染物的生成。较为常用的发动机内部净化技术有燃烧室系统优化、推迟点火提前角、废气再循环、改善汽车动力装置系统和燃油系统、清洁空气装置以及低温等离子体技术。

燃烧室系统的优化是通过改进燃烧室的设计使其更紧凑，以减少燃烧室的面容比，使燃料能够在燃烧室内快速燃烧，以缩短燃烧时间，从而控制有害物质的生成，该方法是较为传统的方法，效果不是太显著。

汽车发动机点火提前角推迟可以使 NO、CH 减少。但不能过迟，否则由于燃烧速度缓慢使 CH 增多。点火提前角对缸温、缸压以及燃气混合比等都有一定的影响，推迟点火提前角是目前较为普遍的发动机内部净化技术，通过改进点火系统来实现对污染物的控制。

废气再循环对降低 NO_x 具有显著的效果，它是通过将废气中的一部分重新引入到燃烧室内，以降低燃烧室内的含氧量，因为含氧量较低，燃烧温度和燃烧速度都有所降低，NO_x 的生成量也随之降低，减少了汽车尾气中 NO_x 的含量。

改善汽车动力装置系统和燃油系统主要是通过改良发动机的动力系统和燃油系统以得到最佳的空燃比，从而降低汽车尾气中污染物的含量。目前应用最广的就是发动机控制单元，通过控制进入发动机中的气体比例，可以显著减少有害尾气的排放并减少燃油消耗。

（二）发动机外部尾气净化技术

发动机外部尾气净化技术是指在发动机外部安装各种净化装置，排气系统中的烟气经过净化装置时，该装置能够通过物理或者化学的方法，将其中的有害气体转变成无害的气体排放到空气中，减少了对空气的污染。

常见的发动机机外净化措施中催化净化系统的种类共有四种系统。其一是三效催化净化装置，通过氧传感器把三效催化净化器的入口的空燃比控制在理论比附近，使有害的三种成分（HC、CO、NO）同时减少；其二是催化氧化系统，使进入催化器入口的空燃比保持为可氧化条件，以减少 HC 和 CO 排放；其三是还原催化系统，这种系统利用氧化铜 CuO 等金属氧化物及贵金属作为催化剂，在较浓混合气时利用 CO、HC 将 NO 还原为 N_2、NH_3 等；其四为吸藏还原净化系统，主要用于稀薄混合气发动机的氮氧化物的净化。由于全世界性的排气法规的日益严格，日本、美国、欧洲大部分的汽车都安装了三效催化净化装置等尾气净化系统。

（三）燃料的改进和替换技术

1.燃料的改进技术

（1）采用无铅汽油

采用无铅汽油，以代替有铅汽油，可减少汽油尾气毒性物质的排放量。有铅汽油中加入了一种抗爆剂四乙基铅，它具有很高的挥发性，甚至在 0℃时就开始挥发，而挥发出的铅粉末，以蒸气及烟的形式存在，会影响大气环境。而无铅汽油是用甲醛树丁醚做掺合剂，它不仅不含铅，而且汽车尾气排出的一氧化碳、氮氧化合物、碳氢化合物均会减少。因铅是一种蓄积毒物，它通过人的呼吸、饮水、食物等途径进入人体，对人体的毒性作用是侵蚀造血系统、

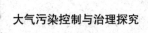

神经系统以及肾脏等。2000 年我国已全面淘汰了含铅汽油。

（2）掺入添加剂，改变燃料成分

汽油中掺入 15% 以下的甲醇燃料，或者采用含 10% 水分的水—汽油燃料，都能在一定程度上减少或者消除 CO、NO_x、CH 和铅尘的污染程度。当甲醇比例占 30%~40%，汽车尾气排出的污染物可基本消除。

（3）选用恰当的润滑油添加剂——机械摩擦改进剂

在机油中添加一定量（比例为 3%~5%）石墨、二硫化钼、聚四氟乙烯粉末等固体添加剂，加入引擎的机油箱中，可节约发动机燃油 5% 左右。此外，采用上述固体润滑剂可使汽车发动机汽缸密封性能大大改善，汽缸压力增加，燃烧完全。尾气排放中，CO 和 CH 含量随之下降，可减轻对大气环境的污染。

2. 燃料的替代技术

目前，采用清洁的燃料替代传统的汽油和柴油的方法已受到广泛的关注。采用替代燃料可以节约能源，改善能源结构以及减少气态和颗粒态污染物的排放。代用燃料通常要比汽油和柴油便宜，这也使得代用燃料在经济上更具有吸引力。

（1）采用清洁的气体燃料

采用液化石油气、压缩天然气、工业煤气等这些清洁的气体燃料，与汽油相比分子碳链较短，含氢量较高，热值较高，可以减少燃气用量，提高混合气质量，减少污染物排放。我国天然气资源丰富，作为石油副产品的液化石油气及煤气来源也很多，所以结合我国使用气体燃料的成熟技术，气体燃料替代汽油燃料使用前景是广阔的。

（2）采用清洁液体燃料

清洁液体燃料主要是指甲醇（CH_3OH）或乙醇（C_2H_5OH），它们是一种可再生的燃料。醇类燃料的特点是都是相对分子质量较小的单一物质，燃烧产物中基本没有炭烟，NO_x 的排放浓度很低，且甲醇辛烷值高，可以与不添加四乙基铅的汽油混合，减少排气中的铅污染。

如果按照 1：9 的乙醇汽油配比，用 20 万 t 乙醇，可配出约 200 万 t 的乙醇汽油，200 万 t 的乙醇只消耗粮食 70 万 t。因此，开发、发展使用专用乙醇汽油可解决储存粮食的转化问题，又可以在一定的程度上代替汽油，缓解我国原油供应的紧张状况。

（3）采用氢作为替代燃料

氢是一种理想的清洁燃料。虽然在自然界里氢的含量与氧相比要少得多，但含氢的化合物在自然界中非常多。因而，它是一种有希望取代石油燃料的新能源。氢燃烧反应的生成物为 H_2O，不存在排气中 CH、CO 的污染问题。氢的燃烧热能极高，即使以稀薄燃料混合物作为汽车燃料，也能适应发动机的动力要求。同时，使用氢做燃料可以使用过量的空气，因而降低了发动机气缸温度，减少了 NO_x 的排放量。

氢的资源丰富，制取技术也成熟，但成本较高。目前，制取氢的方法研究已蓬勃开展，因此，氢作为清洁燃料应用于机动车上将能够实现。

（4）燃料电池

燃料电池是由燃料（氢、煤气、天然气等）、氧化剂（氧气、空气、氯气等）、电极（多孔烧结镍电极、多孔烧结银电极等）组成的。只需要不断地加入燃料和氧化剂，电池就会不断地产生电能，产生的废料只是水和热量。燃料电池的优点是无须充电，比能量高（达 200W·h/kg）。其缺点是成本高，燃料的储运较为困难。近几年，燃料电池在研制、开发和商品化方面取得了较大进展。

第三章　颗粒污染物的控制技术

一、粉尘的粒径及性质

（一）粉尘的粒径

粉尘颗粒大小不同，其物理、化学特性不同，对人和环境的危害也不同，而且对除尘装置的性能影响很大，所以是粉尘的基本特性之一。

（1）单一颗粒的粒径。粉尘的粒径是指表示颗粒大小的代表性尺寸。一般将粒径分为单个粒子大小的单一粒径和代表由各种不同大小粒子组成的粒子群的平均粒径，单位是 μm。实际的粉尘颗粒一般是不规则的，所以粒径需要按一定的方法确定一个表示颗粒大小的代表性尺寸，作为颗粒的直径，简称为粒径。粒径的测定和定义方法不同，所得粒径值也不同，常见的定义方法有显微镜法、筛分法、光散射法、沉降法和分割粒径。

（2）粒径分布。粒径分布是指某种粉尘中，各种粒径的颗粒所占的百分比，也称粉尘的分散度。以颗粒的个数表示所占的比例时，称为个数分布；以颗粒的质量表示所占比例时，称为质量分布。因为质量分布更能反映不同粒径的粉尘对人体和除尘器性能的影响，所以除尘技术中多采用质量分布。粒径分布可以用表格、图形和函数表示。

（二）粉尘的密度

单位体积粉尘的质量称为粉尘的密度，单位 kg/m^3。根据粉尘测定条件及应用条件的不同，可分为真密度和堆积密度。

（1）真密度。将粉尘颗粒表面及其内部的空气排出后测得的粉尘自身的密度，称为真密度。以 ρ_p 表示。

（2）堆积密度。固体磨碎形成的粉尘，在表面未氧化时，其真密度与母料密度相同。呈堆积状的舶粉尘（即粉体），每个颗粒及颗粒之间的空隙中皆含有空气。一般将包括物体颗粒间气体空间在内的粉体密度称为堆积密度，用 ρ_b 表示。

若将粉尘之间的空隙体积与包含空隙的粉尘总体积之比称为空隙率 ε，则 ε 与粉尘的真实密度 ρ_p 和堆积密度 ρ_b 之间存在如下关系：

$$\rho_b = (1-\varepsilon)\rho_p$$

粉尘的真密度用于研究尘粒在空气中的运动，而堆积密度则用于计算存仓或灰斗的容积等。

（三）粉尘的安息角

粉尘从漏斗连续落到水平面上，自然堆积成一个圆锥体，圆锥体母线与水平面的夹角称为粉尘的安息角。也称休止角或堆积角。

影响粉尘安息角因素主要有粉尘粒径、含水率、颗粒形状、颗粒表面光滑程度及粉尘黏性等。对于一种粉尘，粒径越小，安息角越大；粉尘含水率增加，安息角增大；表面越光滑和越接近球形的颗粒，安息角越小。安息角是设计料仓的锥角和含尘管道倾角的主要依据。

（四）粉尘的比表面积

粉状物料的许多理化性质，往往与其表面积大小有关，细颗粒往往表现出显著的物理、化学活动性。

粉尘的比表面积定义为单位体积（或质量）粉尘所具有的表面积。以粉尘自身体积（即净体积）表示的比表面积。粉尘的比表面积增大，其物理和化学活性增强。在除尘技术中，同一粉尘。比表面积越大，越难捕集。

（五）粉尘的润湿性

粉尘颗粒能否与液体相互附着或附着难易的性质称为粉尘的润湿性。当尘粒与液体接触时，接触面能扩大而相互附着，就是能润湿；反之，接触面趋于缩小而不能附着，则是不能润湿。一般根据粉尘能被液体润湿的程度将粉尘大致分为两类：容易被水润湿的亲水性粉尘（如锅炉飞灰、石英粉尘），难以被水润湿的疏水性粉尘（如石墨粉尘、炭黑等）。粉尘的润湿性与粉尘的性质，如粒径，生成条件、温度、含水率、表面粗糙度、荷电性等有关，还与液体的表面张力、尘粒和液体间的黏附力及相对运动速度等有关。此外，粉尘的润湿性还随压力的增加而增加，随温度升高而减小，随液体表面张力减小而增强。各种湿式除尘装置，主要是依靠粉尘与水的润湿作用来捕集粉尘的。某些粉尘如水泥、熟石灰粉尘等水硬性粉尘，虽是亲水性的，但一旦吸水后就形成了不溶于水的硬垢，容易造成管道、设备结垢或堵塞，不宜采用湿式除尘器。

（六）粉尘的荷电性

粉尘在其产生及运动过程中，由于相互碰撞、摩擦、放射线照射、电晕放电及接触带电体等原因，几乎总是带有一定量的电荷，称之为粉尘的荷电性。粉尘荷电后将改变其某些物理性质，如凝聚性、附着性及在气体中的稳定性等。粉尘的荷电量随温度增高、表面积加大和含水率减小而增大、还与其化学成分等有关。

电除尘器就是利用粉尘的荷电性进行工作的。其他除尘器（如袋式除尘器、湿式除尘器），也可以充分利用粉尘的荷电性来提高对粉尘的捕集能力。

（七）粉尘的比电阻

粉尘的导电性与金属导线类似，用比电阻表示。粉尘比电阻是指单位面积的粉尘在单位厚度时所具有的电阻值，单位是 $\Omega \cdot cm$。粉尘的导电机制有两种，在高温（200℃以）上情况下，主要靠粉尘颗粒内的电子或离子进行，称为容积导电。在低温（100℃以下）情况下，主要靠其表面吸附的水分和化学膜导电，称为表面导电。因此，粉尘的比电阻取决于粉尘、气体的温度和组成成分。粉尘的比电阻对除尘器的性能有重要影响。适宜的范围是 $10^4 \sim 2 \times 10^{10} \Omega \cdot cm$，当粉尘的比电阻不利于电除尘器捕集粉尘时，需要采取措施调节粉尘的比电阻，使其处于合适的范围。

（八）粉尘的黏附性

粉尘颗粒附着在固体表面上或者颗粒彼此相互附着的现象称为黏附，后者也称自黏。附着强度，即克服附着现象所需要的人力（垂直作用在颗粒重心上）称为黏附力。在气体介质中产生黏附力主要有范德华力、静电引力和毛细管力等。

粉尘的黏附是一种常见的实际现象，既有其有利的一面，也有其有害的一面。就气体除尘而言，一些除尘器的捕集机制是依靠施加捕集力以后粉尘在捕集表面上的黏附。但在含尘气流管道和某些设备中，又要防止粉尘在壁面上的黏附，以免造成管道和设备的堵塞。

（九）粉尘的爆炸性

当空气中的某些粉尘（如煤粉）达到一定浓度时，若在高温、明火、电火花、摩擦、撞击等条件下就会引起爆炸。

可燃物爆炸必须具备的条件有两个：一是由可燃物与空气或氧构成的可燃混合物达到一定的浓度；二是存在能量足够的火源。能够引起可燃混合物爆炸的最低可燃物浓度称为爆炸浓度下限；最高可燃物浓度称为爆炸浓度上限。在可燃物浓度低于爆炸浓度下限或高于爆炸浓度上限时，均无爆炸危险。由于上限浓度值过大（如糖粉在空气中的爆炸浓度上限为 $13.5kg/m^3$），在多数场合下都达不到，故实际意义不大。

粉尘的粒径越小，比表面积越大，粉尘和空气的湿度越小，爆炸的危险性就越大。另外，有些粉尘与水接触后会引起自燃或爆炸，如镁粉、碳化钙粉等；有些粉尘互相接触或混合后也会引起爆炸，如磷、锌粉与镁粉等。在实际工作中应根据粉尘的性质选择合适的除尘器，防止爆炸。

二、除尘装置的性能指标

评价除尘装置性能的指标包括技术指标和经济指标两方面。技术指标主要有处理气体流量、净化效率和压力损失等；经济指标主要有设备费、运行费和占地面积等。此外，还应考虑装置的安装、操作、检修的难易等因素。

本节主要介绍净化装置的技术性能。

（一）处理气体流量

处理气体流量是代表装置处理气体能力大小的指标，一般以体积流量表示。实际运行的净化装置，由于本体漏气等原因，一般用除尘器的进出口气体流量的平均值来表示除尘器的气体处理量。

$$Q = \frac{Q_1 + Q_2}{2}$$

式中 Q_1——除尘器入口气体标准状态下的体积流量，m^3/s；

Q_2——除尘器出口气体标准状态下的体积流量，m^3/s；

Q——除尘器处理气体标准状态下的体积流量，m^3/s。

用来表示除尘器严密程度的指标称为除尘器的漏风率，用 δ 表示：

$$\delta = \frac{Q_1 - Q_2}{Q} \times 100\%$$

若进出口气体不是在标准状态下（T=273K，P=101.3×103Pa），可用下面公式将其换算为标准状况下的体积流量：

$$Q_0 = Q \times \frac{T_0}{T} \times \frac{p}{p_0}$$

式中 Q_0——流量（m^3/s）；

T_0——温度（K）；

p_0——压力（Pa）；

Q——流量（m^3/s）；

T——温度（K）；

P——压力（Pa）。

（二）除尘效率

除尘效率是表示除尘器性能的重要技术指标。

（1）总除尘效率。总除尘效率系是指在同一时间内除尘器捕集的粉尘质量占进入除尘器的粉尘质量分数，用 η 表示：

$$\eta = \frac{G_3}{G_1} \times 100\%$$

由于 $G_3 = G_1 - G_2$，$G_1 = Q_1 \rho_1$，$G_2 = Q_2 \rho_2$，因此有：

$$\eta = \frac{G_1 - G_2}{G_1} \times 100\% = \left(1 - \frac{G_2}{G_1}\right) \times 100\% = \left(1 - \frac{Q_2 \rho_2}{Q_1 \rho_2}\right) \times 100\%$$

若装置不漏风，$Q_1 = Q_2$，于是有：

$$\eta = \left(1 - \frac{\rho_2}{\rho_1}\right) \times 100\%$$

式中　Q_1——除尘器进口的气体流量，m³/s；

Q_2——除尘器出口的气体流量，m³/s；

G_1——粉尘流入量，g/s；

G_2——粉尘流出量，g/s；

G_3——除尘器捕集的粉尘，g/s；

ρ_1——除尘器进口气体含尘浓度，g/m³；

ρ_2——除尘器出口气体含尘浓度，g/m³。

根据总除尘效率，可将除尘器分为低效除尘器（50%~80%）、中效除尘器（80%~95%）和高效除尘器（95%以上）。

（2）通过率。通过率是指在同一时间内，穿过过滤器或除尘器的粒子质量与进入的粒子质量的比，一般用 p（%）表示：

$$p = \frac{G_2}{G_1} \times 100\% = 100\% - \eta$$

（3）多级串联运行时的总净化效率。在实际工程中，当入口气体含尘浓度很高，或要求出口气体含尘浓度较低时，用一种除尘装置往往不能满足除尘效率要求。因此需要把两种或多种不同型式的除尘器串联起来使用，形成两级或多级除尘系统。

当两台除尘装置串联使用时，η_1 和 η_2 分别是第一级和第二级除尘器的除尘效率，则除尘系统的总效率为：

$$\eta = \eta_1 + \eta_2(1 - \eta_1) = 1 - (1 - \eta_1)(1 - \eta_2)$$

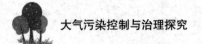

当几台除尘装置串联使用时：

$$\eta = 1 - (1-\eta_1)(1-\eta_2)(1-\eta_3)\cdots(1-\eta_n)$$

（4）分级效率。除尘效率并不能全面地反映除尘效果，要正确评价除尘装置的除尘效果需用对某一粒径或粒径间隔内粉尘的除尘效率来衡量，这种效率称为除尘器的分级效率，用 η_i 表示。

对于分级效率，一个非常重要的值是 η_i=50%，与此值相对应的粒径称为除尘器的分割粒径，一般用 d_e 表示。分割粒径 d_e 在讨论除尘器性能时经常用到。

分级效率能够反映出除尘装置对不同粒径粉尘，特别是悬浮在大气中对环境和人体有较大危害的细微粉尘的捕集能力。分级效率的表示方法有质量法和浓度法。

质量分级效率用 η_i 表示，可由下式计算：

$$\eta_i = \frac{G_3 g_{d_3}}{G_1 g_{d_1}} \times 100\%$$

式中 G_1，G_3——除尘器进口和被除尘器捕集的粉尘量，kg/h；

g_{d_1}，g_{d_3}——除尘器进口和被除尘器捕集的粉尘中，粒径为 d 的粉尘质量分数；η_i 为质量法表示的分级效率。

浓度分级效率用 η_d 表示，可用下式计算：

$$\eta_d = \frac{Q_1 g_{d_1} \rho_1 - Q_2 g_{d_2} \rho_2}{Q_1 g_{d_1} \rho_1} \times 100\%$$

如果除尘装置不漏风，Q_1=Q_2，则上式可简化为：

$$\eta_d = \frac{g_{d_1} \rho_1 - g_{d_2} \rho_2}{g_{d_1} \rho_1} \times 100\%$$

式中 Q_1，Q_2——除尘器进口和出口风量，m³/h；

g_{d_1}，g_{d_2}——除尘器进口和出口粉尘中，粒径为 d 的粉尘质量分数，%；

ρ_1，ρ_2——除尘器进口和出口气体的含尘浓度，g/m³。

对某一除尘装置，如果已知进口含尘气体中粉尘的粒径分布g_{d_i}和它的分级效率η_{d_i}则可由下式计算除尘装置的除尘效率η：

$$\eta = \sum_{i=1}^{n} g_{d_i}\eta_{d_i}$$

（三）压力损失

含尘气体经过除尘装置后会产生压力降，这个压力降被称为除尘装置的压力损失，也称除尘阻力，单位是 Pa。压力损失的大小，不仅取决于装置的种类和结构形式，还与处理气体流量大小有关。通常压力损失与装置进口气流的动压成正比。

$$\Delta p = \frac{1}{2}\xi\rho u^2$$

式中　Δp——除尘装置的压力损失，Pa；

ξ——净化装置的阻力系数；

ρ——气体的密度，kg/m³；

u——装置进口气体流速，m/s。

除尘装置的压力损失是一项重要的经济技术指标。装置的压力损失越大，动力消耗也越大，除尘装置的设备费用和运行费用就高。根据除尘阻力大小，可将除尘器分为低阻除尘器（<500Pa）、中阻除尘器（500~2000Pa）和高阻除尘器（>2000Pa）。通常，除尘装置的压力损失一般控制在 2000Pa 以下。

第二节　除尘装置

从气体中去除或捕集固态或液态微粒的设备称为除尘装置或除尘器。根据主要除尘机理，目前常用的除尘器可分为机械式除尘器、电除尘器、袋式除尘器、湿式除尘器等。

近年来为提高对微粒的捕集效率，陆续出现了综合几种除尘机制的一些

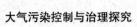

新型除尘器，如通量力 / 冷凝（FF/C）洗涤器，高梯度磁分离器、荷电袋式过滤器、荷电液滴洗涤器等。

下面分别介绍几种常用除尘装置的工作原理。

一、机械式除尘器

机械式除尘器通常指利用质量力（重力、惯性力和离心力等）的作用使颗粒物与气流分离的装置，包括重力沉降室、惯性除尘器和旋风除尘器等。

（一）重力沉降室

1. 重力沉降室的原理

重力沉降室是通过重力作用使尘粒从气流中自然沉降分离的除尘设备。含尘气流进入重力沉降室后，由于扩大了流动截面积而使气体流速大大降低，较重颗粒在重力作用下缓慢向灰斗沉降，而气体则沿水平方向继续前进，从而达到除尘的目的。

在沉降室内，尘粒一方面以沉降速度 u_s 下降，另一方面则以气体流速 u 在沉降室内继续向前运动，气流通过沉降室的时间 t 为：

$$t = \frac{L}{u}$$

式中 L——沉降室长度，m；

u——为沉降室内气体的水平流速。m/s。

尘粒从沉降室顶部降落到底部所需要时间为：

$$t_s = \frac{H}{u_s}$$

式中 H——沉降室高度，m；

u_s——尘粒的沉降速度，m/s。

要使尘粒不被气流带走，则必须使 $t \geq t_s$，即 L≥ $L \geq \frac{uH}{u_s}$ 粒子的沉降速度 u_s

可以用下式求得：

$$u_s = \frac{d^2 g(\rho_p - \rho_g)}{18\mu}$$

式中 d——尘粒的直径，m；

ρ_p——尘粒的密度，kg/m³；

ρ_g——气体的密度，kg/m³；

μ——为气体的黏度，Pa·s；

g——重力加速度，9.18m/s²。

由公式与可求出重力沉降室能 100% 捕集的最小粒径 d_{min}：

$$d_{min} = \sqrt{\frac{18\mu u H}{(\rho_p - \rho_g) g L}}$$

理论上 $d \geq d_{min}$。的尘粒可以全部捕集下来，但实际情况下，由于气流的运动状况以及浓度分布等因素的影响。沉降效率会有所下降。

提高重力沉降室的捕集效率可采取的措施：降低沉降室内气流速度；增加沉降室长度；降低沉降室高度。

但应注意 u 过小或 L 过长，都会使沉降室体积庞大，因此在实际工作中可以采用多层沉降室。在室内设置多层隔板，使其沉降高度将为原来的 H/（n+1）。

2. 重力沉降室的设计步骤

（1）沉降室内水平气流速度一般取 0.2~2.0m/s。

（2）计算沉降室能捕集的最小粒径 d_{min}。

（3）计算颗粒沉降速度 u_s。

（4）确定沉降室的长 L、宽 B 和高 H。根据现场地形条件，确定 L、B、H 中的任意一个参数，其余两个可以通过以下公式计算：

$$L \geq \frac{uH}{u_s}$$

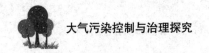

$$B = \frac{Q}{uH}$$

（5）计算对各种尘粒的分级效率。

$$\eta = \frac{u_s L}{uH}$$

重力沉降室具有结构简单，投资少，压力损失小（50~100Pa）等优点，适用于净化密度大，颗粒粗的含尘气体，特别是磨损性很强的粉尘。能有效收集 $50\mu m$ 以上的尘粒，除尘效率一般为 40%~80%，常用于一级处理或预处理。

（二）旋风除尘器

旋风除尘器是利用气流在旋转运动中产生的离心力来清除气流中尘粒的设备。由于其结构简单、体积小、可耐高温、制造容易、造价和运行费用较低，适用于非黏性及非纤维性粉尘的去除，大多用烟气来捕集 $5\mu m$ 以上的粉尘，除尘效率 80%~90%，选用耐高温、耐磨蚀和腐蚀的特种金属或陶瓷材料构造的旋风除尘器，可在温度高达 1000℃，压力达 $500 \times 10^5 Pa$ 的条件下操作。压力损失控制范围一般为 500~2000Pa。因此，它属于中效除尘器，且可用于高温烟气的净化，是应用广泛的一种除尘器，多应用于锅炉烟气除尘、多级除尘及预除尘。

1. 旋风除尘器的原理

旋风除尘器是由进气管、筒体、锥体和排气管等组成。排气管插入外圆筒形成内圆筒，进气管与筒体相切，筒体下部是锥体，锥体下部是集尘室。含尘气体由除尘器入口沿切线方向进入后，沿外壁自上而下作旋转运动，形成外旋流。旋转下降的外旋流因受锥体收缩的影响渐渐向中心汇集，到达锥体底部后，转而向上沿轴心旋转形成内旋流（内旋流与外旋流的方向是相同的），最后通过出口管排出。气流做旋转运动时，悬浮在旋流中的尘粒，在离心力的作用下，一面向除尘器壁靠近，然后在重力作用下落入灰斗中，一面随气流旋转向下至气体底，落入灰斗。在外旋流转变为内旋流的锥体底部附近区域称为回流区。在此区将有少量细粉尘被内旋转带走，最后有部分被排出。此外进口气流的少部分沿筒体内壁旋转而上。到达上顶盖后折回沿出口外壁向下旋转到达出口管下端附近被上升的内旋流带走，这部分气流通常称为上旋流。上旋流中的微量细小粉尘被内旋流带走。解决上旋流和回流区中细粉尘的二次返混问题，是设计旋风除尘器时应注意的两个问题。

2. 旋风除尘器的除尘效率

外旋流中的尘粒同时受到离心力和向心力的作用，粒径越大，粉尘获得的离心力越大。因此，在其他条件一定的境况下，必定有一个临界粒径，当粉尘的粒径大于临界粒径时，粉尘受到的离心力大于向心力，尘粒被推至外壁面分离。相反，粉尘受离心力小于所受向心力，尘粒被推入上升的内旋涡中，在轴向气流的作用下，随着气体排出除尘器。对于粒径等于临界粒径的尘粒，由于所受的离心力和所受的向心力相等，它将在内、外旋涡的交界面上旋转。在各种随机因素的影响下，或被分离排除或被内旋涡的气流带出。其概率均为50%。把能够被旋风除尘器除掉50%的尘粒粒径称为分割粒径，用 d_e 表示。显然，d_e 越小，除尘器的除尘效率越高。

分割粒径 d_e 是反映旋风除尘器性能的重要指标。一般情况，尘粒的密度越大，气体进口的切向速度越大，排除管直径越小，除尘器的分割粒径越小，除尘效率也就越高。

在确定分割粒径的基础上，可以用下式计算旋风除尘器的分级效率。

$$\eta_{d_i} = 1 - \exp\left[-0.163\left(\frac{d_i}{d_e}\right)\right]$$

式中 d_i——尘粒的粒径，μm；

d_e——尘粒的分割粒径，μm。

但应注意的是，尘粒在旋风除尘器内的分离过程是非常复杂的。因此根据某些假设条件得出的理论公式还不能进行比较精确的计算。目前，旋风除尘器的效率一般通过实验确定。

3. 影响旋风除尘器除尘效率的因素

根据生产实践和理论分析，影响旋风除尘器除尘效率的主要因素包括除尘器的入口和排气口形式、比例尺寸、除尘器底部的严密性、进口风速和粉

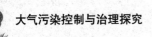

尘的物理性质等。

（1）除尘器的入口和排气口形式

旋风除尘器的入口形式可以分为轴向进入式和切向进入式两类。

轴向进入式是利用进口设置的导流叶片促使气体做旋转运动，借助旋转气流产生的离心力使尘粒分离。在同一压力损失下，处理气量较切向式增加两倍，且气流分布均匀。轴向进入式又分为轴流直进式和轴流反转式。轴流反转式的阻力一般为 800~1000Pa，除尘效率与切向式无显著差别。轴流直进式的阻力较小，一般为 400~500Pa，但除尘效率比较低。轴流式旋风除尘器常用于组合多管旋风除尘器，用于处理烟气量大的场合。

切向进入式又分为直入式和蜗壳式。直入式的入口进气管外壁与筒体相切，蜗壳式的入口进气管内壁与筒体相切，外壁采用渐开线的形式。蜗壳式的可提高除尘效率和降低气体进口的阻力。除尘器入口断面的宽高之比也很重要，一般认为，入口断面宽高比越小，进口气流在径向方向越薄，越有利于粉尘在圆筒内分离和沉降，收尘效率越高。因此进口断面多采用矩形，宽高比为 2 左右。

旋风除尘器的排气管口均为直筒形，排气管的插入加深效率提高，但阻力增大，插入变浅，效率降低，阻力减小。这是因为短浅的排气管容易形成短路现象，造成一部分尘粒来不及分离便从排气管排出。

（2）除尘器的比例尺寸

旋风除尘器的各个部件都有一定的尺寸比例，尺寸比例的变化影响旋风除尘器的效率和压力损失等。

①筒体直径。在相同转速下，筒体直径越小，尘粒所受的离心力越大，除尘效率越高；但筒体直径过小，处理的风量显著降低，易堵塞，因此筒体直径一般不小于 0.15m。同时为了保证除尘效率，筒体直径也不要不大于 1m，若处理风量大，可采用同型号并联组合或多管型旋风除尘器。

②排出管直径。减小排气管直径可以减小内旋涡直径，有利于提高除尘效率，但减小排气管直径会加大出口阻力，一般取排出管直径为筒体直径的 0.4~0.65 倍。

③筒体和锥体高度。增加旋风除尘器的筒体和锥体高度，可以增加气体

在除尘器内的旋转圈数，有利于尘粒分离，但会造成返混。锥体部分，由于断面减小，尘粒向壁面的沉降距离也逐渐减小，同时，气流的旋转速度增加，尘粒受到的离心力增大，利于尘粒分离，但阻力增加。因此高效除尘器的锥体长度为简体长度的 2.8~2.85 倍，两者总高度不超简体直径的 5 倍。

④排尘口直径。排尘口直径过小会影响粉尘沉降，易被堵塞，因此排尘口直径一般为排气管直径的 0.7~1.0 倍。但不能小于 70mm。

（3）除尘器底部的严密性

无论旋风除尘器在正压还是负压下操作，旋风除尘器的底部总是处于负压状态。如果除尘器的底部不严密，从外部漏入的空气就会把落入灰斗的一部分粉尘重新卷入内旋涡并带出除尘器，使除尘器效率显著下降。因此在不漏风的情况下进行正常排尘是保证旋风除尘器正常运行的重要条件。收尘量不大的除尘器。可在排尘口下设置固定灰斗，定期排放；收尘量大且连续工作的除尘器，可设置双翻板式或回转式锁气室。

（4）入口风速

入口风速提高，粉尘的离心力增大，分割粒径变小，除尘效率提高，入口风速过大，气流过于强烈，会把已经分离的粉尘重新带走，除尘效率反而下降，阻力急剧上升，一般进口气速应控制在 12.25m/s 之间。

（5）烟尘的物理性质

当粉尘的密度和粒径增大时，除尘效率明显提高；气体的黏度增大，温度升高，除尘器的效率下降；进口含尘浓度增大，阻力下降，效率影响不大。

4. 旋风除尘器的压力损失

旋风除尘器的压力损失是指气流通过旋风分离器的压力降。此值直接关系到送风机的动力消耗。它与其结构和运行条件等有关，要从理论上计算是比较困难的，主要靠试验确定。试验表明，旋风除尘的压力损失一般与气体进口流速的平方成正比。旋风除尘器操作运行中可以接受的压力损失一般低于 2kPa。影响压力损失的主要因素有：

（1）压力损失随入口气量的增加而增加；

（2）压力损失随进口面积和排出管直径减小而增大，随圆通和圆锥部分增大而减小。

（3）压力损失随入口含尘浓度的增高而明显下降。

（4）压力损失随气流温度与黏度的增高而减小。

（5）除尘器内有叶片，突起和支持物时，使气流的旋转速度降低，离心力减少，因而使总的压降减小。

5.旋风除尘器的结构形式

旋风除尘器的结构形式，取决于含尘气体的入口形式和除尘器内部的流动状态，按进气方式可分为切向进入式和轴向进入式；按气流组织不同可分为旁路式、直流式、平旋式、旋流式等；另外，还可以分为单管、双管和多管组合式旋风除尘器。常见形式如下。

（1）切向反转式旋风除尘器。进气方向大致与除尘器轴线垂直，与筒体表面相切进入。含尘气体进入后，在筒体部分旋转向下，进入锥体到达锥体顶端前，返转向上，清洁气体经排气管引出。这就是常见的切向返转式旋风除尘器。切向返转式旋风除尘器又分为直入式和蜗壳式，前者的进气管外壁与筒体相切，后者进气管内壁与筒体相切，进气管外壁采用渐开线形式，渐开角有 180°、270° 和 360° 三种。蜗壳式入口形式易于增大进口面积，进口处有一环状空间，使进口气流距筒体外壁更近，减小了尘粒向器壁的沉降距离，有利于粒子的分离。另外，蜗壳式进口还减少了进气流与内涡旋气流的相互干扰，使进口压力降减小。直入型进口管设计与制造方便，且性能稳定。

（2）轴向式旋风除尘器。进气方向与除尘器轴线平行的，称为轴向式旋风除尘器。该除尘器利用导流叶片，使含尘气体在除尘器内旋转，叶片形式有各种形式。轴向进入式旋风除尘器，根据含尘气体在除尘器内流动方式可分为直流式和反旋式两类。与切向返转式旋风除尘器相比，在相同的压力损失下，能够处理三倍的气体量，且气流分布均匀，主要用于多管旋风除尘器和处理气体量大的场合。压力损失约为 400~500Pa，除尘效率较低。

（3）XLP 型旋风除尘器。XLP 型旋风除尘器又称旁路式旋风除尘器，其结构特点是带有旁路分离室，旁路分离室，使其上部灰环中的粉尘，能够通过旁路分离分室，直接进入下旋涡而得到的清除，因而提高了除尘效率，但是由于旁路室容易积灰堵塞，因此，它对被处理的含尘气体中的粉尘性质有一定的要求，即粉尘的流动性要好一点。

XLP 型旋风除尘器的入口进气速度范围是 12~20m/s，压力损失约为 500~900Pa。可除去 $5\mu m$ 以上的粉尘，若除去 $5\mu m$ 以下的粉尘效率很低，只能达到20%~30%，而除去 $10\mu m$ 粉尘的分级效率约为90%。

（4）XLK 型旋风除尘器。XLK 型旋风除尘器又称扩散式旋风除尘器。其结构特点是 180°蜗壳入口，锥体为倒置的，锥体下部装有圆锥形的反射屏（又称挡灰盘）。含尘气流进入除尘器后，从上而下作旋转运动，到达锥体下部反射屏时已净化的气体在反射屏的作用下，大部分气流折转形成上旋气流从排出管排出。紧靠器壁的少量含尘气流由反射屏和倒锥体之间环隙进入灰斗。进入灰斗后的含尘气体由于流道面积大、速度降低，粉尘得以分离。净化后的气流由反射屏中心透气孔向上排出，与上升的主气流汇合后经排气管排出。由于反射屏的作用，防止了返回气流重新卷起粉尘。

扩散式旋风除尘器对入口粉尘负荷有良好的适应性，进口气流速度 10~20m/s，压力损失 900~1200Pa，除尘效率为90%左右。

（5）直流式。含尘气体由除尘器的一端进入做旋转运动，使粉尘从气流中分离出来，净化后的气体继续旋转。并由除尘器的另一端排出。这类除尘器因为没有上升的内涡旋，减少了返混和二次飞扬的问题，除尘阻力损失较小。但除尘效率有所下降。在设计时，必须特别注意，要采用合适的稳流体填充旋转气流中心的负压区，防止中心涡流与短路，以减少压力损失和提高除尘效率。

（6）多管旋风除尘器。为了提高除尘效率或增大处理气体量，往往将多个旋风除尘器串联或并联使用。当要求除尘效率较高，采用一级除尘不能满足要求时，可将多台除尘器串联起来使用，这种组合方式称为串联式旋风除尘器组合形式。当处理气体量较大时，可将若干个小直径的旋风除尘器并联起来作用，这种组合方式称为并联式旋风除尘器组合形式。常见的是并联起来使用。

将许多结构和尺寸相同的小型旋风除尘器（旋风子）并联使用，这种除尘器称为多管除尘器。多管除尘器内通常要并联几十个旋风子，因此要求气流分布均匀，有的旋风子会从下部进风，如同灰斗下部漏风一样，除尘器的效率降低。旋风子的尺寸不宜过小，不宜处理黏性大的粉尘，以免旋风子发

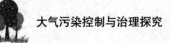

生堵塞。

多管除尘器的旋风管采用铸铁或陶瓷材料，耐磨损，耐腐蚀，可处理含尘浓度高的气体，能有效地分离 $5\sim10\mu m$ 的粉尘。

6.旋风除尘器的运行和维护

（1）稳定运行参数

旋风式除尘器运行参数主要包括除尘器入口气流速度、处理气体的温度和含尘气体的入口质量浓度等。

①入口气流速度。对于尺寸一定的旋风式除尘器，入口气流速度增大不仅处理气量可提高，还可有效地提高分离效率，但压降也随之增大。当入口气流速度提高到某一数值后，分离效率可能随之下降，磨损加剧，除尘器使用寿命缩短，因此入口气流速度应控制在 $18\sim23m/s$ 范围内。

②处理气体的温度。因为气体温度升高，其黏度变大，使粉尘粒子受到的向心力加大，于是分离效率会下降。所以高温条件下运行的除尘器应有较大的入口气流速度和较小的截面流速。

③含尘气体的入口质量浓度。浓度高时大颗粒粉尘对小颗粒粉尘有明显的携带作用，表现为分离效率提高。

（2）防止漏风

旋风式除尘器一旦漏风将严重影响除尘效果。据估算，除尘器下锥体处漏风 1% 时除尘效率将下降 5%；漏风 5% 时除尘效率将下降 30%。旋风式除尘器漏风有三种部位：进出口连接法兰处、除尘器本体和卸灰装置。引起漏风的原因如下：

①连接法兰处的漏风主要是螺栓没有拧紧、垫片厚薄不均匀、法兰面不平整等。

②除尘器本体漏风的主要原因是磨损，特别是下锥体。据使用经验，当气体含尘质量浓度超过 $10g/m^3$ 时，在不到 100 天时间里可以磨坏 3mm 的钢板。

③卸灰装置漏风的主要原因是机械自动式（如重锤式）卸灰阀密封性差。

（3）预防关键部位磨损

影响关键部位磨损的因素有负荷、气流速度、粉尘颗粒，磨损的部位有壳体、圆锥体和排尘口等。防止磨损的技术措施包括：

①防止排尘口堵塞。主要方法是选择优质卸灰阀，使用中加强对卸灰阀的调整和检修。

②防止过多的气体倒流入排灰口。使用的卸灰阀要严密，配重得当。

③经常检查除尘器有无因磨损而漏气的现象，以便及时采取措施予以杜绝。

④在粉尘颗粒冲击部位，使用可以更换的抗磨板或增加耐磨层。

⑤尽量减少焊缝和接头，必须有的焊缝应磨平，法兰止口及垫片的内径相同且保持良好的对中性。

⑥除尘器壁面处的气流切向速度和入口气流速度应保持在临界范围以内。

（4）避免粉尘堵塞和积灰

旋风式除尘器的堵塞和积灰主要发生在排尘口附近，其次发生在进排气的管道里。

①排尘口堵塞。引起排尘口堵塞通常有两个原因：一是大块物料或杂物（如刨花、木片、塑料袋、碎纸、破布等）滞留在排尘口，之后粉尘在其周围聚积；二是灰斗内灰尘堆积过多，未能及时排出。预防排尘口堵塞的措施有：在吸气口增加一栅网，在排尘口上部增加手掏孔（孔盖加垫片并涂密封膏）。

②进排气口堵塞。进排气口堵塞现象多是设计不当造成的，进排气口略有粗糙直角、斜角等就会形成粉尘的黏附、加厚，直至堵塞。

（5）旋风除尘器的维护

在负压除尘系统中，除尘器下部的锁风阀要经常检修，特别是翻板阀、插板阀比回转阀（星型卸料器）更要注意。

旋风除尘器还有一个问题需要注意，就是检查除尘器磨损的情况，特别是处理磨琢性粉尘时，在入口和锥体部分很容易磨损，应及时焊补，最好衬胶或作耐磨处理。

二、湿式除尘器

湿式除尘器也称洗涤式除尘器，是利用液体的洗涤作用，使尘粒从气流中分离出来的除尘器。湿式除尘器可以有效地将直径为 $0.1\sim20\mu m$ 的液态或固态粒子从气流中除去，也能脱除气态污染物。同时还能起到气体降温作用。

它具有结构简单、造价低、占地面积小，操作及维修方便和净化效率高（除尘效率达 90% 以上）等优点。适用于净化非纤维性和不与水发生化学反应，不发生黏结现象的各类粉尘，能够处理高温、易燃、易爆及有害气体。但采用湿式除尘器时要特别注意设备和管道腐蚀以及污水和污泥的处理等问题。湿式除尘过程也不利于副产品的回收。如果设备安装在室外，还必须考虑在冬天设备可能冻结的问题。再则，要使去除微细尘粒的效率也较高，则需使液相更好地分散，但能耗增大。

（一）湿式除尘器的除尘原理

在除尘器内含尘气体与水或其他液体相碰撞尘粒发生凝聚，进而被液体介质捕获，达到除尘的目的。气体与水接触有如下过程：尘粒与预先分散的水膜或雾状液相接触：含尘气体冲击水层产生鼓泡形成细小水滴或水膜；较大的粒子在与水滴碰撞时被捕集，捕集效率取决于粒子的惯性及扩散程度。因为水滴与气流间有相对运动，并由于水滴周围有环境气膜作用，所以气体与水滴接近时，气体改变流动方向绕过水滴，而尘粒受惯性力和扩散的作用，保持原轨迹运动与水滴相撞。这样，在一定范围内。尘粒都有可能与水滴相撞，然后由于水的作用凝聚成大颗粒，被水流带走。水滴小且多，比表面积加大，接触尘粒机会就多，产生碰撞、扩散、凝聚效率也高；尘粒的容重、粒径的相对速度越大，碰撞、凝聚效率就越高；而液体的黏度、表面张力越大，水滴直径越大，分散的不均匀，碰撞凝聚效率就越低。实验与生产经验表明，亲水粒子比疏水粒子容易捕集。这是因为亲水粒子很容易通过水膜的缘故。

根据湿式除尘器的净化机理，可分为：①重力喷雾洗涤器；②旋风洗涤器；③自激喷雾洗涤器；④泡沫洗涤器；⑤填料床洗涤器；⑥文丘里洗涤器；⑦机械诱导喷雾吸毒器。

（二）湿式除尘器的类别

1. 重力喷雾洗涤器

重力喷雾洗涤器又称喷雾塔或洗涤塔，是湿式洗涤器中最简单的一种。在逆流式喷雾塔中，含尘气体向上运动，液滴由喷嘴喷出向下运动。因尘粒和液滴之间的惯性碰撞、拦截和凝聚等作用。较大的粒子被液滴捕集。假如气体流速较小，夹带了尘粒的液滴将因重力作用而沉于塔底。为保证塔内气流分布均匀，常采用孔板形气流分布板。通常在塔的顶部安装喷雾器，以除去那些十分小的液滴。

一般按照尘粒与水流流动方式的不同将重力喷雾洗涤器分为逆流式、并流式和横流式。

重力喷雾洗涤器多用于净化大于 $10\mu m$ 的尘粒，压力损失一般小于 250Pa，塔断面气流速度一般为 0.6~1.5m/s。重力喷雾洗涤器结构简单，压力损失小，操作稳定，但耗水量大，设备庞大，占地面积大，除尘效率低，因此常被用于电除尘器入口前的烟气调质，以改善烟气的比电阻，也可用于处理含有害气体的烟气。

2. 旋风洗涤除尘器

旋风洗涤器是于干式旋风分离器内部以环形方式安装一排喷嘴，增加水滴的捕集作用，除尘效率得到明显提高。喷雾作用发生在外涡旋区，携带尘粒的液滴被甩向旋风洗涤器的湿壁上形成壁流，减少了气流带水，增加了气液间的相对速度，提高惯性碰撞效率，而且采用更细的喷雾，壁流还可以将甩向外壁的粉尘立刻冲下，有效地防止了二次扬尘。近水喷嘴也可安装在旋风洗涤器入口处。在出口处通常需要安装除雾器。

旋风洗涤器适用于净化大于 $5\mu m$ 的粉尘，在净化亚微米范围的粉尘时，常将其串联在文丘里洗涤器之后，作为凝聚水滴的脱水器。

常用的旋风洗涤除尘器有旋风水膜除尘器和中心喷雾旋风除尘器。

（1）旋风水膜除尘器。旋风水膜除尘器在我国得到广泛应用。喷雾沿切向喷向筒壁，使壁面形成一层很薄的不断下流的水膜。含尘气流由筒体下部导入，旋转上升，靠离心力甩向壁网的粉尘为水膜所黏附，沿壁面流下排走。

旋风水膜除尘器一般可分为立式旋风水膜除尘器和卧式旋风水膜除尘器两类。

立式旋风水膜除尘器是应用比较广泛的一种洗涤式除尘器，在圆筒形的筒体上部，沿筒体切线方向安装若干个喷嘴，水雾喷向器壁，在器壁上形成一层很薄的不断向下流动的水膜。含尘气体向筒体下部切向导入旋转上升，气流中的尘粒在离心力的作用下被甩向器壁，从而被液滴和器壁上的液膜捕集，最终沿器壁向下注入集水槽，经排污口排出，净化后的气体由顶部排出。

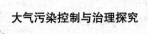

立式旋风水膜除尘器的除尘效率随气体的人口速度增加和简体直径减小而提高，但入口气速过高，会使阻力损失大大增加，因此入口气速一般控制在 15~22m/s，用于处理含尘浓度大的废气时，应设置预除尘装置，一般情况下除尘效率为 90%~95%，设备阻力损失为 500~750Pa。

卧式旋风水膜除尘器也称旋筒式除尘器，它由外筒、内筒、螺旋形导流体、集水槽及排水装置等组成。除尘器的外筒和内筒横向水平放置，设在内筒壁上的导流片使外筒和内筒之间形成一个螺旋形的通道。除尘器下部为集水槽。含尘气体从除尘器一端沿切线方向进入，气体沿螺旋通道做旋转运动，在离心力的作用下尘粒被甩向器壁，气流冲击水面激起的水滴和尘粒碰撞，把一部分尘粒捕获；携带水滴的气流继续做旋转运动，水滴被甩向器壁形成水膜，又把落在器壁上的尘粒捕获，由于这种旋风卧式旋风除尘器综合了旋风、冲击水浴和水膜三种除尘形式，因而其除尘效率可达 90% 以上，最高可达 98%。

为了防止或减少卧式旋风水膜除尘器排出气体带水，通常将除尘器后部做成气水分离室。并增设除雾装置。

卧式旋风水膜除尘器的阻力损失大约 800~1000Pa，平均耗水 0.05~0.15L/m³，由于它具有结构简单、设备压力损失小、除尘效率高、负荷适应性强、运行维护费用低等优点，因此应用十分广泛。

（2）中心喷雾旋风除尘器。旋风洗涤器的另一种形式常称为中心喷雾的旋风洗涤器。含尘气体由筒体的下部切向引入，水通过轴上安装的多头喷嘴喷出形成水雾，利用水滴与尘粒的碰撞作用和器壁水膜对尘粒的黏附作用而除去尘粒。如果在喷雾段上面有足够的高度，也能起一定的除雾作用。

中心喷雾旋风除尘器结构简单，设备造价低，操作运行稳定可靠，由于塔内气流旋转运动的路程比喷雾塔长，尘粒与液滴之间相对运动速度大，因而被粉尘捕集的概率大。中心喷雾旋风除尘器对粒径在 $0.5\mu m$ 以下粉尘的捕集效率可达 95% 以上，压力损失为 500~2000Pa，耗水量为 0.4~1.3L/m³。

3. 自激喷雾除尘器

冲击液体表面依靠气流自身的动能激起水滴和水雾的除尘器称为自激喷雾式除尘器。

该除尘器由除尘室、排泥装置和水位控制系统组成。在洗涤除尘器内设置了 S 形通道，使气流冲击水面激起的泡沫和水花充满整个通道，从而使尘粒与液滴的接触机会大大增加。含尘气流进入除尘器后，转弯向下冲击水面，粗大的尘粒在惯性的作用下冲入水中，被水捕集直接流降在泥浆斗内。未被捕集的微细尘粒随着气流高速通过 S 形通道，激起大量的水花和水雾，使粉尘与水滴充分接触，通过碰撞和截留，使气体得到进一步的净化，净化后的气体经挡水板脱水后排出。

自激式除尘器结构紧凑，占地面积小，施工安装方便，负荷适应性好，耗水量少。缺点是价格较贵，压力损失大。

4. 泡沫除尘器

泡沫除尘器又称泡沫洗涤器。在泡沫设备中与气体相互作用的液体，呈运动着的泡沫状态，使气液之间有很大的接触面积，尽可能地增强气液两相的湍流程度，保证气液两相接触表面有效更新，达到高效净化气体中尘、烟、雾的目的。可分为溢流式和淋降式两种。在圆筒型溢流式泡沫塔内，设有一块和多块多孔筛板，洗涤液加到顶层塔板上，并保持一定的原始液层，多余液体沿水平方向横流过塔板后进入溢流管。待净化的气体从塔的下部导入，均匀穿过塔板上的小孔而分散于液体中，鼓泡而出时产生大量泡沫。泡沫塔的效率，包括传热、传质及除尘效率，主要取决于泡沫层的高度和泡沫形成的状况。气体速度较小时，鼓泡层是主要的，泡沫层高度很小；增加气体速度，鼓泡层高度便逐渐减少，而泡沫层高度增加；气体速度进一步提高，鼓泡层便趋于消失，全部液体几乎全处在泡沫状态；气体速度继续提高，则烟雾层高度显著增加，机械夹带现象严重，对传质产生不良影响。一般除尘过程，气体最适宜的操作速度范围为 1.8~2.8m/s。当泡沫层高度为 30mm 时，除尘效率为 95%~99%；当泡沫层高度增至 120mm 时，除尘效率为 99.5%。压力损失为 600~800Pa。

5. 文丘里洗涤器

文丘里洗涤器是一种高效湿式洗涤器。常用在高温烟气降温和除尘上。文丘里洗涤器由文丘里管和脱水器组成。除尘过程可分为雾化、凝聚和除雾三个阶段。前两阶段在文丘里管内进行，后一阶段在脱水器内完成。其结构由收缩管、喉管和扩散管组成。含尘气体由进气管进入收缩管后，流速逐渐增大，气流的压力能逐渐转变为动能，在喉管入口处，气速达到最大，洗涤液（一般为水）通过沿喉管周边均匀分布的喷嘴进入，液滴被高速气流雾化和加速。充分的雾化是实现高效除尘的基本条件。喉管处的高低压使气流达到饱和状态，同时尘粒表面附着的气膜被冲破，使尘粒被水润湿。因此，在尘粒与水滴或尘粒之间发生激烈的碰撞和凝聚。在喉管下游，惯性碰撞的可能性迅速减小。在扩散管中，气流速度减小和压力的回升，使以尘粒为凝结核的凝聚作用的速度加快，形成粒径较大的含尘液滴，以便于被低能洗涤器或除雾器捕集下来。

文氏管的主要工艺参数是炉气在喉管中的流速、液气比和压力降。其中最关键的参数是喉管气速，在工程上一般保证气速为 50~80m/s，而水的喷射速度应控制在 6m/s，还要保持适当的液气比，以保证高的除尘效率。

文丘里洗涤器结构简单、体积小、布置灵活、投资费用低，适用于去除粒径 0.1~100μm 的尘粒，液气比取值范围为 0.3~1.5L/m³，除尘效率为 80%~99%，低阻文丘里管的压力损失为 1.5~5.0kPa，高阻文丘里管的压力损失为 5.0~20kPa。文丘里洗涤器对高温气体的降温效果良好，广泛用于高温烟气的除尘、降温，也能用作气体吸收器。

三、袋式除尘器

过滤式除尘器是利用多孔介质的过滤作用捕集含尘气体中粉尘的除尘器。这种除尘方式的最典型的装置是袋式除尘器，它是过滤式除尘器中应用最为广泛的一种。袋式除尘器属于一种干式高效过滤式除尘器，适用于清除粒径 0.1μm 以上的尘粒，除尘效率一般可达 99% 以上，适用适用于捕集细小、干燥、非纤维性粉尘，用于各种工业生产的除尘过程。操作稳定，便于回收干料，无污泥处理，不会产生设备腐蚀等问题，维护简单。缺点是应用范围受滤料限制；不适用于黏结性强及吸湿性强的粉尘；过滤速度较低，设备体积庞大，滤袋损耗大，压力损失大，运行费用较高等。

（一）袋式除尘器的除尘原理

袋式除尘器是利用棉、毛或人造纤维等织物作滤料制成滤袋对含尘气体进行过滤的除尘装置。袋式除尘器是一种干式滤尘装置。它适用于捕集细小、干燥、非纤维性粉尘。滤袋采用纺织的滤布或非纺织的毡制成，利用纤维织物的过滤作用对含尘气体进行过滤，当含尘气体进入袋式除尘器后，颗粒大、比重大的粉尘，由于重力的作用沉降下来，落入灰斗，含有较细小粉尘的气体在通过滤料时，粉尘被阻留，使气体得到净化。一般新滤料的除尘效率是不够高的。

当含尘气流通过洁净的滤袋时，由于滤袋本身的网孔较大，一般为 $20\sim50\mu m$，即使是表现起绒的滤袋，网孔也在 $5\sim10\mu m$ 左右，因此新滤袋的除尘效率不高，大部分微细粉尘会随着气流从滤袋的网孔中通过，粗大的颗粒被截留，并在网孔中产生"架桥"现象。随着"架桥"现象不断增强，在滤袋表面聚集一层粉尘，常称为粉尘初层。粉尘初层形成后，成为袋式除尘器的主要过滤层，提高了除尘效率，滤布不过起着形成粉尘初层和支撑它的骨架作用，随着粉尘在滤布上的积累，滤袋两侧的压力差增大，会把已附在滤料上的细小粉尘挤压过去，使除尘效率下降。另外，若除尘器压力过高，还会使除尘系统的处理气体量显著下降，影响生产系统的排风效果，因此除尘器阻力达到一定数值后，要及时清灰，而清灰不应破坏粉尘初层，以免降低除尘效率。

（二）袋式除尘器除尘效率的影响因素

1. 过滤风速

过滤风速是指气体通过滤布时的平均速度。在工程上是指单位时间内通过单位面积滤布的含尘气体的流量。它代表了袋式除尘器处理气体的能力，是一个重要的技术经济指标。其计算公式为：

$$u_f = \frac{Q}{60A}$$

式中 U_f——过滤风速，m³/（m²·min）;

Q——气体的体积流量，m³/h;

A——过滤面积，m²。

过滤速度的选择因气体性质和所要求的除尘效率不同而不同。一般选用

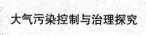
范围为 0.6~1.0m/min。提高过滤风速可以减少过滤面积，提高滤料的处理能力。但风速过高把滤袋上的粉尘压实，阻力加大，由于滤袋两侧的压力差增大，会使细微粉尘透过滤料，而使除尘效率下降；另外，风速过高还要频繁清灰，增加清灰能耗，减少滤袋的寿命等。而风速低，阻力也低，除尘效率高，但处理量下降。因此，过滤风速的选择要综合考虑各种影响因素。

2. 袋式除尘器的压力损失

迫使气流通过滤袋是需要能量的，这种能量通常用气流通过滤袋的压力损失表示，它是个重要的技术经济指标，不仅决定着能量消耗，而且决定着除尘效率和清灰间隔时间等。

袋式除尘器的压力损失 Δp 是由清洁滤料的压力损失 Δp_f 和过滤层的压力损失 Δd 组成的，即

$$\Delta p = \Delta p_f + \Delta p_d$$

袋式除尘器的压力损失与过滤速度和气体黏度成正比，而与气体密度无关。

（三）袋式除尘器的滤料

滤料是袋式除尘器制作滤袋的材料，是组成袋式除尘器的核心部分，其性能对袋式除尘器操作有很大影响，滤料费用占设备费用的 10%~15%。选择滤料时必须考虑含尘气体的特征，如粉尘和气体件质（温度、湿度、粒径和含尘浓度等）。性能良好的滤料应容尘量大、吸湿性小、效率高、阻力低，使用寿命长，同时具备耐温、耐磨、耐腐蚀、力学强度高等优点。滤料特性除与纤维本身的性质有关外，还与滤料表面结构有很大关系。表面光滑的滤料容尘量小，清灰方便，适用于含尘浓度低、黏性大的粉尘，采用的过滤速度不宜过高。表面起毛（绒）的滤料（如羊毛毡）容尘量大，粉尘能深入滤料内部，可以采用较高的过滤速度，但必须及时清灰。

袋式除尘器采用的滤料种类较多。按滤料的材质分为天然纤维、无机纤维和合成纤维等；按滤料的结构分为滤布和毛毯两类；按编织方法分为平纹、斜纹和缎纹编织，其中斜纹编织滤料的综合性能较好。

（四）袋式除尘器的结构形式

根据袋式除尘器的结构特点将袋式除尘器分为四种形式，即上进风式和下进风式、正压式和负压式、圆袋式和扁袋式、内滤式和外滤式。

（1）上进风式和下进风式。上进风式是指含尘气流入口位于袋室上部，气流与粉尘沉降方向一致，下进风式是指含尘气流入口位于袋室下部，气流与粉尘的沉降方向相反。

用得较多的是下进气方式，它具有气流稳定、滤袋安装调节容易、减少积灰等优点，但气流方向与粉尘下落方向相反，清灰后会使细粉尘重新积附于滤袋上，清灰效果变差，压力损失增大。上进气形式可以避免上述缺点，但由于增设了上花板和上部进气分配室，除尘器高度增大，滤袋安装调节较复杂，上花板易积灰。

（2）内滤式和外滤式。内滤式系指含尘气流由袋内流向袋外，利用滤袋内侧捕集粉尘，粉尘被阻留在袋内，净气透过滤料逸到袋外侧排出；外滤式是指含尘气流由袋外流向袋内，利用滤袋外侧捕集粉尘。外滤式的滤袋内部通常设有支撑骨架（袋笼），滤袋易磨损，维修困难。

（3）正压式和负压式。正压式（又称压入式）除尘器内部气体压力高于大气压力。一般设在通风机出风段；反之为负压式（又称吸入式）。正压式袋式除尘器的特点是外壳结构简单、轻便，严密性要求不高，甚至在处理常温无毒气体时可以完全敞开，只需保护滤袋不受风吹雨淋即可，且布置紧凑，维修方便，但风机易受磨损。负压式袋式除尘器的突出优点是可使风机免受粉尘的磨损。但对外壳的结构强度和严密性要求高。正压袋接在风机出口端，负压袋接在风机进口端。

（4）圆袋式和扁袋式。圆袋式是指滤袋为圆筒形，而扁袋式是指滤袋为平板形（信封形）、梯形，楔形以及非圆筒形的其他形状。

（五）袋式除尘器的分类

袋式除尘器的效率、压力损失、滤速及滤袋寿命等皆与清灰方式有关。故实际中多数按清灰方式对袋式除尘器进行分类和命名。

根据清灰方式不同，袋式除尘器分为四类，即机械振动类、反吹风类、脉冲喷吹类和复合式清灰类。

1.机械振动类

机械振动类除尘器是利用机械装置（电动、电磁或气动装置）使滤袋产生振动而清灰的袋式除尘器。分为低频、中频、高频和分室振动四种。低频振动袋式除尘器的振动频率低于 60 次 /min；中频振动袋式除尘器的振动频率为 60~700 次 /min；高频振动袋式除尘器的振动频率高于 700 次 /min；分室振动袋式除尘器，是指各种振动频率的分室结构袋式除尘器。

2.反吹风类

反吹风类除尘器是利用阀门切换气流，在反吹气流作用下使滤袋缩瘪与鼓胀发生抖动进行清灰的袋式除尘器，根据反吹气流的不同，又分为分室反吹类和喷嘴反吹类。

（1）分室反吹类。采取分室结构，利用阀门逐室切换气流。将空气或除尘后洁净循环烟气反向气流引入不同袋室进行清灰的除尘器。根据工作状态不同，分为分室二态和分室三态反吹袋式除尘器。分室二态是指清灰过程只有"过滤""反吹"两种工作状态；分室三态是指清灰过程具有"过滤""反吹""沉降"三种工作状态，根据除尘器运行时所处的压力状态，可分为正压反吹式除尘器和负压反吹袋式除尘器。

（2）喷嘴反吹类。该类是以高压风机或压气机提供反吹气流，通过移动的喷嘴进行反吹，使滤袋变形抖动并穿透滤料而清灰的袋式除尘器，喷嘴反吹类袋式除尘器为非分室结构，根据喷嘴的不同分为下列几种类型。

①机械回转反吹风袋式除尘器。该类除尘器喷嘴为条口形或圆形，经回转运动，依次与各个滤袋净气出口相对，进行反吹清灰。这种除尘器的特点是结构紧凑，单位体积内可容纳的过滤面积大，占地面积小，自带反吹风机，不受压缩空气源的限制，易损部件少，运行可靠，维护方便，除尘效率为 99%~99.8%，阻力为 800~1600Pa。

②气环反吹袋式除尘器。该类除尘器喷嘴为环缝形，套在滤袋外面，经上下移动进行反吹清灰。

气环箱紧套在滤袋外部。可做上下往复运动。气环箱内侧紧贴滤袋处开有一条环缝（气环喷管）。滤袋内表面沉积的粉尘，被气环喷管喷射的高压气流吹掉。气环的反吹空气可由小型高压鼓风机供给。清灰耗用的反吹空气

可由小型高压鼓风机供给。清灰耗用的反吹空气量约为处理含尘气体量的8%~10%，风压为3000~10000Pa。当处理潮湿和黏性粉尘时，为提高清灰效果。需要将反吹高压空气加热到40~60℃后，再进行反吹清灰。

气环反吹清灰袋式除尘器的特点是过滤风速高，可用于净化含尘浓度较高和较潮含尘废气。主要缺点是滤袋磨损快，气环箱及传动机构容易发生故障。

③往复反吹袋式除尘器。该类除尘器喷嘴为条口形，经往复运动，依次与各个滤袋净气出口相对，进行反吹清灰。

④回转脉动反吹袋式除尘器。该类除尘器是反吹气流呈脉动状供给的回转反吹袋式除尘器。

⑤往复脉动反吹袋式除尘器。该类除尘器是反吹气流呈脉动状供给的往复反吹袋式除尘器。

3. 脉冲喷吹类

脉冲喷吹类除尘器是以压缩空气为清灰动力。利用脉冲喷吹机构在瞬间放出压缩空气，高速射入滤袋，使滤袋急剧鼓胀，依靠冲击振动和反向气流而清灰的袋式除尘器。

脉冲喷吹袋式除尘器含尘气体由下锥体引入脉冲喷吹袋式除尘器，粉尘阻留在滤袋外表面，通过滤袋的净化气体经文氏管进入上箱体，从出气管排出，当滤袋表面的粉尘负荷增加到一定阻力时，由脉冲控制仪发出指令，按顺序触发各控制阀，开启脉冲阀，使气包内的压缩空气从喷吹管各喷孔中以接近声速的速度喷出一次空气流。通过引射器诱导二次气流一起喷入袋室，使得滤袋瞬间急剧膨胀和收缩，从而使附着在滤袋上的粉尘脱落。清灰过程中每清灰一次，即为一个脉冲，脉冲周期是滤袋完成一个清灰循环的时间，一般为60s左右。脉冲宽度就是喷吹一次所需要的时间，约0.1~0.2s。这种除尘器的优点是清灰过程不中断滤袋工作，时间间隔短，过滤风速高，效率在99%以上。但脉冲控制系统较为复杂，而且需要压缩空气，要求维护管理水平高。

根据喷吹气源压强的不同分为低压喷吹（低于250kPa）、中压喷吹（250~500kPa）和高压喷吹（高于500kPa）。

根据过滤与清灰同时进行与否，分为在线脉冲喷吹袋式除尘器和离线脉冲喷吹袋式除尘器。在线脉冲喷吹袋式除尘器是指滤袋进行清灰时，不切断过滤气流，过滤与清灰同时进行。离线脉冲喷吹袋式除尘器是指滤袋进行清灰时，切断过滤气流，过滤与清灰不同时进行。

根据喷吹气源结构特征，分为顺喷脉冲袋式除尘器、逆喷脉冲袋式除尘器、对喷脉冲袋式除尘器、环隙脉冲袋式除尘器、气箱式脉冲袋式除尘器和回转式脉冲袋式除尘器。

（1）顺喷脉冲袋式除尘器是指喷吹气流与过滤后袋内净气流向一致，净气由下部净气箱排出。含尘气体从顶部进入风管，由滤袋外壁进入内部进行过滤。过滤后的气体汇集到下部的净气联箱，从出风管排出。这种除尘器箱体采用单元体组合结构。一般以 35 袋为一单元体，可根据处理风量大小选择组合，设备阻力小于 1400Pa，过滤风速 1~2m/s，除尘效率大于 99.5%。

（2）逆喷脉冲袋式除尘器是指喷吹气流与滤袋内净气流向相反。净气由上部净气箱排出。设备阻力小于 1200Pa，过滤风速 1.2m/s，除尘效率大于 99.5%。

（3）对喷脉冲袋式除尘器是指喷吹气流从滤袋上下同时射入，净气由净气联箱排出，它由上、中、下三部分箱体组成，含尘气流从中箱体上部进风口进入，经滤袋过滤后，沿滤袋自上而下流入下部进入气联箱，再从下方口排出。

（4）环隙脉冲袋式除尘器是使用环隙形喷吹引射器的逆喷式脉冲袋式除尘器，含尘气体进入预分离室除去粗粒粉尘后，由滤袋外壁进入内部进行过滤，被净化后的气体通过环隙引射器进入上箱体由排气管排出。

（5）回转式脉冲袋式除尘器是指以同心圆方式布置滤袋束，每束或几束滤袋布置一根喷吹管，对滤袋进行喷吹。这种除尘器大体上与回转反吹袋式除尘器相同，主要不同之处是在反吹风机与反吹旋臂之间设置了一个回转阀。清灰时，由反吹风机送来的反吹气流，通过回转阀后形成脉动气流，进入反吹旋臂，随着旋臂的旋转，依次垂直向下对每个滤袋进行喷吹。

（六）袋式除尘器的运行和操作

（1）袋式除尘器的运行应配置专职的操作人员，并经培训和考试合格。

（2）开机顺序：开机程序启动（送电）——斗式提升机——刮板机——清灰装置（压缩空气）——风机＋调节阀——系统开始工作。

（3）岗位工人应填写运行记录，严格执行交接班工作制度。运行记录按天上报企业生产和环保管理部门，按月成册或存入计算机。所有除尘器均应有运行记录，一般通风设备用除尘器运行记录可随同车间工艺设备一起编制，高温烟气系统的除尘器、处理风量大于10000m³/h的大型除尘系统的除尘器运行记录宜单独编制，记录间隔可取1~2h。

运行过程中应准确记录系统的压差，进、出口气体温度，主电机的电压、电流等的数值及变化，进而判断清灰机构的工作情况，滤袋的工况（破损、糊袋、堵塞等问题），以及系统风量的变化等。

（4）运行过程中，当烟气温度超过滤袋正常使用温度时，控制系统报警，若烟气温度继续上升至滤料最高使用温度并持续10min时，应采取停机措施。

（5）存在燃爆危险的除尘系统应控制温度、压力和一氧化碳含量，经常检查泄压阀、检测装置、灭火装置等。一旦发生燃爆事故应立即启动应急预案，并逐级上报。

（6）在运行工况波动的条件下，控制系统采取定压差的清灰控制方式，更有利于适应烟尘负荷的变化。

（7）除尘器运行时严禁开启各种检修门、检查孔。

（8）运行过程中若发现滤袋破损现象，应及时检查和更换破袋，防止危害其他滤袋。

（9）袋式除尘器灰斗应装设高料位检测装置，当高料位发出报警信号时，应及时卸灰。若发现卸灰不畅，应及时检查和排除故障。

（10）应定时记录袋式除尘器运行参数。主要内容包括：①记录时间；②烟气温度，若发现温度异常，应及时报告主管部门；③除尘器阻力，若阻力过大要调整；④粉尘排放浓度（设有粉尘浓度监测仪时）；⑤灰斗料位状态；⑥压缩空气、储气罐压力及喷吹压力。

（11）袋式除尘系统的停机。①当生产工艺或生产设备停机后，袋式除尘器需继续运行5~10min后再停机。②冬季袋式除尘器长时间停运后，启动时应采取加热措施，玻璃钢除雾器沿海等空气潮湿地方的袋式除尘器负载运行启动前宜采用烟气加热，使除尘器内温度高于露点温度10℃以上。③除尘器短期停运（不超过4天），停机时可不进行清灰；除尘器长期停运、停机时应彻底清灰；对于吸潮性板结类的粉尘，停机时应彻底清灰；袋式除尘器停运期间应关闭所有挡门板和人孔。④无论短期停运或长期停运，袋式除尘器灰斗内的存灰都应彻底排出。⑤灰斗设有加热装置的袋式除尘器，停运期间视情况可对灰斗实施加热保温，防止结露和粉尘板结导致的危害。⑥袋式除尘系统长期停运时，各机械活动部件应敷涂防锈黄油。电气和自动控制系统应处于断电状态。⑦袋式除尘器停机顺序：引风机停机——压气供气系统停止运行——清灰控制程序停止＋除尘器卸灰、输灰系统停止运行——电气、自控和仪表断电。

（12）事故状态下袋式除尘系统的操作。①当烟气温度升高接近滤料最高许可使用温度时，控制系统应报警。②当烟气温度达到滤料最高许可使用温度之前，应及时开启混风装置，或喷雾降温系统，或旁路系统。若生产许可，也可停运引风机。③当烟道内出现燃烧或除尘器内部发生燃烧时，应紧急停运引风机。关闭除尘器进出口阀门，严禁通风。同时，启动消防灭火系统。

（13）紧急停机。当生产设备发生故障需要紧急停运袋式除尘器时，应通过自动或手动方式立刻停止引风机的运行，同时关闭除尘器进口阀门、玻璃钢除雾器出口阀门。

（1）在除尘器的前面设燃烧室或火星捕集器，以便使未完全燃烧的粉尘与气体完全燃烧或把火星捕集下来。

（2）采取防止静电积聚的措施，各部分用导电材料接地，或在滤料制造时加入导电纤维。

（3）防止粉尘的堆积或积聚，以免粉尘的自燃和爆炸。

（4）人进入袋室或管道检查或检修前，务必通风换气，严防CO中毒、防止爆炸。

四、静电除尘器

（1）能提供几倍于干式电除尘器的电晕功率，适用于去除亚微米大小的颗粒，能有效收集黏性大或高比电阻粉尘；

（2）独特的喷水清灰工艺能有效控制二次扬尘发生；

（3）利用喷水对集尘极始终保持清洁，提高单位面积的集尘效率，达到更低的排放浓度；

（4）无运动部件，可靠性较高，大大降低了运行维护工作；

（5）设备本体结构小，设备布置紧凑，占地面积小；

（6）湿式电除尘技术可同时解决 PM2.5 微细粉尘、石膏雨和 SO_3 气溶胶的排放问题，因此湿式电除尘技术是控制燃煤大气污染物的最先进的技术之一。还可与其它烟气治理设备相互结合多样化设计。

（一）湿式电除尘器系统结构

湿式电除尘器是湿式静电除尘器和水处理系统的有机结合体，主要由湿式电除尘器本体、阴阳极系统、喷淋系统、水循环系统、电控系统等组成。其本体结构与干式电除尘器基本相同，包括：进出口封头、壳体、放电极及框架、绝缘子、喷嘴、管道以及灰斗等。水的循环利用经过两个环节，一是中和除酸，二是分离固体悬浮物，使污水变成适合喷淋使用的工业用水。国产技术已很成熟，完全掌握了湿式电除尘器的喷淋系统及均匀水膜形成规律、极配、结构、高压供电等关键技术，并研发了悬浮物高效分离、水循环利用系统等。

（二）立式湿式静电除尘器在我国的发展状况

我国从上世纪六十年代就开始湿式静电除尘器的研究和应用，但技术进步缓慢。直到上世纪八十年代随着改革开放的不断深入和对外交流的增多，通过引进技术和消化吸收，湿式静电除尘器开始在化工、冶金等行业的应用得到了突飞猛进的发展，同时也出现了一批专业制造湿式静电除尘器的公司。

第三节　除尘器的选择与发展

一、除尘器的选择

选择除尘器时必须全面考虑有关因素，如除尘效率、压力损失、一次投资、维修管理等，其中最主要的是除尘效率。以下问题要特别引起注意。

（1）选用的除尘器必须满足排放标准规定的排放浓度。对于运行状况不稳定的系统，要注意烟气处理量变化对除尘效率和压力损失的影响。例如，旋风除尘器除尘效率和压力损失随处理烟气量增加而增加，但大多数除尘器的效率却随处理烟气量的增加而下降。

（2）粉尘的物理性质对除尘器性能具有较大的影响。例如，黏性大的粉尘容易黏结在除尘器表面，不宜采用干法除尘；比电阻过大或过小的粉尘，不宜采用电除尘；纤维性或憎水性粉尘不宜采用湿法除尘。

不同的除尘器对不同粒径颗粒的除尘效率是完全不同的，选择除尘器时必须首先了解欲捕集粉尘的粒径分布，再根据除尘器除尘分级效率和除尘要求选择适当的除尘器。

（3）气体的含尘浓度。含尘浓度较高时，在静电除尘器或袋式除尘器前应设置低阻力的预净化设备，去除粗大尘粒，以使设备更好地发挥作用。一般来说，为减少喉管磨损及防止喷嘴堵塞，对文丘里洗涤器、喷雾塔洗涤器等湿式除尘器，希望含尘浓度在 $10g/m^3$：袋式除尘器的理想含尘浓度为 $0.2\sim10g/m^3$，电除尘器希望含尘浓度在 $30g/m^3$ 以下。

（4）气体温度和其他性质也是选择除尘设备时必须考虑的因素。对于高温、高湿气体不宜采用袋式除尘器。如果烟气中同时含有 SO_2、NO 等气态污染物时，可以考虑采用湿式除尘器，但是必须注意腐蚀问题。

（5）选择除尘器时，必须同时考虑捕集粉尘的处理问题。

（6）选择除尘器需要考虑的其他因素。

选择除尘器还必须考虑设备的位置、可利用的空间，环境条件等因素；设备的一次投资（设备、安装和工程等）以及操作和维修费用等经济因素也必须考虑。

二、除尘设备的发展

国内外除尘设备的发展，着重在以下几个方面。

（1）除尘设备趋向高效率。由于对烟尘排放浓度要求越来越严格，趋于发展高效率的除尘器。

（2）发展处理大烟气量的除尘设备。当前，工艺设备朝大型化发展，相应需处理的烟气量也大大增加。如 500t 平炉的烟气量达 $50\times10^4m^3/h$ 之多，没有大型除尘设备是不能满足要求的。国外电除尘器已经发展到 500~600㎡，大型袋式除尘器的处理烟气量每小时可达几十万到百余万立方米。

（3）着重研究提高现有高效除尘器的性能。国内外，对电除尘器的供电方式、备部件的结构、振打清灰、解决高比电阻粉尘的捕集等方面做了大量工作，从而使电除尘器运行可靠，效率稳定。对于袋式除尘器着重于改进滤料及其清灰方式。

（4）发展新型除尘设备。宽间距或脉冲高压电除尘器、环形喷吹袋式除尘器、顺气流喷吹袋式除尘器等，都是近年来研究的热点。

（5）重视除尘机理及理论方面的研究。工业发达国家大都建立一些能对多种运行参数进行大范围调整的试验台，研究现有各种除尘设备的基本规律、计算方法。作为设计和改进设备的依据，另一方面探索一些新的除尘机理，试图应用到除尘设备中去。

第四章　气态污染物净化技术基础

第一节　吸收法

一、吸收法基本概念

（一）吸收法分类

吸收分为物理吸收和化学吸收两大类。吸收过程无明显的化学反应时为物理吸收，如用水吸收氯化氢。吸收过程中伴有明显化学反应时为化学吸收，如用碱液吸收硫化氢。

（1）物理吸收：较简单，可看成是单纯的物理溶解过程。吸收限度取决于气体在液体中的平衡浓度；

吸收速率主要取决于污染物从气相转入液相的扩散速度。

（2）化学吸收：吸收过程中组分与吸收剂发生化学反应。吸收限度同时取决于气液平衡和液相反应的平衡条件；吸收速率同时取决于扩散速度和反应速度。

相同点：两类吸收所依据的基本原理以及所采用的吸收设备大致相同。

异同点：一般来说，化学反应的存在能提高反应速度，并使吸收的程度更趋于完全。结合大气污染治理工程中所需净化治理的废气，具有气量大，污染物浓度低等特点，实际中多采用化学吸收法。

（二）吸收平衡理论

物理吸收时，常用亨利定律来描述气液两相间的平衡，

即：$p_i = E_i x_i$

式中 p_i——i 组分在气相中的平衡分压，Pa；

xi——i 组分在液相中的摩尔分数，%；

Ei——i 组分的亨利系数，Pa。

若溶液中的吸收质（被吸收组分）的含量 c，以千摩尔／米，表示，亨利定律可表示为：

$pi=ci/Hi$ 或 $ci=Hipi$

式中 Hi 为 i 气体在溶液中的溶解度，单位为 kmol/（m3·Pa）。

亨利定律适用于常压或低压下的溶液中，且溶质在气相及液相中的分子状态相同。如被溶解的气体在溶液中发生某种变化（化学反应、离解、聚合等），此定律只适用于溶液中未发生化学变化的那部分溶质的分子浓度，而该项浓度决定于液相化学反应条件。

（三）双膜理论

吸收是气相组分向液相转移的过程，由于涉及气液两相间的传质，因此这种转移过程十分复杂，现已提出了一些简化模型及理论描述，其中最常用的是双膜理论，它不仅用于物理吸收，也适用于气液相反应。

简单地说，就是假设气相和液相之间接触的部分有气膜和液膜存在，气膜、液膜的大小薄厚都是均匀的、一致的。双膜理论就是研究气液两相在气膜和液膜之间的传播速度的。有的情况是被吸收组分通过液膜的速度较慢，而通过气膜的速度较快，这时实际上控制其接触的是液膜，称为液膜控制；有时被吸收组分通过液膜的速度快，而经过气膜的速度慢，则整个过程是由气膜扩散的时间来控制，称为气膜控制。

（四）吸收法处理气态污染物的优点

吸收法不但能消除气态污染物对大气的污染，而且还可以使其转化为有用的产品。并且具有捕集效率高、设备简单、一次性投资低等优点，因此，广泛用于气态污染物的处理。如处理含有 SO_2、H_2S、HF 和 NOx 等废气的污染物。

二、吸收法设备配置及其处理工艺

（一）吸收剂的选择

一般吸收剂的选择原则是：吸收剂对混合气体中被吸收组分具有良好的选

择性和较强的吸收能力。同时吸收剂的蒸气压低；不宜产生气泡，热化学稳定性好，黏度低，腐蚀性小，价廉易得。但是任何一种吸收剂很难同时满足以上要求，这就需要根据处理的对象及处理目的，权衡各方面因素而定。

吸收剂的选择：吸收剂性能的优劣是决定吸收操作效果的关键因素：

（1）对溶质的溶解度大，以提高吸收速度并减少吸收剂的需用量；

（2）对溶质的选择性好，对溶质组分以外的其他组分的溶解度要很低或基本不吸收；

（3）挥发性差，以减少吸收和再生过程中吸收剂的挥发损失；

（4）操作温度下吸收剂应具有较低的黏度，且不易产生泡沫以实现吸收塔内良好的气流接触状况；

（5）对设备腐蚀性小或无腐蚀性，尽可能无毒；

（6）要考虑到价廉，易得，化学稳定性好，便于再生，不易燃烧等经济和安全因素。

水是常用的吸收剂，例如，用水洗涤煤气中的 CO_2；洗除废气中的 SO_2；除去含氟废气中的 HF 和 SiF_4；除去废气中的 NH_3、HCl 等。用水清除这一类气态污染物，主要依据它们在水中溶解度较大的特性。这些气态污染物在水中的溶解度，一般是随气相中分压的增加，吸收液温度的降低而增大的。因而理想的操作条件是在加压和低温下进行吸收，在升温和降压下进行解吸。用水作吸收剂主要是价廉易得，流程、设备和操作都比较简单。主要缺点是吸收设备庞大，净化效率低，动力消耗大。

碱金属钠、钾、铵或碱土金属钙、镁等的溶液，则是另一类吸收剂。由于这一类吸收剂能与被吸收的气态污染物 SO_2、NOx、HF、HCl 等发生化学反应，因而使吸收能力大大增加，表现在单位体积吸收剂能净化大量废气，由于净化效率高，液气比小，吸收塔的生产强度高，使技术经济上更加合理。一般在吸收净化酸性气体污染物 SO_2、NOx、HF、HCl 等时常采用上述碱金属或碱土金属溶液作吸收剂。

但化学吸收的流程较长，设备较多，操作也较复杂，有的吸收剂不易得到或价格较贵。另外，吸收剂的吸收能力强，有利于净化气态污染物，但吸收能力强的吸收剂不易再生，会消耗较多能量。因而在选择吸收剂时，要权衡多方面的利弊。

（二）工艺流程设置中应考虑的一些问题

工艺流程设置中应考虑的问题有：

（1）用于气态污染物控制的吸收操作，不仅要达到净化废气的目的，还必须使吸收了气态污染物后的富液处理合理。如将富液排放，这不但浪费了资源，更重要的是其中的污染物转入水体造成二次污染，达不到保护环境的目的。所以，富液是否得到经济合理的处理与利用，往往又成为吸收法净化气态污染物成败的关键因素之一。因此，在吸收净化气态污染物的流程中，需同时考虑气态污染物的吸收及富液的处理两大部分。例如，用碳酸钠（或氢氧化钠）碱液处理废气中的 SO_2，就需同时考虑用加热或减压再生的方法脱除吸收后的富液中的 SO_2，使吸收剂碱液恢复吸收能力，得以循环使用，同时收集排出的 SO_2 制取硫酸产品，既达到了消除 SO_2，减少污染，同时又达到了"废物资源化"的目的。

（2）某些废气，如燃烧产生的废气，除含有气态污染物外，往往还含有一定的烟尘。在吸收前，若能专门设置高效的除尘器（如电除尘器），除去烟尘是最理想的。但这样做不太经济，若能在吸收时考虑清除气态污染物的同时。一同清除烟尘，即是较为理想的。因为吸收过程也是很好的湿式除尘。然而湿式除尘的设计与气态污染物脱除的设计要求不大一致，湿式除尘需要相当大的能量输入（压力增大），才能保证细尘与液滴或湿表面碰撞，黏附在上面。而气态污染物的脱除则受诸如气体流速、液气比、吸收剂表面积的数量等因素的影响。因而，有的采取在吸收塔前增设预洗涤塔，在预洗涤塔中有水直接洗涤，既冷却了高温气体，又起到除尘作用：有的为了简化流程，采取将吸收塔置于预洗涤塔之上，两塔合为一体；有的采用文丘里洗涤器，除尘性能较好，而对气态污染物的吸收并不好，有望今后研究出能在同一设备中既除尘又能吸收气态污染物的洗涤器。

（3）烟气的预冷却问题由于产生过程不同，排出的废气温度差异很大。例如，锅炉燃烧排出的烟气，通常在 423~458K 左右，而吸收操作则希望在较低温度下进行。这就需要在吸收前将烟气冷却降温。其方法有：在低温省煤器中间接冷却，虽可回收一部分余热，提高热效率，但所需的换热器太大，同时烟气中的酸回冷却为酸性气体会腐蚀设备；直接增湿冷却，即采用水直接喷入烟气管道中增湿降温，方法虽简单，但要考虑水冲击管壁和形成的酸雾会腐蚀设备，还可能造成沉积物阻塞管道和设备，用预洗涤塔降温除尘，是最好的方法，也是目前使用最广泛的方法。将烟气冷却到何种程度是十分重要的，如果将烟气冷却到接近冷却水的温度（293~298K），虽可改善洗涤塔的效果，但费用高。综合各方面的因素，一般认为将高温烟气冷却到 333K 左右较为适宜。

（4）结垢和堵塞问题已成为某些吸收装置能否正常长期运行的关键因素。首先要弄清结垢的机理，造成结垢和堵塞的因素，然后针对性地从工艺设计、设备结构、操作控制等方面进行解决。防止结垢的方法和措施常用的有：工艺操作上，控制溶液或料浆中水分的蒸发量，控制溶液的 pH 值，控制溶液中易结晶物质不要过饱和，严格除尘，控制进入吸收系统的烟尘量。设备结构上设计和选择不易结垢和堵塞的吸收器。例如，流动床型洗涤器较固定填充床洗涤器不易阻塞和结垢，选择表面光滑，不易腐蚀的材料作吸收器等。

（5）除雾。雾不仅仅是水分，还是一种气态污染物的盐溶液。任何漏到烟囱中的雾，实际上就是把污染物排入大气。雾气中所含液滴直径主要在 $10\sim60\mu m$ 之间，因而工艺上应对吸收设备提出除雾的要求，通常加设除雾器。

（6）气体再加热问题。在处理高温烟气的湿式净化中，烟气在洗涤塔中被冷却增湿，就此排入大气后，在一定的气象条件下，将发生"白烟"。由于烟气温度低，使热力抬升作用减小，扩散能力降低，特别是在处理烟气的情况下和某些不利的气象条件下，白烟没有充分稀释前就已降落到地面，容易出现较高浓度的污染。防止白烟发生的措施：一是使吸收净化后的烟气与一部分未净化的高温烟气混合以降低混合气体的湿度，升高其温度。这种措施虽然能防止白烟的产生，但由于未净化烟气的温度不太高，因而需混入大量未净化的烟气，使气态污染物的排放量增大，相当于大大降低了净化效率。防止白烟的另一个措施是净化器尾部加设一燃烧炉，在炉内燃烧天然气或重油，产生 1273~1373K 的高温燃烧气，再与净化气混合。这种措施简单，且混入的燃烧气量少，吸收器的净化效率降低不大，因而目前国外的湿式排烟脱硫装置大多采用此法。

化学吸收法分离脱除烟气 CO_2 的工艺流程，经过除尘脱硫等处理后的烟气经初步冷却和增压后从吸收塔下部进入塔内与由塔顶喷射的吸收剂溶液逆相接触烟气中的 CO_2 与吸收剂发生化学反应而形成弱联结，化合物脱除 CO_2 的烟气从吸收塔上部排出，吸收塔吸收了 CO_2 的吸收剂富 CO_2 吸收液简称富液，经富液泵抽离吸收塔在贫富液热交换器中与贫 CO_2 吸收液简称贫液进行热交换后，被送入再生塔中解吸，再生富液中结合的 CO_2 在热的作用下被释放的 CO_2 气流经冷凝和干燥后进行压缩，以便于输送和储存。再生塔底的贫液在贫液泵作用下，经贫富液换热器换热贫液冷却器冷却到所需的温度从吸收塔顶喷入，进行下一次的吸收。

三、吸收设备

吸收设备包括：①填料塔；②湍球塔；③筛板塔；④喷洒式吸收器。其中喷洒式吸收器又可分为：a. 空心喷洒吸收器；b. 高气速并流式喷洒吸收器；c. 机械喷洒吸收器。

为了强化吸收过程，降低设备的形资和运行费用，要求吸收设备满足以下基本要求：

（1）气液之间应有较大的接触面积和一定的接触时间；

（2）气液之间扰动强烈，吸收阻力低，吸收效率高；

（3）气流通过时的压力损失小，操作稳定；

（4）结构简单，制作维修方便，造价低廉；

（5）应具有相应的抗腐蚀和防堵塞能力。

正确选择吸收设备的形式是保证经济有效地分离或净化废气的关键。目前，工业上常用的吸收设备的类型主要有表面吸收器、鼓泡式吸收器、喷洒吸收器三大类。

（1）表面吸收器：凡能使气液两相在接触表面（静止液面或流动的液膜表面）上进行吸收操作的设备均属表面吸收器。有水平液面的表面吸收器、液膜吸收器、填料吸收器和机械膜式吸收器。

（2）鼓泡式吸收器：鼓泡式吸收器中气体以气泡形式分散于液体吸收剂中。形式很多，基本上分为以下几类：连续鼓泡式吸收器、板式吸收器、活动

（浮动）填料吸收器（湍球塔）、液体机械搅拌吸收器。主要吸收设备有板式塔（如泡罩塔、筛板塔、浮阀塔等），湍球塔（即活动填料塔）等。

（3）喷洒吸收器：该吸收器中的液体以液滴形式分散于气体中。分为三类：空心（喷嘴式）喷洒吸收器、高气速并流喷洒吸收器、机械喷洒吸收器。主要吸收设备有喷洒吸收塔、喷射吸收塔和文丘里吸收塔等。

吸收设备的设计计算依据：

（1）单位时间内处理的气体流量；

（2）气体的组成成分；

（3）被吸收组分的吸收率或净化后气体的浓度；

（4）使用何种吸收液；

（5）吸收操作的工作条件，如工作压力、操作温度等。

其中（3）~（5）多数情况下是设计者选定的，但是确定时要考虑到经济效益，取最佳条件。

四、吸收剂的制备和再生

吸收剂使用到一定程度，需要处理后再使用。处理方式：

（1）通过再生回收副产品后重新使用；

（2）直接把吸收液加工成副产品。

第二节　吸附法

一、吸附法基本概念

（一）吸附法的分类

变压吸附：在一定温度下，利用吸附剂的平衡吸附量随气体分压的升高而升高的特性，采用较高压力完成吸附，而采用较低的压力完成脱附的方式。

变温吸附：在常压下，利用吸附剂的平衡吸附量随温度升高而降低的特性，采用常温吸附、升温脱附的操作方法。活性炭吸脱附或者分子筛吸脱附即为该技术的应用。

（二）吸附剂具备的条件

（1）有巨大的内表面积；

（2）选择性好，有利于混合气体的分离；

（3）具有足够的机械强度、热稳定性及化学稳定性；

（4）吸附容量大；

（5）来源广泛，价格低廉。

（三）吸附理论

1.吸附平衡

吸附平衡用到的方程主要有：

（1）朗格缪尔（Langmuri）等温方程。适用于无孔固体，用于描述单分子层吸附，其基本假设为固体表面能量状态均一，每个吸附位只能吸附一个分子，被吸附分子间无相互作用力，定位吸附，即被吸附分子或原子被保持在某些确定的位置上，它可由动力学关系导出，也可通过统计热力学推导出来。Langmuir方程是吸附理论中描述吸附等温线最经典的模型之一，适用于描述Ⅰ型等温线。人们在此基础上，提出了许多改进和修正式。在用能量分布或孔径分布表示吸附剂表面的不均匀时，Langmuir方程由于其形式简单，是最常用的局部吸附等温线方程。

（2）BET方程。适用于无孔或含有中孔的固体，用于描述多分子层吸附，其假设条件为Langmiur方程可以应用于第一层；固体表面吸附第一层分子后，被吸附的分子和碰撞在其上面的气体分子之间，存在着范德华力。仍可发生吸附作用，即发生多层吸附。第二层以上的吸附由于是相同分子之间的相互作用，被认为类似于气体液化过程。BET方程已被普遍作为测量吸附剂比表面积的主要工具，适用于描述Ⅱ型等温线。

（3）DR（DA）方程。适用于微孔固体，其基本理论为微孔容积填充理论。认为吸附机理不是分子层的吸附，而是吸附质分子在微孔体积内的凝聚。由于微孔孔径小，壁与壁产生的力场叠加，使微孔对吸附质分子有更强的吸引力，被吸附分子不是覆盖孔壁，而是以液体状态对微孔体积的填充，这就是Dubinin学派发展了Polanyi的吸附势理论而提出的微孔容积填充理论。它将Imol气体变成微孔内吸附相时所需要的功定义为吸附势，并认为吸附势与温度无关，从而使得不同温度下的吸附现象都可用同一条特征曲线来描述。DR（DA）方程能够很好地描述Ⅱ型等温线。该模型本身并不提供描述吸附等温线的公式，往往需要采用图解法计算。DR（DA）方程的一个主要的缺陷是：压力趋于零时方程不能回归到 Henry 定律，因此 Dubinin 指出微孔填充理论仅适用于填充率大于 0.15 的吸附过程。

2. 吸附速率

吸附速率可分为：外扩散速率和内扩散速率。

吸附公式主要有以下几种：

（1）Freundlich 等温式

$$q=kc^{1/n} \text{ 或 } \lg q = \lg k + \frac{1}{n}\lg c$$

式中 q——平衡吸附量，mg/g；

c——平衡浓度，mg/L。

一般认为：1/n 的数值一般在 0 与 1 之间，其值的大小则表示浓度对吸附量影响的强弱。1/n 越小，吸附性能越好。1/n 在 0.1~0.5，则易于吸附；1/n>2 时难以吸附。值可视为 c 为单位浓度时的吸附量，一般说来，k 随温度的升高而降低。

（2）Langmuir 等温式

$$q=\frac{q_e bc}{1+bc} \text{ 或 } \frac{1}{q}=\frac{1}{q_e b}\cdot\frac{1}{c}+\frac{1}{q_e} \text{ 或 } \frac{c}{q}=\frac{1}{q}c+\frac{1}{q_e b}$$

式中 q——平衡吸附量，mg/g；

c——平衡浓度，mg/L；

qe——饱和吸附量，mg/g。

当 c 值 <1 时采用式 $\frac{1}{q}$ 公式；c 值较大时采用式 $\frac{c}{q}$ 公式。符合 Langmuir 等温式的吸附为化学吸附。化学吸附的吸附活化能一般在 40~400kJ/mol 的范围，除特殊情况外，一个自发的化学吸附过程是放热过程，饱和吸附量将随温度的升高而降低。b 为吸附作用的平衡常数，也称为吸附系数，其值大小与吸附

剂、吸附质的本性与温度的高低有关，b 值越大，则表示吸附能力越强，同时是具有浓度倒数的量纲。

（3）颗粒内扩散方程：

$q=k.t0.5$

式中 q——t 时刻的吸附量，mg/g；

t——吸附时间，min；

k——颗粒内扩散速率常数，mg/（g·min0.5）。

（四）吸附操作注意事项

吸附操作时的注意事项：

（1）选择适合的吸附剂，保证净化效果。

（2）气流速度要合适，即保证吸附时间，还要提高速度，减小装置尺寸，降低投资。

（3）温度是吸附和脱附的关键，保证最佳温度范围。

（4）监测排气中污染物的浓度，及时脱附再生，保证操作顺利进行。

（五）吸附法的优点

吸附净化的优点是效率高，能回收有用组分，设备简单，操作方便，易于实现自动控制。

二、吸附工艺流程与操作要求

（一）影响吸附再生的因素

影响吸附再生的因素有：含尘量、温度、压力、吸附质理化性质、气体组成、吸附剂结构和特性、吸附设备结构及运行条件等。

（二）吸附流程分类

根据工艺流程特点和产品输出方式可以将工业生产分为连续流程和间歇流程两大类。

（1）间歇式流程。适合废气量小，污染物浓度低，间歇排放废气场合。间歇生产过程又称批量生产过程，它是依据预先制定的明确的目标任务来确定生产设备构成和各操作条件，分配生产任务，从而进行生产安排、协调、实施生产的过程。多个分批操作如加热釜、反应器间歇设备单元，以及换热器、

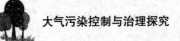

过滤器、泵等半连续操作设备单元组成了间歇过程。

间歇生产过程相对于连续生产与离散生产过程的特点是：①各工艺条件的变化比较明显，参数控制的要求较高，生产操作许多靠人工干预，开关量现场相对较多；②生产操作顺序是按配方规定进行的：③设计要求设备可以生产不同产品的柔性连接，可以批量产品输出。

（2）半连续式流程。间歇和连续产气的场合均可用，由2~3台吸附器构成，该结构特点为设备预留较大能力，且可迅速启停。

（3）连续式流程。连续式流程由连续运行的流化床或移动床吸附器构成。

连续式流程的特点是吸附和脱附再生同时进行，利于自动化操作，吸附剂用量少，处理能力相对间歇式大。

三、吸附剂再生

（一）吸附剂性质

吸附剂表面积越大，吸附能力越强。

影响表面积的结构因素有：孔隙率、孔径、颗粒大小等。

吸附剂通常应具备以下特征：表面积大、颗粒均匀；对被分离的物质具有较强的吸附能力；有较高的吸附选择性；机械强度高；再生容易、性能稳定；价格低廉；吸附剂有抗再生能力和较长的使用寿命。

（二）吸附质性质

同种吸附剂对结构类似的有机物，其分子质量越大、沸点越高越易吸附，对结构和分子量都相似的有机物，不饱和性越强，则越容易被吸附。吸附质在气相中浓度越大，吸附效率越高。

四、操作条件

温度低有利于物理吸附；温度高有利于化学吸附。增加压力对吸附有利，但会增加消耗，一般不采用。气流速度不宜过大。吸附质浓度越高，吸附的推动力越大，吸附速度快。过高的浓度会加快吸附剂的饱和失效，常用于浓度较低的污染物净化。

化学吸附应特别重视，有些物质可造成吸附层温度异常升高，甚至引发设备烧毁。

五、活性炭性能及应用

作为一类功能性碳材料，活性炭的应用领域日益扩大。而且随着对活性炭性能认识程度的加深，它的许多新功能被进一步发掘，应用领域近几年来呈加速拓展趋势，几乎渗透到所有的工业及生活领域中。

由于活性炭用途广泛，所吸附的杂质也不相同，因此往往根据不同情况，寻找恰当的再生方法，以提高活性炭的再生效率和减少再生损耗。

（一）活性炭分类

活性炭有多种分类方法，且在各种文献报道中都有所引用。常见的分类方法及称谓简述如下：

按孔径大小分三种。

微孔 r < 2nm 气相吸附

中孔 2nm < r < 50nm 液相吸附，催化剂载体

大孔 r 大于 50nm 作为通道

（二）活化技术原理及反应机理

1. 物理法（水蒸气、CO_2、空气、烟道气等）

炭化工序获得的炭化料，其中的微孔通常比大部分的气体尺寸要小，不是有效地吸附孔，故需要将这种炭进行活化以脱除一些碳原子来进一步矿大微孔尺寸并增加吸附孔的容积，制成具有实际使用价值的吸附剂产品。

常用的气体活化剂有水蒸气、氧气、二氧化碳等，在工业实践中，这几种活化剂同时起作用（虽然水蒸气是唯一加入的原生活化剂但活化过程中通过化学反应必然产生少量的 CO_2 这种次生活化剂，而 O_2 是焚烧活化尾气以保持活化温度的过程中被动引入活化体系的活化剂）。活化剂与部分碳原子发生气化反应如下：

$$C+H_2O\text{——}CO+H_2CO+H2O\text{——}CO_2+H_2$$

$$CO_2+C\text{——}CO_2C+O_2\text{——}CO（不完全反应）$$

气化反应导致碳的烧失，这一系列的反应过程使已在炭化过程中被打开

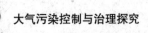

的微孔尺寸增加，同时封闭的孔亦被打开，炭的表面积急剧增大，当炭中微孔的孔壁刚刚开始被烧毁时，表面积达到最大值，进一步活化时表面积开始减少，大中空隙率开始增加。

活化"赋活"的过程非常复杂，实际上有许多反应都同时发生了。上面的反应机理只着眼于水蒸气与碳的反应，以及部分的次发性化学反应，由于煤炭化学成分的复杂性，其中许多的"杂质"对活化的影响均不容忽视，例如煤中的金属成分如钾、钠、钙、铁及其氧化物对水煤气反应起正催化作用，而一些非金属元素或金属元素及其盐类或氧化物又会抑制化学反应的有效进行。目前已从煤炭中检出的元素种类多达80余种，它们以及它们的各种盐类或氧化物对活化主反应的影响，以及对最终活性炭应用性能的影响尚未完全弄清楚，从这点上来讲，活化的机理还远未搞清。

2. 化学活化法（H3PO4、$ZnCl_2$、KOH 等）

H_3PO：磷酸的加入降低了炭化温度，150℃开始形成微孔，200~450℃主要形成中孔，磷酸作为催化剂催化大分子键的断裂，通过缩聚合环化来参与键的交联。

$ZnCl_2$：低温时气化脱氢，限制焦油的形成，450~600℃氯化锌气化，氯化锌分子浸渍到碳的内部起骨架作用，碳的高聚物炭化后沉积到骨架上，当用酸和热水洗去氯化锌后，炭就成了具有巨大表面的多孔结构活性炭。

KOH：在低温时生成表面物种（–OK，–OOK），在高温时通过这些物种进行活化反应。活化过程中消耗的碳主要生成碳酸钾，从而使产物具有很大的比表面积。在800℃左右，以金属钾（沸点762℃）形式析出，金属钾的蒸汽不断挤入碳原子所构成的层与层之间进行活化。

第三节 热分解

一、热分解基本概念

（一）热分解机理

热分解是指当温度高于常温或在加热升温情况下才能发生的分解反应。

（二）热分解动力学

热分解动力学研究的主要目的是确定某个特定热分解过程的动力学参数及相应的机理函数。对于一个特定的热分解过程：对其进行动力学研究，从研究手段来看，应用较多的是热重分析法（TG）和差示扫描量热法（DSC）。前者是利用分解过程质量的变化以确定相关的动力学参数和机理函数，后者则是利用分解过程的热量变化以确定相关的动力学参数和机理函数；从研究方法来分，常分为定温法和非定温聚丙烯酸钠类高吸水性树脂的合成及其热分解动力学的研究法：前者是在恒定温度下考察试样随时间的变化情况，后者则是采用等速升温的方法考察试样随温度的变化情况，相应的动力学方程可分别表示为：

定温：$da/dT = k(T)f(c)$

非定温：$da/dT = (1/\beta)k(T)f(a)$

式中，$k(T)$一般采用 Arrhenius 方程，$k(T) = A\exp(-E/RT)$。对于均相反应 $f(c) = (1-c)^n$

式中 c——产物浓度；

T——操作温度；

a——转化百分率；

β——升温速率（$p = dT/dt$）；

R——普朗克常量；

n——反应级数；

t——时间。

依据热分析动力学研究基本方程，进行相应的数学处理后，很多学者得到了大量不同的进行动力学研究的方法。近年来，热分析研究领域从研究手段到研究方法，从动力学参数的求取到反应机理的推断等各方面均有长足发展。

（三）热分解优点

热分解是在程序控制温度的条件下，测量物质的物理性质与温度变化关系的一类技术。由于它具有快速、简便、样品用量少等特点，被广泛应用于许多研究领域，如确定高聚物的热稳定性、使用寿命；研究固体物质的脱水、

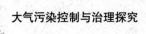

分解过程；测定固体物质的熔点、相变热等。近年来，热分析研究最活跃的领域是进行热分析动力学研究。

二、热分解工艺流程

（一）试样控制热分析技术

传统的热分析（TA）动力学研究最常见的是等温法和非等温法。虽然传统热分析方法可快速、简便地确定动力学参数，但是由于受实验因素的影响较大，实验结果往往会产生较大的偏差。近年来，"试样控制热分析"新方法的出现极大地弥补了传统热分析的不足。这种方法的升温速率不像传统热分解那样可预先设定，而是随试样的某一性质参数（如失重量、气体逸出速率等）改变。其中的控制转化速率热分析（CRTA）已被人们广泛接受。

CRTA 与传统 TA 关键区别在于：传统 TA 在测定过程中控制升温（或降温）速率不变，CRTA 则是通过控制反应过程中气体产物的逸出速率来达到控制反应速率（一般保持常数）的目的，因此特别适用于有气体产生的固体分解反应。它具有以下优点：

（1）减少了传统方法中试样质量对固态反应的影响；

（2）可以更准确地确定动力学参数；

（3）增加了结果的可重复性。

CRTA 可以非常有效地辨别反应遵循的真实动力学模型。根据反应的动力学模型建立的一系列标准曲线既不依赖于动力学参数，也不依赖于反应速率 c，从这些曲线可以很容易地辨别动力学模型的三大家族：相界面反应模式、成核与生长模式 JMA、扩散反应模式 D。

CRTA 用速率跳跃法确定 E，不受样品及颗粒大小的影响，在较大的颗粒尺寸范围内，E 值大致接近实际值。CRTA 可以有效地控制实验条件，以致动力学参数几乎不受热量或质量迁移现象的影响，可获得很高的灵敏度。对于在一个体系同时发生的相互竞争的、独立的反应，可以通过增大或减小反应速率 C 揭示反应的本质。另外，CRTA 可以把转化速率控制在一个很低的值，使试样的温度及压力梯度保持足够低，从而对复杂无机盐的脱水和分解反应的连续步骤进行有效地分离。鉴于传统的 CRTA 法无法对"n 级"反应进行动力学分析，Ortega 和 Criado 提出了一种新方法，该法可根据一条伊丁曲线得到的数据图，同时确定 E 和动力学模型，被称为有恒定转变加速度的 CRTA。此法中反应速率不再是常数而是时间的一个线性函数。

（二）温度调制热分析技术

近年来，温度调制技术被引入热分析中，产生了像 MDSC（调制差示扫描量热法）、TMTG（温度调制热重法）等热分析新技术，它们在动力学分析中也开始发挥很重要的作用。通过比较测得的温度时间曲线（温度一般使用正弦式调制）上相邻峰顶和峰谷处的失重速率，或通过采用 Fourier 分析的方法，计算得到精度很高的活化能。最近，Ozawa 在此基础上提出了一种 Rts-TA（TA）的技术，进行动力学三因子的全套分析，其基本要点为：

（1）将 Rts-TA 的数据转换成为速率百分率的形式。通过连接在几个温度处的数据点，得到等价的定温曲线。

（2）确定动力学模式函数。

（3）用准等转化率法计算活化能和指前因子。

（4）如果需要，可将实验数据的形式进行转换。

该法较 TMTG 的优点是具有更广的温度适应范围和应用性。

除了 CRTA 和 TMTA 技术之外，由 Paulik 等开发的准定温，热分析技术等都是很有潜力的新方法。

第四节 催化转化

一、催化剂基本概念

（一）催化剂定义

催化转化法净化气态污染物是使气态污染物通过催化剂床层，经催化反应，转化为无害物质或易于处理和回收利用的物质的方法。催化剂在化学反应中有加速化学反应的作用。

（二）催化剂特性及性能

催化剂除了能改变化学反应速度外，还具有如下特性：

（1）催化剂只能缩短反应达到平衡的时间，而不能使其移动，更不可能使热力学上不可能发生的反应进行。

（2）特定的催化剂只能催化特定的反应，即催化剂具有高选择性。

（3）每一种催化剂都有它的活性温度范围，低于活性温度下限的，反应速度很慢，或不起催化作用，因为催化剂化学吸附气体分子需要相当的能量。高于活性温度上限，催化剂会很快老化或丧失活性，甚至被烧毁。

（三）催化剂的选用原则及常用类型

催化转化法选用催化剂的原则：具有很好的活性和选择性，足够的机械强度，良好的热稳定性，化学稳定性及经济性。

（四）催化作用原理

化学反应速度因加入某种物质而发生改变，而加入物质的数量和性质在反应终了时却不变的作用称为催化作用。能加快反应速度的称为正催化作用；减慢反应的称为负催化作用。反应物和催化剂同为一相时称均相催化；反应物和催化剂不同相时称多相催化。在大气污染控制中，仅利用多相正催化作用，化学反应为催化氧化和催化还原。

催化过程可作如下简化描述。设有下列化学反应：

$$A+B）AB$$

当受催化剂作用时，至少有一个中间反应发生，而催化剂是中间反应物之一，表示为

$$A+6 \rightleftharpoons 6A$$

最终仍得到反应产物 AB，催化剂 6 则恢复到初始的化学状态：

$$6A+B）AB+6$$

显然，催化剂诱发了原反应没有的中间反应，使化学反应沿着新的途径进行。众所周知，任何化学反应的进行都需要一定的活化能，而活化能的大小直接影响反应速度的快慢，它们间的关系可用阿累尼乌斯方程表示：

$$K=f.\exp\left(\frac{E}{RT}\right)|6A+B)AB+6$$

式中 K——反应速度常数，单位随反应级数而不同；

f——频率因子，单位与 K 相同；

E——活化能，kJ/mol；

T——绝对温度，K。

由上式可以看出，反应速度是随活化能的降低而呈指数规律加快的。实验表明，催化剂加速反应速度是通过降低活化能来实现的。如前所述，催化剂使化学反应沿着新的途径进行。新途径往往由一系列基元反应组成，而每一个基元反应的活化能都明显小于原反应的活化能，从而大大加速了化学反应速度。

（五）催化转化优点

催化转化与其他净化法的区别在于：无须使污染物与主气流分离，避免了其他方法可能产生的二次污染，又使操作过程得到简化。其另一特点是对不同浓度的污染物具有很高的转化率，因此在大气污染控制工程中得到较多应用。

二、催化反应器的结构类型

工业上常见的气、固相催化反应分固定床和流动床两大类。而以固定床的应用最为广泛。固定床的优点是催化剂不易磨损，可长期使用，又因为其流动模型最接近理想活塞流，停留时间可以严格控制，能可靠地预测反应进行的情况，容易从设计上保证高的转化率。另外，反应气体与催化剂接触紧密，没有返混，有利于提高反应速度和减少催化剂装量。所有这些，使固定床反应技术在工业反应器中占有绝对优势。固定床的主要缺点是床温分布不均匀。由于催化剂颗粒静止不动，而化学反应总伴随着一定的热效应，这些因素加在一起，使固定床的传热与温度控制问题成为其应用技术的难点与关键。各种床型的反应器都是为解决这一问题设计的，流化床反应技术也正是为了解决固定床所固有的这一问题而发展起来的。固定床催化反应器的类型共有三类单层绝热反应器、多段绝热反应器、多段绝热反应器。

（1）单层绝热反应器。单层绝热反应器内只有一层催化剂，反应物通过单层催化剂即可达到指定的转化率。所谓绝热是对由催化剂、反应物和生成物所组成的反应体而言的，除了通过器壁的散热外，反应体系在反应过程中不与外界进行热交换。因而结构最简单，造价最便宜，结构对气流的阻力也最小。然而，因不与外界进行热交换，催化床内温度分布不均匀，不同流动截面上的催化剂间存在着明显的温差；此外，在放热反应中，容易造成反应热的积累而使床层升温，直到反应热在某一床温下全部被反应气流带出；另外，气固两相间通常存在着较大的温差，容易导致催化床局部过热。因此，单层绝热反应器通常用在化学反应热小或反应物浓度低等反应热不大的场合；其床层不宜过厚，以免温度分布不均匀，必要时，要像微分反应器那样，加装一定厚度的惰性填料层。在净化气态污染物的催化工程中，由于污染物浓度低而风量大，温度成为次要因素，而多从气流分布的均匀性和床层阻力两个方面来权衡选择床层的截面积和高度。

（2）多段绝热反应器。对于反应热的化学反应，单层绝热床一般是难以胜任的。然而，若把多个单层绝热床串联起来，把总的转化率（或反应热）分摊给各个单层绝热床，并在相邻的两床间引出（或加入）热量，避免热量积累，就能把各个单层绝热床上的反应控制在比较合适的温度范围内。这种串联起来的单层绝热床就称为多段绝热反应器。多段绝热反应器与单层绝热反应器的本质区别不在于催化床数量的多寡，而在于整个反应过程中相邻两段间引入了热交换。正因如此，它才能有效地控制反应温度。段间热交换有直接换热和见解换热两种方式。间接换热就是通过设在段间的热交换器，将热量从反应过程中及时移出（或加入），视需移出热量的大小，载热体可以是反应物料本身，也可以是水或其他介质。这种换热方式适应性广，能够回收反应热，而对催化反应没有影响，但设备复杂，费用高。

三、气态污染物的催化净化工艺

催化净化系统应由气体收集装置、催化燃烧装置、管道、风机、排气筒和控制系统等组成。

催化净化的一般工艺是：

（1）废气预处理。除去废气中的固体颗粒或液滴，避免其覆盖催化剂活性中心而降低活性，除去微量致毒物。并调整废气中有机物的浓度和废气的温度湿度满足催化燃烧的要求。

（2）废气预热。废气温度在催化剂活性温度范围内，催化反应有合适速度和温度。催化燃烧装置的进气温度宜高于300℃低于400℃，否则应进行升温或降温处理。

（3）催化反应。进入催化燃烧装置的废气温度应加热到催化剂的起燃温度，温度是关键参数，控制最佳温度，催化剂用量最少但效果最好。催化剂床层的设计空速应考虑催化剂的种类、载体的型式、废气的组份等因素，宜大于10000/h，但不宜高于40000/h。

（4）合适的废气浓度可以保证催化燃烧系统安全高效的处理废气，同时有利于延长设备和催化剂的使用寿命。

浓度过低：大量的能量用于加热空气，能耗高，反应放热不足以维持系统的自热燃烧，这种工况建议对废气进行浓缩。

浓度过高：燃爆风险；温升过高，燃烧温度过高（长时间高于600度），对设备和催化剂都有伤害，这种工况建议加新风稀释废气至爆炸下限以下。

（5）废热和副产品的回收利用。体现治理方法的经济效益和治理方法有无二次污染。废热常用于废气的预热。

（6）当废气中含有腐蚀性气体时，反应器内壁和换热器主体应选用相应不锈钢材料。

四、催化转化法的优点

操作温度低，燃料耗量少，保温要求不严格，能减少回火及火灾危险；催化作用提高了反应速度，减少了反应容积，提高转化率。无须将污染物与主气流分离，可直接将碳氢化合物转化成无害物质，这样以来可以很好地避免二次污染，同时系统建设容易，处理效果良好

五、催化转化法在大气污染控制方面的应用

催化转化法在大气污染控制方面的应用有：

（1）废气中去除NOx；

（2）燃料燃烧废气中的脱硫；

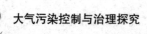

（3）恶臭物质的净化；

（4）汽车排出尾气的净化。

六、含 Cl 及 N 元素 VOCs 对催化剂的影响

目前催化燃烧有机废气净化治理工艺，卤化物 VOC 对催化剂存在两个问题：

（1）产生 HCl、Cl_2、CO 和光气等副产物。Cl_2、CO 和光气产生的主要原因是 VOC 分子中包含的 Cl 原子数目多于 H 原子数目，难完全转化为 HCl；又由于 $2HCl+1/2O_2 \rightarrow Cl_2+H_2O+55kJ$ 是放热反应，随着产物的冷却，又促使 HCl 氧化生成 Cl_2。

（2）贵金属催化剂在催化氧化 VOC 过程中易失活，这主要是卤素与活性组分发生了作用。Cl– 对 Pd、Pt 催化剂起抑制作用，而且 Pd、Pt 的分散度越高，Cl– 的抑制作用越强，这是由于 Cl– 改变了 Pd、Pt 表面的稳定性，在低温下（130~230℃）与 Pd、Pt 易形成氯化物而造成催化剂中毒。

含 N 有机化合物（如 DMF、NMP）因其起燃温度高而难以催化燃烧，催化室温度不足 600℃时 DMF、NMP 分子不能破坏生成二氧化碳、水、氮氧化物，产生的后果为两种，一是被催化剂吸附覆盖活性位将引起催化剂中毒，二是被催化剂吸附后又脱附被流体带走部分催化剂的金属活性组分（因 DMF、NMP 同时又是良好的金属萃取剂）。催化剂因局部温度过高（超过 600℃）时 DMF、NMP 等含 N 有机化合物将被催化燃烧，生成的氮氧化物浓度较高时将呈黄烟状，氮氧化物因其比重比空气重，当冷却沉积在催化室内易与催化剂活性组分生成硝酸盐而造成催化剂中毒。

有机废气治理中所使用的氧化催化剂主要是贵金属（Pt、Pd）催化剂。贵金属催化剂具有起燃温度低、活性高的优点，但是当废气中含有 S、N、Cl 等的杂原子有机物时容易中毒而失活，故当固化炉温度过高、溶剂中含 Cl、N 元素均对催化剂寿命影响很大，Cl、N 浓度较低时催化剂活性将呈逐渐衰减现象，当 Cl、N 相对浓度较高时，催化剂一开机即发生中毒现象，寿命不超过一周。

第五节 等离子技术

一、等离子体技术的基本概念

（一）等离子体技术基本原理

广义上，等离子体是指带正电的粒子与带负电的粒子具有几乎相同的密度，整体呈电中性状态的粒子集合体。宇宙中 99.9% 以上物质主要都是以等离子体的形态存在的，等离子体是宇宙中物质存在的主要形式，如太阳本身就是一个灼热的等离子火球以及其他脉冲星、电离气体、恒星星系、地球附近的闪电、星云、极光、电离层等都是等离子体。等离子体是由大量带电粒子组成的非凝聚系统。等离子体状态是物质存在的基本形态之一，与固态、液态和气态并列，称为物质第四态。人造等离子体在科学、技术中的重要性正在迅速提高。等离子体物理学主要研究等离子体的基本运动规律。

等离子体化学诞生于 20 世纪 60 年代，是一门涉及高能物理、放电物理、放电化学、反应工程学、高压脉冲技术的交叉学科从 20 世纪 70 年代开始，国外已相继开发了一些低温等离子体烟气处理技术，包括：①电子束法；②介质阻挡放电法；③表面放电法；④填充式反应法；⑤脉冲电晕法；⑥等离子体与催化、吸附结合法；⑦直流电晕法等。非平衡等离子体技术去除气体污染物的基本原理是：通过电子束照射或高压放电形式获得的非平衡等离子体内，有大量的高能电子及高能电子激励产生的·O、·OH 等活性粒子，将有害气体污染物氧化成无害物质或低毒物质。等离子体作为物质的第四态，其物性及规律与固态、液态、气态的都不相同。等离子体又分为热等离子体（平衡等离子体）、冷等离子体（非平衡等离子体或低温等离子体）。前者由稠密气体在常压或高压下电弧放电或高频放电产生，体系中各种离子温度接近相等（电子温度 ≈ 粒子温度窝气体温度）；后者由低压下的稀薄气体用高频、微波等激发辉光放电或常压气体电晕放电而产生（电子温度远远大于气体温度）。低温等离子体包含大量的活性粒子，如电子、正负离子、自由基、各种激发态的分子和原子等，因为废气的处理一般都在常压或接近常压的情况下进行，此时气体放电产生的等离子体属于低温等离子体。

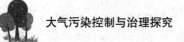

20 世纪 70 年代初期人们就已开始对电子束法烟气治理技术进行研究。1971 年日本原子能研究所（JAERI）与 Ebara 公司开始研究烟道气辐照引起的脱除 SO_2 和 NO_x 的辐射化学反应。1978 年，日本钢铁公司建立了第一个中间规模试验装置，处理能力为 10000m3/h。欧美等国家也相继开展了这方面的研究。

电子束（EB）法的原理是利用电子加速器产生的高能电子束直接照射待处理的气体，通过高能电子与气体中的氧分子及水分子碰撞，使之离解、电离，形成非平衡等离子体，其中所产生的大量活性粒子（如高能电子、·OH、·O、·HO2 等自由基）与污染物反应，使之氧化去除。初步的研究表明，该技术在烟气脱硫、脱硝方面的有效性和经济性优于常规技术。

（二）等离子体的特点

等离子体的主要特征是：粒子间存在长程库仑相互作用，等离子体的运动与电磁场的运动紧密耦合，存在极其丰富的集体效应和集体运动模式。等离子体物理学以等离子体的整体形态和集体运动规律、等离子体与电磁场及其他形态物质的相互作用为主要研究对象。与常态物质相比，等离子体处于高温、高能量、高活性状态。

（三）等离子体技术处理气态污染物的优点

等离子体技术处理气态污染物具有如下特殊的优点：

（1）高焓、高温（>3000℃）、反应速度快、电热转换效率高（>80%），能量集中。

（2）大多数等离子体化学过程是一级过程，可以简化工艺过程。

（3）等离子体化学过程对原材料的杂质不敏感，有利于处理广泛存在而处理较困难的材料，适应面宽，反应条件可以控制为氧化性、还原性和惰性气氛。

（4）等离子体的化学过程可以模拟、优化和控制。

（5）可以借助磁场控制，使之与壁热绝缘。

这些特点有利于有机物高效快速分解，资源二次利用，工艺设备小型化，占地面积少，工程投资少。

二、等离子体技术在处理气态污染物中的应用

（一）适用对象和应用行业

之前由于其具有低成本、操作简单、价格低等特点，在工业上的应用比真空等离子体更广泛。随着进一步的研究与拓展，人们发现利用大气压等离子体技术治理环境污染．效果甚佳且成本较低。

（二）低温等离子体处理气态污染物的案例简介

低温等离子体物理学主要研究部分电离气体的产生、性质与运动规律。由于低温等离子体中除了有相当数量的电子与离子外，还有大量的中性粒子（原子、分子和自由基）存在，粒子之间的相互作用（电子–电子，电子–离子，电子–中性粒子，离子–离子，离子–中性粒子，中性粒子–中性粒子，以及各种多体碰撞与光子参与的过程）比完全电离的高温等离子体更为复杂。由于有能从外电场获取能量的电子和离子、处于激发态的原子及自由基等中性粒子的存在，低温等离子体可以完成许多普通气体难以做到的事情。例如，利用电子的点辐射、复合辐射及激发态原子的线辐射可以制成各种电光源；利用高温、高密的热等离子体可以加热或熔化各种材料，也可以使许多吸热的化学反应得以进行；利用等离子体中含有一定数量的电子、离子、自由原子和自由基，可以对温度接近室温的基板表面进行处理，也可以在放电空间引发所需要的化学反应而不必把化学反应物全部都升温或活化。

低温等离子体的电离度、电子数密度、电子温度、电子／重粒子温度比、气体成分、气体压强、几何尺度等可在广阔的范围内变化，很难有适用于各种低温等离子体的统一而有效的理论处理方法。冷等离子体已广泛用于微电子加工、光记录、与磁记录介质加工、机械加工工具制造、玻璃装饰、光电池、电光源、医疗杀菌等方面。因此近10多年以来，各式各样的低温等离子体源像雨后春笋般出现，而且其中大部分实验室产品已成功工厂化，从而让大气压等离子体的全面发展指日可待。

因为大气压低温等离子体喷枪不仅可以对表面规则的材料进行改性处理，还可以对表面不规则的材料进行改性处理，从而进一步加强处理材料的各项性能指标，增大其应用范围，节省开销成本，所以在美国的加州大学

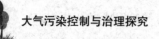

LosAlamos（UCLA）国家实验室，J.Y.Park 团队多年来一直在从事射频大气压等离子体喷枪的研究，对该类等离子体源的发展进行了深入的研究与探索，表现出广阔的商业应用前景。

低温等离子体降解污染物是利用高能电子、自由基等活性粒子与废气中的污染物作用，使污染物分子在极短的时间内发生分解，并发生后续的各种反应以达到降解污染物的目的。对等离子体处理废气装置的技术经济特性和应用范围，有如下优势：

（1）运用低温等离子体技术处理恶臭废气具有很好的去除效果，适合用于末端治理。

（2）将低温等离子体技术应用于恶臭废气处理中具有投资省、运行费用低、运行安全可靠、操作极为简单，无须派专职人员看守，尤其在处理低浓度废气上具有明显的技术优势。

（3）低温等离子体技术应用于恶臭废气处理适用范围非常广泛，能够应用于石油化工、制药、污水处理、涂料、皮革加工、感光材料、汽车制造、食品加工厂、印染厂、垃圾处理厂、公厕、屠宰场、牲畜饲养场、鱼类加工厂、饲料加工厂等诸多能够产生恶臭异味的场所。

第六节　微纳米复合氧化技术

一、微纳米复合氧化技术的技术原理分析

微纳米气泡是微米及纳米级的水气泡，一般微纳米气泡的直径为 $50\mu m$ 以下。利用微纳米气泡技术处理气态 VOCs 污染物出发点是基于微纳米气泡具备在水中存在时间长（上升速度慢）、比表面积大、界面电位高、气液传质效率高、生成自由基等优点。而微纳米气泡体系针对于有机物的氧化降解能力主要来源于体系内产生的羟基自由基（·OH）。羟基自由基氧化还原电位为 2.8V，是自然界中仅次于氟的氧化剂，可迅速与在液相条件下与各类有机物发生反应，使有机物发生氧化、降解，具体作用机理包括：羟基取代、脱氢、电子转移等。羟基自由基寿命很短，一般均小于 10-4s，提升有机物的处理效

率，需要提高体系内产生羟基自由基的含量。因此普遍采用复合工艺提升效率。如微纳米气泡＋双氧水体系、微纳米气泡＋芬顿体系、臭氧微纳米气泡。

二、产品应用范围

微纳米复合氧化技术最早应用于渔业养殖、污水净化系统，有效地降解分解矿化有机污泥，增加水中溶解氧并浮出水中悬浮颗粒。该产品目前在VOCs 有机废气处理方面应用较广，对甲醛、苯系物、硫化物、醇类、卤化物等难降解有机废气去除效果明显。如树脂、塑料橡胶厂等化工行业生产废气处理；金属喷涂、汽车喷漆、家具厂等喷漆烤漆行业废气处理。

三、技术优势

（1）前处理要求低、容污能力强；

（2）投资适中，运行成本低：

（3）安全性高：系统内常温常压，且系统内一直进行水循环，绝无起火、爆炸风险。

（4）节能省电，设备运行只需少量电力和水资源，基本无须维护，材料自身无毒无害。

（5）设备运行稳定，维修操作简单，采用 PLC 控制，自动化程度高，节省企业相关人力资源。

（6）该技术可以根据废气成分选择相对应的复合处理方式，提升处理效率。

第五章 气态污染物的控制

一、吸收法净化气态污染物

（一）吸收法的基本原理

利用吸收剂将混合气体中一种或多种组分有选择地吸收分离过程称作吸收，吸收过程分为物理吸收和化学吸收。

1. 物理吸收

溶解的气体与溶剂或溶剂中的某种成分不发生任何化学反应的吸收过程，物理吸收过程遵循亨利定律：

$P_i = k_i \times x_i$

式中 P_i——气体的平衡分压，atm 或 kPa；

x_i——气体溶解在溶液中的摩尔分数；

k_i——亨利常数，atm 或 kPa。

亨利定律还有几种表示方式，如：

$y_i = k_i \times x_i$

式中 y_i——溶质在气相中的摩尔分数；

x_i——溶质在液相中的摩尔分数；

k_i——亨利常数，atm 或 kPa。

2. 化学吸收

化学吸收是气体与溶剂或溶剂中的某种成分发生化学反应的吸收过程。

物理吸收依据气体在吸收剂中的溶解度不同加以分离，是可逆过程，升高温度对物理吸收不利；化学吸收依据气体与吸收剂中的某组分发生化学反应加以分离，是不可逆过程，升高温度对化学吸收有利。

（二）常用吸收剂

常用吸收剂包括水、碱性吸收剂、酸性吸收剂。

碱性吸收剂通常用于吸收酸性气体，酸性吸收剂通常用于吸收碱性气体。根据相似互溶原理；有机气体通常使用有机溶剂进行吸收。

（三）吸收剂的选择原则

容量大、选择性高、饱和蒸气压低、成本低。

（四）吸收液流量计算

逆流吸收塔物料衡算：

$$G\left(y_1 - y_2\right) - L\left(x_1 - x_2\right)$$

式中 G——单位时间通过吸收塔任一截面的气体的流量，kmol/（㎡·h）；

L——单位时间通过吸收塔任一截面的纯吸收剂的流量，kmol/（㎡·h）；

y_1、y_2——分别为塔底部、顶部截面的气相组成，kmol 吸收质 /kmol 气体；

x_1、x_2——分别为塔底部、顶部截面的液相组成，kmol 吸收质 /kmol 吸收液。

吸收液在逆流吸收污染气体过程中，所用吸收液的量与气体量的比值称为液气比（L/G）。在吸收计算时，常常以最小液气比（L/G）min 作为计算吸收液用量的基准。

二、吸附法净化气态污染物

（一）吸附法的基本原理

由于固体表面存在着分子引力或化学键力，能使被吸附的气体分子浓集在固体表面上，这种现象称为吸附，吸附法分为物理吸附和化学吸附。

1. 物理吸附

吸附质和吸附剂靠分子间作用力引起的吸附作用，物理吸附遵循弗罗德里希等温吸附方程。

弗罗德里希（Freundlich）等温吸附方程为：

$$m = kP^n$$

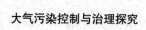

式中 m——单位吸附剂的吸附量，g/g；

P——吸附质在气相中的平衡分压，Pa；

K，n——经验常数，实验确定。

2. 化学吸附

吸附质分子与固体表面原子或分子形成化学键引起的吸附作用。

物理吸附依据气体与吸附剂表面的分子间作用力不同加以分离，是可逆过程，升高温度对物理吸附不利；化学吸收依据气体与吸附剂中的某组分发生化学反应加以分离，是不可逆过程，升高温度对化学吸收有利。

（二）吸附剂

活性炭；沸石分子筛；硅胶。

（三）吸附剂的选择原则

大的比表面积和空隙率、良好的选择性、易于再生、机械强度大和来源广泛。

（四）固定床吸附器吸附剂用量计算

固 / 气吸附过程中吸附床保护作用时间遵循希洛夫公式：

$$t_B = KZ - t_0$$

式中 t_B——吸附床保护作用时间，min；

Z——床层长度，m；

t_0——保护作用时间损失，min；

K——系数。

三、催化法净化气态污染物

（一）催化转化法的原理

催化转化法净化气态污染物是利用催化剂的催化作用，将废气中的有害物质转化为无害物质或易于去除物质的方法。

（二）催化剂及其性能

（1）催化剂组成：活性物质；载体；助催化剂。

（2）催化剂的性能：催化剂的活性；催化剂的选择性；催化剂的稳定性。

（3）催化剂的选择：较高的催化效率；较高的机械强度；较高的稳定性；抗毒性强；选择性高。

第二节 硫氧化物的控制

含硫化合物在大气中存在的主要形式是二氧化硫、硫化氢、硫酸和硫酸盐，主要来自矿物燃料的燃烧，有机物的分解和燃烧、天然气开采及火山等。排放到大气中的硫化物在大气中停留一段时间后被最终氧化成三氧化硫，然后随着雨、雪或雾沉降到陆地或海洋形成酸沉降。在高浓度条件下，二氧化硫和三氧化硫对生态环境和人体健康都会造成很大的危害。二氧化硫等气态污染物在大气中形成的二次颗粒物不仅会带来 PM10 和 PM2.5 污染及能见度降低的问题，它们还是形成酸雨的主要原因。因此，控制二氧化硫的排放已经成为世界各国的共同行动。

一、硫循环及硫排放

硫在环境中迁移转化的途径。其中，化石燃料燃烧和含硫矿物冶炼是二氧化硫两大重要人为来源。

人类使用的所有有机燃料都含有一定量的硫。例如，木材的含硫量较低，约为 0.1% 或更低，大多数煤炭的含硫量在 0.5%~3%，石油的含硫量在木材和煤炭之间。当燃料燃烧时，燃料中的硫大部分转化为二氧化硫（ $S+O_2=SO_2$ ）。含硫矿石加工是二氧化硫的另一重要的人为来源。例如，从黄铜矿中获得铜的基本方法是高温熔化反应。其中，铁被转化成熔化的铁氧化物，硫被转化成气态的二氧化硫（ $2CuFeS_2+5O_2=2Cu+2FeO+4SO_2$ ）。

如果我们把产生的 SO_2 排放到大气中，它最终将以降雨的形式沉降，并大部分进入海洋形成硫酸钙固体沉积物。随着时间的推移和地质演变，硫酸钙固体沉积物最终变成陆地物质的一部分。再经过漫长的地质过程，在化石燃料和矿物的形成过程中，通过与地下水中的硫酸盐的作用，使一些硫键合入其化学结构。化石燃料和含硫矿物在被人类开采和利用过程中，导致二氧化硫的形成，从而完成一次硫的循环。目前控制 SO_2 排入大气的大部分方法

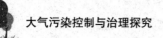

都是以生成 $CaSO_4$ 的形式捕集 SO_2，并通过产物填埋处理使硫返回地壳中。

$$2CaCO_3+2SO_2+O_2=2CaSO_4+2CO_2$$

在这一反应中，一种易获得的矿石（石灰石）被采掘，并用它形成另一种矿石（石膏）返回地壳中，同时向大气释放 CO_2。

二、燃烧前脱硫

燃煤燃烧前脱硫方法有许多种：按照燃煤与含硫矿物之间密度差异加以分离的方法称为重力分选法，如重介质分选和跳汰分选；按照燃煤与含硫矿物之间表面性质不同加以分离的方法称为浮选法。

重力选煤是十分成熟的工艺，也是减少 SO_2 排放的经济实用途径。其基本原理是：煤中硫铁矿（FeS_2）的密度为 4.7~5.2，而煤的相对密度仅为 1.25，因此可以将煤破碎后利用两者相对密度的不同，用洗选的方法除去煤中的硫铁矿和部分其他矿物质。

浮选法是利用矿物的表面润湿性差别对煤进行分选的选煤方法。随着煤颗粒的减小，物料的表面积迅速增大，表面性质对分离过程的影响迅速增大并起到决定性作用。煤是具有天然疏水性的物质，煤粉具有极大的表面积。因此，利用矿物质不同程度表面润湿性就可以对细煤粒进行分选。浮选过程是向预先用浮选剂处理过的、配制成一定浓度的煤浆中通入气泡，润湿性差（疏水）的煤粒与气泡黏附并浮起，润湿性好（亲水）的矸石颗粒不易与气泡黏附，仍留在煤浆中，这样就达到了煤与矸石颗粒分离的目的。

三、燃烧中脱硫

（一）型煤固硫技术

型煤固硫是使用外力将煤粉挤压成具有一定强度且体积均匀的固体型块，并在制作型煤过程中加入石灰石等廉价的钙系固硫剂。在燃烧过程中，煤中的硫与固硫剂中的钙发生化学反应，从而将煤中的硫固化。型煤固硫是控制 SO_2 污染的另一经济有效途径。

（二）流化床燃烧脱硫技术

在流化床燃烧脱硫过程中，固硫剂可与煤粒混合一起加入锅炉，也可单独加入锅炉。当锅炉底部流化空气的流速达到使升力和煤粒的重力相当的临界速度时，煤粒将开始浮动流化。流化床为固体燃料的燃烧创造了良好的条件。首先，流化床内物料颗粒在气流中进行强烈的湍动和混合，强化了气固两相热量和质量的交换；其次，燃料颗粒在料层内上下翻滚，延长了它在炉内的停留时间；同时，床内流化使脱硫剂和 SO_2 能充分混合接触，为炉内脱硫提供了理想的环境。

广泛采用的脱硫剂主要有石灰石（$CaCO_3$）和白云石（$CaCO_3 \cdot MgCO_3$），它们大量存在于自然界中，而且易于采掘。当石灰石或白云石脱硫剂进入锅炉的灼热环境时，其有效成分 $CaCO_3$ 遇热发生煅烧分解，析出 CO_2，并形成多孔状、富孔隙的 CaO。随后，CaO 与烟气中的 SO_2 反应生成 $CaSO_4$，从而达到脱硫的目的。

$$CaCO_3 = CaO + CO_2$$

$$2CaO + 2SO_2 + O_2 = 2CaSO_4$$

四、高浓度二氧化硫尾气脱硫

在冶炼厂、硫酸厂和造纸厂等工业排放的尾气中，SO_2 的浓度通常在 2%~40%。由于 SO_2 的浓度很高，对尾气进行回收处理是经济的做法。通常的方法是利用 SO_2 生产硫酸，其反应包括氧化和吸收两个步骤。

氧化过程：$2SO_2 + O_2 = 2SO_3$

吸收过程：$SO_3 + H_2O = H_2SO_4$

以美国位于盐湖城的 Kennecott 铜冶炼厂为例，该厂每年生产铜 32 万吨，如果不对 SO_2 尾气进行处理，其排放量将十分惊人。由黄铜矿生产铜的高温冶炼反应式为：

$$2CuFeS_2 + 5O_2 = 2Cu + 2FeO + 4SO_2$$

可见每生产 1mol 的铜将同时产生 2mol 的 SO_2。这样每年将产生约 65 万

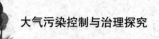

吨的 SO_2。如 SO_2 全部进行回收用于生产硫酸，可生产硫酸 99.6 万吨，大约可占美国年硫酸总产量的 2%。实际情况是，该厂 99.9% 以上的 SO_2 得到捕集，用于生产硫酸，只有不到 0.1% 的 SO_2 直接排入大气。

五、低浓度二氧化硫烟气脱硫

对于燃煤发电厂来说，废气中 SO_2 含量约为 0.1%，或 1000×10^{-6}，这对于能产生盈利能力的以硫酸形式回收 SO_2 来说浓度太低。从技术、成本和效果等方面综合考虑，在相当长的一段时间内仍将以烟气脱硫（FGD）为主。烟气脱硫的主要困难在于 SO_2 浓度低，烟气体积大，从而导致烟气脱硫装置庞大，投资费用高，大规模发展受到一定限制。因此，选择和使用经济合理、技术先进的烟气脱硫技术，将是防止 SO_2 污染的重点。

目前世界各国研究开发的烟气脱硫技术达 200 多种，但达到商业应用的不超过 20 种。按脱硫产物是否回收，烟气脱硫可分为抛弃法和回收法，前者是将 SO_2 转化为固体残渣抛弃掉，后者则是将烟气中 SO_2 转化为石膏、化肥等有用物质回收。回收法投资大，经济效益低，甚至无利可图乃至亏损。抛弃法投资和运行费用较低，但存在残渣处理和污染问题。

按脱硫过程是否加水和脱硫产物的干湿形态，烟气脱硫又可分为湿法、半干法和干法三类工艺。湿法脱硫技术成熟，效率高，Ca/S 低，运行可靠，操作简单，但脱硫产物的处理比较麻烦，烟温降低不利于扩散，传统湿法的工艺较复杂，占地面积和投资较大；干法、半干法的脱硫产物为干粉状，处理容易，工艺较简单，投资一般低于传统湿法，但用石灰（石灰石）作脱硫剂的干法、半干法 Ca/S 高，脱硫效率和脱硫剂的利用率低。

（一）湿法脱硫技术

湿法烟气脱硫是烟气脱硫技术中应用最广泛、技术最成熟的烟气脱硫技术。据国际能源机构煤炭研究组织调查表明，湿法脱硫占世界安装烟气脱硫的机组总容量的 85%。以湿法烟气脱硫为主的国家有日本（98%）、美国（92%）、德国（90%）。

当前世界上开发的湿法烟气脱硫技术，按脱硫剂的种类主要可分为石灰石 / 石灰洗涤法、双碱法、氨法及海水脱硫、金属氧化物吸收法等。

湿法烟气脱硫技术经过 30 年的研究发展和大量使用，一些工艺由于技术和经济上的原因被淘汰，而主流工艺石灰石 / 石灰 —— 石膏法，得到进一步改进、发展和提高，并且日趋成熟。其特点是脱硫效率高，可达 95% 以上，可利用率高，可达到 98% 以上。可保证与锅炉同步运行；工艺过程简化；系统电耗降低，投资和运行费用降低了 30-50%。石灰石 / 石灰 —— 石膏法烟气脱硫技术已成为大型电站首选的脱硫技术。

1. 石灰石 / 石灰——石膏法脱硫技术的原理

石灰石 – 石膏法烟气脱硫是一个复杂的气、液、固三相反应过程。这个三相反应的化学过程主要包括四个子过程：SO_2 的吸收，亚硫酸根离子的氧化，石灰石的溶解和石膏的结晶。

（1）SO_2 的吸收

$$SO_{2(aq)} + H_2O \Leftrightarrow HSO_3^- + H^+$$

$$HSO_3^- \Leftrightarrow H^+ + SO_3^{2-}$$

（2）亚硫酸根离子的氧化

$$HSO_3^- + \tfrac{1}{2} O_2 \Rightarrow H^+ + SO_4^{2-}$$

$$HSO_4^- \Leftrightarrow H^+ + SO_4^{2-}$$

（3）石灰石的溶解

$$CaCO_{3(s)} \Leftrightarrow Ca^{2+} + CO_3^{2-}$$

$$H_2O \Leftrightarrow H^+ + OH^-$$

$$CO_{2(aq)} + H_2O \Leftrightarrow H^+ + HCO_3^-$$

$$HCO_3^- \Leftrightarrow CO_3^{2-} + H^+$$

（4）石膏的结晶

$$Ca^{2+} + SO_4^{2-} + 2H_2O = CaSO_4 * 2H_2O$$

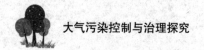

综上：总反应过程为

$$CaCO_3+SO_2+2H_2O+1/2O_2=CaSO_4 \cdot 2H_2O+CO_2$$

2. 特点

（1）石灰—石膏法烟气脱硫工艺技术成熟，操作成熟，操作成熟，管理成型。

（2）脱硫效率高达 95% 以上，对煤种适用性：无限制，可用于高中低含硫煤种，是目前最高脱硫效率的方法。

（3）吸收剂：石灰石或石灰，脱硫剂来源广，价格低廉。

（4）脱硫剂钙硫比 Ca/S：$\leqslant$ 1.03，为脱硫剂最大利用率、最小消耗率的方法。

（5）脱硫产物为石膏（二水硫酸钙），石膏品质：90% 左右纯度，可作建材使用，也易于处理综合利用。

（6）水耗及废水量与烟气与工艺水等参数有关，工艺中的废水经处理后可重复利用。

（7）机组适用性强，无限制，尤其适用大机组。利用率：大于 95%。

（8）占地面积：取决于现场条件。电耗：1.2–1.6%，为较大的一种。

3. 脱硫系统的组成

湿法脱硫工艺系统主要包括烟气系统、SO_2 吸收系统、制浆系统、石膏处理系统、工艺水、冷却水系统、浆液排放与回收系统组成。

（1）烟气系统

从锅炉引风机后的烟道引出的烟气，通过增压风机升压、烟气 – 烟气换热器降温后进入吸收塔，在吸收塔内脱硫净化，经除雾器除去水雾后，又经烟气 – 烟气换热器升温至 70℃以上，再接入电厂原烟道经烟囱排入大气。

（2）SO_2 吸收系统

含石灰石的石膏浆液通过循环泵从吸收塔浆池送至塔内喷淋系统，与烟气接触发生化学反应吸收烟气中的 SO_2，在吸收塔循环浆池中利用氧化空气将亚硫酸钙氧化成硫酸钙。石膏排出泵将石膏浆液从吸收塔送到石膏脱水系统。脱硫后的烟气夹带的液滴在吸收塔出口的除雾器中收集，使净烟气的液滴含量不超过保证值。

SO₂吸收系统包括吸收塔塔体、吸收塔浆液循环、石膏浆液排出、吸收塔进口烟气事故冷却（如有）和氧化空气、搅拌、除雾器、冲洗等几个部分，还包括辅助的放空、排空设施。

（3）制浆系统

石灰石制浆通常有两种方案：一种是干式制浆方案，另一种是湿式制浆方案。

i）干式制浆系统从矿山采来的石灰石块，经过初步破碎（或粗破碎）后，经筛选机筛选，直径大于50mm的石灰石返回再次破碎，直径小于50mm的石灰石用工艺水冲洗，除去其中大部分可溶性氯化物、氰化物及其他一些杂质，然后烘干，送干式球磨机制成一定粒度的石灰石粉（一般要求粉的细度为325目，过筛率95%以上，或筛余率5%以下），然后，送入制浆池配成一定浓度的浆液。干式制浆系统约占FGD系统总投资的1/5。

ii）湿式制浆系统脱硫系统所需的吸收剂采用外购粒径≤20mm的石灰石，可用自卸汽车或推土机将石灰石卸到卸料斗后经振动给料机、石灰石输送机、斗式提升机送至石灰石贮仓内，再由称重给料机送到湿式球磨机内磨制成浆液，球磨机出口浆液顺流至磨机再循环箱，磨机再循环泵把石灰石浆液送到石灰石浆液旋流器，经分离后，大尺寸物料返回磨机内再循环，溢流物料存贮于石灰石浆液池中，然后经石灰石浆液给料泵送至吸收塔。石灰石卸料站及输送系统、浆液制备系统等均采用室内布置，并考虑防尘要求。

（4）石膏处理系统

吸收塔的石膏浆液通过石膏排出泵送入石膏水力旋流站浓缩，浓缩后的石膏浆液进入真空皮带脱水机。进入真空皮带脱水机的石膏浆液经脱水处理后表面含水率小于10%，由皮带输送机送入石膏储存间存放待运，可供综合利用。

石膏水力旋流器的溢流水进入回用水箱，大部分溢流水经回用水泵返回吸收塔，其余溢流水由废水旋流器给料泵送入废水旋流器。经过废水旋流器分离后的大部分溢流废水返回吸收塔，部分溢流废水经废水箱和废水泵进入电厂原有的灰渣泵房前池。真空皮带过滤机的滤液经收集后汇至滤液箱，通

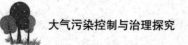

过滤液泵返回石灰石浆液箱或吸收塔循环使用。

石膏脱水系统的主要任务是保证最终产物石膏的含水量和其中的可溶性成分含量（如 Cl^-、F^- 等）符合相应的标准。在脱水的过程中，同时要洗去石膏中的可溶物，最后，生成含水量大约为 10% 的湿石膏。

（5）工艺水、冷却水系统

烟气脱硫工程工艺水可取自电厂的复用水系统的复用水管，脱硫区域设置专用工艺水箱，其主要用户为：

吸收塔蒸发水、石灰石浆液制备用水、石膏结晶水、石膏表面水。烟气换热器的冲洗水。除雾器、真空皮带脱水机及所有浆液输送设备、输送管路、贮存箱的冲洗水。所有循环浆液泵及浆液管道、喷嘴、仪表管、PH计、密度计等的冲洗水。

脱硫设备冷却水可取自电厂的工业服务水管。

（6）浆液排放与回收系统

FGD 岛内设置事故浆液箱 / 池，其可用容量满足 1 台吸收塔浆池最高液位及所有浆液管道检修时所需排放的浆液总量的要求。

在吸收塔重新启动前，通过泵将事故浆液箱 / 池的浆液送回吸收塔。

FGD 装置的浆液管道和浆液泵等，在停运时需要进行冲洗，其冲洗水就近收集在吸收塔区内，然后用泵送至事故浆液箱 / 池或吸收塔浆池。

当真空皮带脱水系统发生故障时，可将石膏浆液暂时排放至事故浆液箱 / 池，待故障的石膏真空皮带脱水机恢复正常运行能把事故罐的石膏浆液返回真空皮带脱水系统进行脱水。

事故浆池设浆液返回泵（将浆液送回吸收塔）。

（二）半干法脱硫技术

半干法烟气脱硫技术是利用 CaO 加水制成 Ca（OH）2 悬浮液与烟气接触反应，去除烟气中 SO2、HCl、HF、SO3 等气态污染物的方法。半干法脱硫工艺具有技术成熟、系统可靠、工艺流程简单、耗水量少、占地面积小的优点，一般脱硫率可超过 85%。

半干法脱硫技术的影响因素主要有雾滴的粒径、接触时间、钙硫比、脱硫塔进出口烟气温度、脱硫产物再循环等因素。

（1）雾滴的粒径

雾滴粒径越小，传质面积也越大，但粒径过细，干燥速度也越快，气液反应就变成了气固反应，脱硫效率反而会降低。有关研究表明，雾化粒径在50um 时脱硫率较高。

（2）接触时间

通常以烟气在脱硫塔中的停留时间来衡量烟气与脱硫剂的接触时间，停留时间主要取决于液滴的蒸发干燥时间，一般为 10-12S，降低脱硫塔的空塔流速，延长停留时间，有利于提供脱硫率。通常空塔速度为 0.2-0.5m/s.

（3）钙硫比

半干法的钙硫比通常在 1.2-2.0 之间。

（4）脱硫塔出口烟气温度

半干法脱硫工艺中一个重要的运行参数为近绝热饱和温度差（AAST），即脱硫塔出口烟气温度与烟气绝热饱和温度之差，AAST 越小，表明脱硫塔出口烟气温度越低，烟气湿度越大，液滴蒸发干燥速率越慢，需要的停留时间越长。一般情况下，AAST 取值为 10-25℃，对于脱硫率要求较小的系统，可采用较高的 AAST，对于脱硫率要求较高的系统，应当选取低值，一般为 10-15℃。通常情况，脱硫后烟气温度约为 65-70℃。

（5）脱硫产物再循环

在脱硫反应产物中，还有很高浓度未反应的 Ca（OH）2，当进入脱硫塔的脱硫灰渣与脱硫吸收剂的质量比为 2∶1 时，脱硫率可达到 80% 以上，循环倍率达到 5 倍以上时，影响不再明显。

（三）干法脱硫技术

采用粉状或粒状吸附剂、吸收剂或催化剂在干态下脱除烟气中 SO_2 的工艺。有吸收喷射脱硫、电法干式脱硫、干式催化剂脱硫、脉冲等离子脱硫以及活性炭脱硫等。干法脱硫投资较少，但效率低，速度慢。

第三节　氮氧化物的控制

氮氧化物是造成大气污染的主要污染源之一。通常所说的氮氧化物（NO_x）

主要包括氧化亚氮（N_2O）、一氧化氮（NO）、二氧化氮（NO_2）、三氧化二氮（N_2O_3）、四氧化二氮（N_2O_4）和五氧化二氮（N_2O_5）等几种含氮化合物，其中人们最关注的主要是 NO 和 NO_2 两种氮氧化物。此外，人们也开始关注 N_2O，虽然它不是一般的大气污染物，但是它与全球变暖及臭氧层破坏有直接的关系。

一、氮在环境中的循环及排放

大气中 NO_x 的来源主要有两部分：一部分是自然界的固氮菌、雷电等自然过程产生，每年全球约产生 NO_x 总量为 $5 \times 10^8 t$；另一部分是由于人为活动产生，每年全球约产生 NO_x 总量为 $5 \times 10^7 t$。在人为活动所产生的 NO_x 中，各种炉窑、机动车和柴油机等燃料高温燃烧产生的 NO_x 约占人类活动产生 NO_x 总量的 90%，其次是化工生产中的硝酸生产、硝化过程、炸药生产和金属表面硝酸处理等过程。

（一）氮循环

我们把排入大气中的 NO_x 假设为大部分以降雨的形式沉降到海洋中，海洋中的微生物将其转化为 NH_3 和 N_2，而氮气和氨可以被动植物吸收，经过地质演变和时间的推移，这些动植物遗体缓慢转化为含氮化石燃料，化石燃料经过高温过程燃烧转变为 NO_x，同时大气中的氮也在高温例如闪电时转变为 NO_x，这样构成了一次氮的循环。

（二）氮氧化物和硫氧化物产生与控制过程的异同点

1. 相似之处

在大气污染控制中一般将氮氧化物和硫氧化物放在一起讨论，因为它们之间有许多相似之处：

（1）氮氧化物和硫氧化物与大气中的水和氧气反应分别生成硝酸和硫酸，这两种酸是酸雨的主要贡献者。酸雨沉降过程中可以去除大气中的氮氧化物和硫氧化物，因此两者都不会在大气中造成积累；

（2）在城市大气中，氮氧化物和硫氧化物可以转化形成 PM_{10} 和 $PM_{2.5}$；

（3）氮氧化物和硫氧化物都是《环境空气质量标准》规定的需控制的污染物；人为活动排放大量的氮氧化物和硫氧化物，高浓度的氮氧化物和硫氧化物对呼吸系统有强烈的刺激性；

（4）氮氧化物和硫氧化物都是经过燃烧源大量排放到大气中，尤其是煤的燃烧。

2. 不同之处

上述氮氧化物和硫氧化物的相似之处显而易见，但两者之间的不同之处也很显著，主要体现在以下几方面：

（1）机动车是氮氧化物的主要排放源，但却不是硫氧化物的主要来源。若机动车使用的是不含硫的燃料，则不会排放硫氧化物；对于氮来说，即使燃料不含氮也是氮氧化物的主要排放源；

（2）硫氧化物来源于含硫燃料的燃烧和硫铁矿的冶炼，通过去除燃料中的硫可消除硫氧化物的产生；尽管有一部分氮氧化物的排放来源于燃料中氮的燃烧，但大部分氮氧化物的排放来源于高温燃烧过程中空气中的氮与氧的反应；

（3）通过控制燃烧时间、温度和含氧量，可大大降低燃烧过程氮氧化物的形成，但这种方法却不能减少硫氧化物的排放；

（4）在污染控制中，硫氧化物最终可以转化为无毒，低水溶性的 $CaSO_4 \cdot 2H_2O$ 固体，且易手填埋。但对于氮氧化物而言，却没有相应的便宜、无毒、低水溶性的硝酸盐产生，所以在污染控制过程中，收集到的氮氧化物不适宜于直接填埋；

（5）去除燃烧排放产生的 SO_2 的相对简单的方法是将其与碱性溶液反应，水溶于 SO_2 迅速转化成亚硫酸，再与碱性物质反应生成亚硫酸盐，然后被氧化为硫酸盐。但通过这种方法去除氮氧化物却非常困难，因为主要的氮氧化物 NO 难溶于水，NO 必须通过一个相对较慢的反应转化成 NO_2（$2NO+O_2=2NO_2$）之后才能溶解于水形成酸；

（6）氮氧化物之所以受关注还在于其参与光化学反应产生 O_3（$NO+HC+O_2+$ 阳光 $\rightarrow NO_2+O_3$），而 O_3 是夏季光化学烟雾的主要物质之一。

二、低氮氧化物燃烧技术

控制 NO_x 排放的技术措施可以分成两大类：一类是源头控制，主要控制

燃烧过程 NO_x 的生成反应，即所谓的低氮氧化物燃烧技术；另一类是尾部控制，其特征是把生成的 NO_x 进行化学处理，将 NO_x 还原为 N_2，从而降低 NO_x 的排放量。

在低 NO_x 燃烧技术中，关键设备是新型燃烧器。它是基于降低燃烧区氧气的浓度，降低高温区的火焰温度或缩短可燃气在高温区的停留时间等措施，从而降低 NO_x 的生成量。燃烧器的主要类型有强化混合型低 NO_x 燃烧器、分割火焰型低 NO_x 燃烧器、部分烟气循环低 NO_x 燃烧器和二段燃烧低 NO_x 燃烧器。

（一）强化混合型低 NO_x 燃烧器

这是一种具有良好混合性能、快速燃烧，低 NO_x 生成的燃烧器。由于燃料和空气两种气流几乎成直角相交，不仅加速了混合，而且薄薄的圆锥形火焰。由于这种火焰具有放热量大、燃烧速度快、可燃气在高温区停滞时间短等特点，因而 NO_x 生成量少。此外，这种燃烧器的火焰具有良好的稳定性，即使空气过剩系数和燃烧负荷有较大的变化，它所产生的热力型 NO_x 的量和火焰长度几乎不发生变化。但该燃烧器对降低燃料中的氮化物转化成燃料 NO_x 的作用不明显。

（二）分割火焰型低 NO_x 燃烧器

分割火焰型低 NO_x 燃烧器是在燃烧嘴头部开设一个沟槽，此沟槽可将火焰分割成细而薄的小火焰。由于小火焰放热性能好，并且可以缩短煤气在高温区的滞留时间，因此可减少热力型 NO_x 的生成。此种燃烧器多用于大型锅炉上。

（三）部分烟气循环低 NO_x 燃烧器

部分烟气循环低 NO_x 燃烧器是利用空气和气体的喷射作用，强制一部分燃烧产物（烟气）回流到燃烧嘴出口附近与烟气、空气掺混到一起，从而降低了循环氧气的浓度，防止局部高温区的形成。据测定，当烟气再循环达到 20% 左右时，抑制 NO_x 的效率最佳，NO_x 的排放量的体积分数在 8.0×10^{-7} 以下，该燃烧器既可用于重油，也可燃烧任何一种气体燃料，广泛用于锅炉、石油、钢铁等工业所用加热炉中。

（四）二段燃烧低 NO_x 燃烧器

二段燃烧低 NO_x 燃烧器的工作原理是将燃烧所用的空气分两次通入，亦即燃烧分两次进行，一次通入的空气占总空气量的 40%~50%，由于空气不足，燃烧呈还原气氛，形成低氧燃烧区，并相应减低了该区的温度，因而抑制了 NO_x 的生成，其余 50%~60% 的空气从还原区的外围送入，燃烧火焰在二次空气供入后，在低温继续燃烧得到完全燃烧。由于采用了两段燃烧，避免了高温、高氧条件下的燃烧状况，因而 NO_x 的生成量可大大降低。

三、燃烧后氮氧化物控制技术

在一些燃烧过程中仅用燃烧控制技术并不能得到预想的 NO_x 排放目标。为此，在排入大气之前还须将 NO_x 从冷却的烟气中除去。通过处理烟气来控制 NO_x 的排放是一项艰难的任务，有两个原因：一是需要处理的烟气流量非常大；二是 NO_x 的总量相对较大，如果采用吸收或吸附过程去除烟气中的 NO_x，必须考虑废物最终处置的难度和费用。目前较为成熟且有优势的烟气 NO_x 控制技术是选择性催化还原（SCR）和选择性非催化还原（SNCR）两种方法。其他吸收方法如吸收法和吸附法也有一定应用。

（一）选择性催化还原（SCR）

1. 原理

SCR 过程是利用氨（NH_3）作为还原剂注入含 NO_x 的烟道气中，通常是空气预热器的上游，NO_x 在以贵金属、金属氧化物等为催化剂的作用下被还原为氮分子和水，反应适宜的温度为 300~400℃，催化剂的组成和活性对 SCR 的处理效率影响很大。NO_x 的选择性催化还原反应可表示为：

$$4NH_3+4NO+O_2 \rightarrow 4N_2+6H_2O$$

$$8NH_3+6NO_2 \rightarrow 7N_2+12H_2O$$

同时也会发生氨的氧化反应

$$4NH_3+3O_2 \rightarrow 2N_2+6H_2O$$

$$4NH_3+5O_2 \rightarrow 4NO+6H_2O$$

在较低温度下，选择性催化还原反应占主导地位，随温度升高有利于 NO_x 的还原。但进一步提高反应温度，氧化反应变得更为重要，结果使得

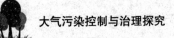

NO_x 的产生量增加。

2. 性能设计参数

（1）脱硝效率

$$脱硝效率 \eta = \frac{C_1 - C_2}{C_1} \times 100\%$$

式中 C_1——脱硝前烟气中 NO_x 的质量浓度（干基，$6\%O_2$），mg/m^3；

C_2——脱硝后烟气中 NO_x 的质量浓度（干基，$6\%O_2$），mg/m^3。

烟气脱硝系统设计中，脱硝效率一般不应小于 80%，装置的可用率应保持在 95% 以上。

（2）反应温度

反应温度对 NO_x 脱除效率影响较大，一方面是温度升高使脱 NO_x 反应速率增加；另一方面温度的升高 NH_3 氧化反应开始发生，使 NO_x 脱除效率下降。为避免在催化转换器表面生成硫酸铵和硫酸氢铵，SCR 的最低工作温度必须比生成硫酸铵和硫酸氢铵的温度高出 120~140℃。因此，脱硝反应温度一般控制在 300~400℃。

（3）氨氮摩尔比

NO_x 脱除率随氨氮摩尔比增加而增加，当氨氮摩尔比小于 1 时，其影响更加明显。若 NH_3 投入量超过需要量时，NH_3 氧化等副反应的速率将增大，同时也造成 NH_3 的逃逸。在 SCR 工艺中氨氮摩尔比一般控制在 1.2 以下，SCR 反应器出口烟气中氨的体积浓度小于 3×10^{-6}（NH_3 逃逸率 $\leqslant 3\mu L/L$）。

（4）SO_2/SO_3 转化率

如果 SCR 脱硝反应发生在含有 SO_2 的烟气中，应避免 SO_2 氧化成 SO_3。因为 SO_3 可以和 NH_3 反应生成硫酸铵和硫酸氢铵，对催化反应不利。为防止这一现象发生，SCR 反应温度至少要高于 300℃，SO_2/SO_3 转化率 <1%。

防止催化剂失效和尾气中 NH_3 残留是 SCR 系统的两大关键操作问题。催化剂由于受到烟气中 K、Na、As、Ca 等的污染，活性将随操作时间增加而下降。若在 SCR 反应器前设置一电除尘器，尽管投资和运行费用会更高，但在一定程度上可以保证一个低尘、低毒的 SCR 系统以延长催化剂的寿命。另外由于烟气中存在三氧化硫，未催化反应的 NH_3 通过反应器后形成硫酸铵，其反应式如下：

$$2NH_3（g）+SO_3（g）+H_2O（g）\rightarrow（NH4）_2SO_4（s）$$

这些硫酸铵是非常细的颗粒，很容易黏附在催化剂和下游设备（如空气预热器）上。随着催化剂的使用时间增加，活性逐渐降低，残留在尾气中的氨气也慢慢增加。根据日本和欧洲装置的运行经验，剩余在烟气中的 NH_3 体积浓度不应超过 3×10^{-6}。

3.SCR 脱硝催化剂种类

SCR 烟气脱硝技术的关键是选择优良的催化剂。SCR 催化剂应具有：活性高、抗中毒能力强、机械强度和耐磨损性能好、具有合适的操作温度区间等特点。SCR 催化剂可以根据原材料、结构、工作温度、用途等标准进行不同的分类。

（1）蜂窝式、板式和波纹式 SCR 脱硝催化剂

按结构不同 SCR 脱硝催化剂分为蜂窝式、板式和波纹式。

蜂窝式催化剂属于均质催化剂，以 TiO_3、V_2O_5、WO_3 为主要成分，催化剂本体全部是催化剂材料，因此其表面遭到灰分等的破坏磨损后，仍然能维持原有的催化性能，催化剂可以再生。蜂窝式是目前市场占有份额最高的催化剂形式，它是以 Ti-W-V 为主要活性材料，采用 TiO_2 等物料充分混合，经模具挤压成型后煅烧而成。其特点是单位体积的催化剂活性高，达到相同脱硝效率所用的催化剂体积较小，适合灰分低于 $30g/m^3$、灰黏性较小的烟气环境。

（2）SCR 脱硝高温型和低温型催化剂

按工作温度不同催化剂分为高温型和低温型。高温型催化剂以 TiO_2、V_2O_5 为主要成分，适用工作温度为 $280\sim400℃$，适用于燃煤电厂、燃重油电厂和燃气电厂。低温型催化剂以 TiO_2、V_2O_5、MnO 为主要成分，适用工作温度为大于 $180℃$，已用于燃油、燃气电厂，韩国进行了燃煤电厂的工业应用试验。

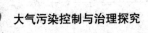
（3）SCR 脱硝催化剂其他分类

ⅰ）铂系列、钛系列、钒系列及混合型系列催化剂

按原材料不同催化剂分为铂系列、钛系列、钒系列及混合型系列。最初的催化剂为铂系列催化剂，由于铂系列催化剂价格昂贵，对灰分要求高，在电厂烟气 SCR 脱硝技术中已停用。目前的 SCR 催化剂一般使用 TiO_2 为载体的 V_2O_5/WO_3 及 MoO_3 等金属氧化物。催化剂的主要成分占 99% 以上，但是其余微量组分对催化剂性能也起到重要作用。

ⅱ）金属载体催化剂和陶瓷载体催化剂

按载体材料不同催化剂分为金属载体催化剂和陶瓷载体催化剂。陶瓷载体催化剂耐久性强、密度轻，是采用最多的催化剂载体材料。此外，陶瓷载体的主要成分为茵青石，高岭土中蕴藏着丰富的茵青石原料，在我国有丰富的资源，价格相对较低。

ⅲ）燃煤型和燃油、燃气型催化剂

按用途催化剂分为燃煤型和燃油、燃气型。燃煤和燃油、燃气型催化剂的主要区别是蜂窝内孔尺寸，一般燃煤小于 5mm，燃油、燃气小于 4mm。

4. SCR 脱硝效率的影响因素

SCR 系统影响脱硝效率的主要因素包括烟气的温度、飞灰特性和颗粒尺寸、烟气流量、中毒反应、NOx 的脱除率、物质的量比 n（NH₃）/n（NOx）、烟气中 SOx 的浓度、压降、催化剂的结构类型和用量等。

（1）反应温度的影响

反应温度对脱硝率有较大的影响，在 300~400℃内（对中温触媒），随着反应温度的升高，脱硝率逐渐增加，升至 400℃时，达到最大值（90%），随后脱硝率随温度的升高而下降。这主要是由于在 SCR 过程中温度的影响存在 2 种趋势：一方面温度升高时脱硝反应速率增加，脱硝率升高；另一方面随温度升高，NH₃ 氧化反应加剧，使脱硝率下降。因此，最佳温度是这 2 种趋势对立统一的结果。

脱硝反应一般在 310~430℃范围内进行，此时催化剂活性最大，所以，将 SCR 反应器布置在锅炉省煤器与空气预热器之间。

必须注意的是，催化剂能够长期承受的温度不得高于 430℃，短期承受的温度不得高于450℃，超过该限值，会导致催化剂烧结。

（2）物质的量比 n（NH₃）/n（NOx）的影响

在300℃下，脱硝率随物质的量比 n（NH₃）/n（NOx）的增加而增加，物质的量比 n（NH₃）/n（NOx）小于0.8时，其影响更明显，几乎呈线性正比关系。该结果说明：若NH₃投入量偏低，脱硝率受到限制；若NH₃投入量超过需要量，NH₃氧化等副反应的反应速率将增大，如SO₂氧化生成SO₃，在低温条件下SO₃与过量的氨反应生成NH₄HSO₄。NH₄HSO₄会附着在催化剂或空预器冷段换热元件表面上，导致脱硝效率降低或空预器堵塞。

氨的过量和逃逸取决于物质的量比 n（NH₃）/n（NOx）、工况条件和催化剂的活性用量（工程设计氨逃逸不大于0.0003%，SO₂氧化生成SO₃的转化率≤1%）。氨的逃逸率增加，在降低脱硝率的同时，也增加了净化烟气中未转化NH₃的排放浓度，进而造成二次污染。

（3）接触时间对脱硝率的影响

在300℃温度和物质的量比 n（NH₃）/n（NOx）为1的条件下，脱硝率随反应气与催化剂的接触时间 t 的增加而迅速增加；t 增至200ms左右时，脱硝率达到最大值，随后脱硝率下降。这主要是由于反应气体与催化剂的接触时间增加，有利于反应气体在催化剂微孔内的扩散、吸附、反应和产物气的解吸、扩散，从而使脱硝率提高；但若接触时间过长，NH₃氧化反应开始发生，使脱硝率下降。

（4）催化剂中 V₂O₅ 的质量分数对脱硝率的影响

催化剂中 V₂O₅ 的质量分数低于6.6%时，随 V₂O₅ 质量分数的增加，催化效率增加，脱硝率提高；当 V₂O₅ 的质量分数超过6.6%时，催化效率反而下降。这主要是由于 V₂O₅ 在载体 TiO₂ 上的分布不同造成的：当 V₂O₅ 的质量分数为1.4%~4.5%时，V₂O₅ 均匀分布于 TiO₂ 载体上，且以等轴聚合的V基形式存在；当 V₂O₅ 的质量分数为6.6%时，V₂O₅ 在载体 TiO₂ 上形成新的结晶区（V₂O₅ 结晶区），从而降低了催化剂的活性。

（5）催化剂的结构类型和用量对脱硝效率的影响

该项目采用蜂窝式催化剂，其特点为表面积大、体积小、机械强度大、阻力较大。烟气组成成分（如粉尘浓度、粉尘颗粒尺寸、碱性金属和重金属等）

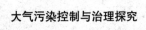

的含量是影响催化剂选型的主要参数。针对湖南长沙发电有限公司机组的实际情况，选用节距为 8.2mm 的蜂窝式催化剂，可以避免催化剂在运行中产生堵塞。

2. SNCR 脱硝效率影响因素

（1）温度范围

温度对 SNCR 的还原反应的影响最大。当温度高于 1000℃时，NOx 的脱除率由于氨气的热分解而降低；温度低于 1000℃以下时，NH₃ 的反应速率下降，还原反应进行得不充分，NOx 脱除率下降，同时氨气的逸出量可能也在增加。由于炉内的温度分布受到负荷、煤种等多种因素的影响，温度窗口随着锅炉负荷的变化而变动。根据锅炉特性和运行经验，最佳的温度窗口通常出现在折焰角附近的屏式过、再热器处及水平烟道的末级过、再热器所在的区域。

（2）合适的温度范围内可以停留的时间

停留时间：指反应物在反应器内停留的总时间；在此时间内，NH₃、尿素等还原剂与烟气的混合、水的蒸发、还原剂的分解和 NOx 的还原等步骤必须完成；停留时间的大小取决于锅炉的气路的尺寸和烟气流经锅炉气路的气速；SNCR 系统中，停留时间一般为 0.001s~10s。

（3）反应剂种类

SNCR 工艺所用的两种最基本的还原剂是无水泊液氨和尿素。为了获得理想的 NOx 脱除效率，还原剂的用量必须比化学计量的要多。大多数过量的还原剂分解为氮气和 CO_2，但是，也有微量的氨和 CO 会残留在尾气中，造成氨的泄漏问题。其中氨的泄漏量一般小于 2.5×10^{-5}，比较好的情况下可以小于 10^{-5}。在用尿素作还原剂的情况下，其 N_2O 的生成几率要比用氨作还原剂大得多，这是因为尿素可分解为 HNCO，而 HNCO 又可进一步分解生成为 NCO，而 NCO 可与 NO 进行反应生成氧化二氮：

$$NCO + NO \rightarrow N_2O + CO$$

在以尿素为还原剂的操作系统中，可能会有高至 10% 的 NOx 转变为 N_2O，不过这可以通过比较精确的操作条件控制而达到削减 N_2O 生成的目的。另外，如果操作条件未能控制到优化的状态，亦可排放出大量的 CO。

为了提高 SNCR 对 NOx 的还原效率，降低氨的泄漏量，必须在设计阶段重点考虑以下几个关键的工艺参数：燃料类型、锅炉负荷、炉膛结构、受热面布置、过量空气量、NOx 浓度、炉膛温度分布、炉膛气流分布以及 CO 浓度等。

（4）混合程度

混合程度：要发生还原反应，还原剂必须与烟气分散和混合均匀；混合程度取决于锅炉的形状与气流通过锅炉的方式。

（5）NH_3/NOx 摩尔比（化学当量比）

（6）未控制的 NOx 浓度水平

（7）气氛（氧量、一氧化碳浓度）的影响

（8）氮剂类型和状态

（9）添加剂的作用

（二）吸收法净化烟气中的 NO_x

氮氧化物能够被水、氢氧化物和碳酸盐溶液、硫酸、有机溶液等吸收。当用碱液 [如 NaOH 或 Mg（OH）$_2$] 吸收 NO_x 时，欲完全去除 NO_x，必须首先将一半以上的 NO 氧化为 NO_2，或者向气流中添加 NO_2。当 NO/NO_2 比等于 1 时，吸收效果最佳。电厂用碱液脱硫的过程已经证明，NO_x 可以被碱液吸收。在烟气进入洗涤器之前，烟气中的 NO 约有 10% 被氧化为 NO_2，洗涤器大约可以去除总氮氧化物的 20%，即等摩尔的 NO 和 NO_2。碱溶液吸收 NO_x 的反应过程可以简单地表示为：

$$2NO_2 + 2MOH \rightarrow MNO_3 + MNO_2 + H_2O$$

$$NO + NO_2 + 2MOH \rightarrow 2MNO_2 + H_2O$$

$$2NO_2 + Na_2CO_3 \rightarrow NaNO_3 + NaNO_2 + CO_2$$

$$NO + NO_2 + Na_2CO_3 \rightarrow 2NaNO_2 + CO_2$$

式中，M 代表 K^+、Na^+、Ca^{2+}、Mg^{2+}、NH^{4+} 等。

用强硫酸吸收氮氧化物已广为人知，其生成物为对紫光谱敏感地亚硝基硫酸 $NOHSO_4$，后者在浓酸中是非常稳定的。反应式为：

$$NO + NO_2 + 2H_2SO_4 \rightarrow 2NOHSO_4 + H_2O$$

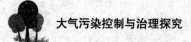

烟气中的所有水分都会被酸吸收，吸收后的水将会使上述反应向左移动。为减少水的不良影响，系统可在较高温度下（大于 115℃）操作，以使溶液中水的蒸气压等于烟气中水的分压。

此外，熔融碱类或碱性盐也可作吸收剂净化含 NO_x 的尾气。

（三）吸附法净化烟气中的 NO_x

吸附法既能比较彻底地消除 NO_x 的污染，又能将 NO_x 回收利用。常用的吸附剂为活性炭、分子筛、硅胶、含氨泥煤等。

过去已经广泛研究了利用活性炭吸附氮氧化物的可能性。与其他材料相比，活性炭具有吸附速率快和吸附容量大等优点。但是，活性炭的再生是个大问题。此外，由于大多数烟气中有氧存在，对于活性炭材料防止着火或爆炸也是一个问题。

氧化锰和碱化的氧化亚铁表现出了技术上的潜力，但吸附剂的磨损是主要的技术障碍，离实际应用尚有较大距离。

第六章　挥发性有机物的控制

挥发性有机物（VOCs）是一类有机化合物的统称，在常温下它们的蒸发速率大，易挥发。VOCs 的排放来源分为自然源和人为源。全球尺度上，VOCs 排放以自然源为主；但对于重点区域和城市来说，人为源排放量远高于自然源，是自然源的 6-18 倍。在城市里，VOCs 的自然源主要是绿色植被，基本属于不可控源；而其人为源主要包括不完全燃烧行为、溶剂使用、工业过程、油品挥发和生物作用等。

第一节　蒸气压与挥发性

一、蒸气压

蒸气压是判断有机物是否属于挥发性有机物的主要依据。气中 VOCs 的含量低，可视为理想气体，符合拉乌尔定律：

$$y_i = x_i \frac{p_i}{p}$$

式中 y_i——气相中 i 组分的摩尔分数（对理想气体 = 体积 %/100）

x_i——液体中 i 组分的摩尔分数；

p_i——纯组分 i 的蒸气压；

p——总压。

气液平衡遵循克劳休斯 – 克拉佩龙方程：

$$\lg p = A - \frac{B}{T}$$

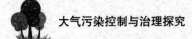

式中 p——平衡蒸气压，mmHg；

T——系统温度，K；

A、B——经验常数。

安托万方程：

$$\lg p = A - \frac{B}{t+C}$$

式中 t——温度，℃；

A、B、C——经验常数。

二、挥发性

一些有机物（如乙烷、丙烷、丁烷）在室温条件下的蒸气压大于大气压，从而发生剧烈的沸腾气化性质，称为挥发性。

具有挥发性的有机溶剂、燃料（汽油、液化气等）在装卸、运输和贮存过程中会挥发出大量 VOCs，引起大气环境污染，表 6-1 给出了不同蒸气压的 VOCs 在标准大气压下的挥发行为。

表 6-1　蒸气压和标准大气压下 VOCs 的行为

蒸气压 P	与大气相通的容器内	密闭且无通风口容器内	密闭有通风口容器内
P>Ps	剧烈沸腾，并冷却 P=Ps	容器内部压力 =P	剧烈沸腾，通过通风口排出气体
蒸气压 P	与大气相通的容器内	密闭且无通风口容器内	密闭有通风口容器内
P=Ps	沸腾，沸腾速度依赖于输入容器的热量	容器内部压力 =Ps	沸腾，沸腾速度依赖于输入容器的热量，通过通风口排出气体
P<Ps	液体缓慢气化	容器内部压力 <Ps	容器顶空大部分被蒸汽饱和

VOCs 污染预防

VOCs 控制技术可分为两类：第一类是以改进工艺技术、更换设备和防治泄漏为主的预防性措施（替换原材料、改变运行条件、更换设备等）；第二类是以末端治理为主的控制性措施。

一、有机溶剂替代

一些行业为减少 VOCs 排放，采用替代有机溶剂产品的情况如表 6-2 所示。

表 6-2　减少有机溶剂用量的途径

行业	低污染原材料	有机溶剂使用状况
涂料	水溶性涂料	不用有机溶剂
	粉体涂料	不用有机溶剂
	高固体涂料	少用有机溶剂
	无苯涂料	用低毒有机溶剂
印刷	水溶性油墨	不用有机溶剂
	高固体油墨	少用有机溶剂
	无苯油墨	用低毒有机溶剂
黏结	水溶性黏结剂	不用有机溶剂
	无苯黏结剂	用低毒有机溶剂
金属清洗	碱液、乳液等	少用有机溶剂

二、工艺改革

通过工艺改革以减少 VOCs 的形成比末端治理措施更为经济有效。可通过非挥发性溶剂工艺取代挥发性溶剂工艺，如流化床粉剂涂料和紫外平版印刷术。也可采用石油及石化生产过程来回收利用气体。

涂装行业可采用水性漆替代工艺，做到了源头替代，去除传统油性漆内 VOCs 含量最高的有机稀释剂的使用。

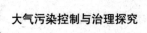

大气污染控制与治理探究

三、泄漏损耗及控制

（一）充入、呼吸和排空损耗

充入、呼吸和排空导致的 VOCs 排放，可按以下计算：

$$m_i = \Delta V \pi_i$$

$$\pi_i = \frac{y_i M_i}{V_{m.g}}$$

$$\frac{m_i}{\Delta V} = \frac{x_i \pi_i M_i}{P} \cdot \frac{P}{RT} = \frac{x_i \pi_i M_i}{RT}$$

式中 mi——组分 i 的排放量，kg；

pi——器中排出的空气—VOCs 混合物中组分 i 的浓度，kg/m3；Mi——组分 i 的摩尔质量；

yi——顶空空气中 VOCs 的摩尔分率；

V——混合气体的摩尔体积。

（二）汽油的转移和呼吸损耗

（1）呼吸损耗指温度变化使容器产生"吸进和呼出"而导致的有机物损耗；白天呼出，夜晚吸进；可通过在容器出口附加的蒸汽保护阀来控制。

（2）汽油的转移：汽油是一种复杂的化合物，含 50 余种碳氢化物和其他痕量物质，表示为 C8H17。

（3）转移损耗控制方法：浮顶罐用于储存大量的高挥发性液体。用于密封的浮顶盖浮在液面上，液面以上没有空隙。液体注入或流出时顶盖随之上下浮动，以避免上面所讲述的呼吸损耗。但是这种密封方式（一般采用有弹性的橡胶薄盖，类似于汽车上的雨刷）并不是完美的，仍然会有密封损失。

第三节　燃烧法控制 VOCs 污染

用燃烧方法将有害的气体、蒸气、液体或烟尘转化为无害物质的过程称为燃烧法净化，也称焚烧法。此方法适用于可燃或高温分解的物质，不能回收有用物质，但可回收热量。

136

一、VOCs 燃烧原理及动力学

（一）燃烧反应

例如：

$$C_8H_{17}+12.25O_2 \rightarrow 8CO_2+8.5H_2O+Q$$

$$C_6H_6+7.5O_2 \rightarrow 6CO_2+3H_2O+Q$$

$$H_2S+1.5O_2 \rightarrow SO_2+H_2O+Q$$

Q——燃烧时放出的热量。

（二）VOCs 燃烧动力学

燃烧动力学为一级反应，单位时间 VOCs 减少量可用下式表达：

$$-\frac{dc_{VOCs}}{dt}=v=K'c_{VOCs}^n\,c_{O_2}^m$$

氧气浓度远高于 VOCs 浓度时：

$$v=-\frac{adc_{VOCs}}{dt}=kc_{VOCs}^n$$

多数化学反应都遵循阿累尼乌斯方程：

$$k=A\exp\left(-\frac{E}{R}\right)$$

（三）燃烧与爆炸

当混合气体中含有的氧和可燃组分在一定浓度范围内，某一点被燃着时产生的热量，可以继续引燃周围的混合气体，此浓度范围就是燃烧极限浓度范围。当燃烧在有限空间内迅速蔓延，则形成爆炸。因此，对于混合气体的组成浓度而言，可燃的混合气体就是爆炸性混合气体，燃烧极限范围也就是爆炸极限浓度范围。

多种可燃气体与空气混合，爆炸极限可由下式求出：

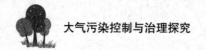

$$c_m - \cfrac{100}{\cfrac{a}{c_1} + \cfrac{b}{c_2} + ... + \cfrac{m}{c_i}}$$

式中 c_m——混合气体的爆炸极限；

c_i——i 组分的爆炸极限；

a、b、m——各组分的百分含量。

二、燃烧工艺

燃烧法指具有可燃性挥发性有机物和一定氧化剂（或一定的辅助燃烧剂）在一定温度下发生燃烧反应，最终生成对环境无害的物质。所有 VOCs 都可以用燃烧法处理，尤其是一些碳氢挥发性有机物最终变成 CO_2 和 H2O。化工、喷漆、绝缘材料等行业所排出的有机废气广泛采用燃烧法净化。工业领域中常见燃烧法主要有直燃（TO）、蓄热燃烧（RTO）、催化燃烧（CO）、蓄热催化燃烧（RCO）4 种，只是燃烧方式和换热方式的两两不同组合，主要可以用于处理吸附浓缩气，也可以用于直接处理废气浓度 > 3.5g/m3 的中高浓度废气。

（一）直接燃烧法（TO）

工业上把有机废气直接作为燃料燃烧的方法叫作直接燃烧法。该方法主要处理浓度比较高，难以再回收利用的挥发性有机废气，氧化剂是空气中的氧气，要求有机废气与恰当浓度空气混合才能得到理想的处理效果。高浓度有机废气如果不能与空气充分混合并充分燃烧，产物中含有二英类物质等有害成分，造成二次污染；空气比例过高时，燃烧温度要求较高。一般直接燃烧温度在1100℃左右，温度升高意味安全隐患的增加。尤其火炬燃烧会产生有害气体和热辐射，浪费能量的同时因燃烧不完全造成二次污染，应尽量减少和预防，因此直接燃烧对操作要求严格。对于低浓度有机废气不适合直接燃烧，需进行浓缩后再燃烧。

1.1 TO 工艺系统流程

有机混合废气通过引风机的作用直接送入废气焚烧炉，有机混合废气首先进入换热器进行预热，然后进入炉膛，在燃烧机的火焰高温作用下（680-

760℃），使混合气体分解成二氧化碳和水，由于燃烧是放热过程，所以燃烧后的气体温度比较高（一般在 760℃左右），使之进入换热器与低温气体（有机混合废气）进行热交换，使进入的混合废气温度提高或达到反应温度，如果达不到反应温度，加热系统就可以通过自控系统实现补偿加热，使它完全燃烧，这样既节省能源，又能使混合废气有效去除。

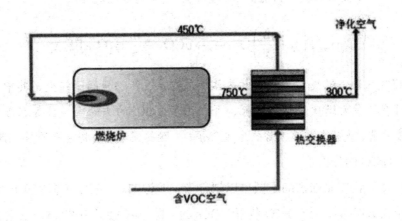

图 6-1　直燃炉（TO）工艺图

1.2 适用行业及范围

直燃式废气焚烧炉，适用于喷涂和烘干设备的废气处理，及石油化工、医药等行业散发的有害气体净化。对有机废气中含水溶性或黏性物质及高分子物质的气体净化更显示出其优点。满足环保和劳动保护要求，同时增加换热设备，达到余热回用、节省能源的目的。

1. 机械、汽车、摩托车、家用电器、拖拉机等行业的喷漆、烘干（电泳漆烘干）中产生的有机溶剂混合气体的净化处理。

2. 适用于化工厂、医药厂、涂装厂、合成树脂厂，胶片厂、有机化学工厂等企业生产过程中多余废气的净化处理。

3. 废气的有害物质浓度 ≤ 3000mg/m³ 时，依靠辅助燃料提供热量（此时不能维持燃烧），使废气中可燃物质达到起燃温度而分解。

废气反应（燃烧）温度为 680~820℃。

（二）蓄热燃烧法

蓄热式热力型氧化炉（RTO）是将废气中的有机污染物如苯类、酮类、酯类、酚类、醛类、醇类、醚类、烃类等进行加热氧化，分解为 CO_2 和 H_2O 等小分子化合物，运行温度 >760℃。经过 RTO 装置氧化产生的高温气体流经特制的陶瓷蓄热体，使陶瓷升温而"蓄热"，此"蓄热"用于预热后续进入的有机废气，从而节省废气升温的燃料消耗。其反应方程式为：

$$C_nH_m+\left(n+\frac{m}{4}\right)O_2\longrightarrow nCO_2+\frac{m}{2}H_2O+ÈÈÁ¿$$

RTO 装置由燃烧室、陶瓷蓄热体、自控系统、切换阀等组成，其中蓄热体的存在，最大限度地降低能耗，并提高了 VOC_s 的去除率。设备在进行废气处理之前，先将加热室、蓄热床进行预热，预热完毕后，将废气源接入设备。

2.1RTO 的分类

RTO 装置按照结构的不同可以划分为：两室 RTO，三室（多室）RTO 以及旋转式 RTO 等；两室 RTO 装置 VOCs 的去除率在 95%—98%，三室 RTO 装置 VOCs 去除率可达到 98% 以上，旋转式 RTO 去除率则可达到 99% 以上。

★两室 RTO

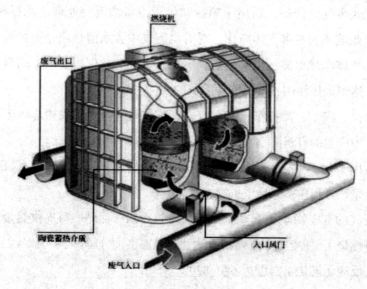

图 6-2　两室 RTO

有机废气通过引风机输入蓄热室 1 进行升温，吸收蓄热体中存储的热量，随后进入燃烧室进一步燃烧，升温至设定的温度，在这个过程中有机成分被彻底分解为 CO_2 和 H_2O。

由于废气在蓄热室 1 内吸收了上一循环回收的热量，从而减少了燃料消耗。处理过后的高温废气进入蓄热室 2 进行热交换，热量被蓄热体吸收，随后排放。而蓄热室 2 存储的热量将可用于下个循环对新输入的废气进行加热。

该过程完成后系统自动切换进气和出气阀门改变废气流向，使有机废气经由蓄热室 2 进入，焚烧处理后由蓄热室 1 热交换后排放，如此交替切换持续运行。蓄热室残留废气，可增加缓冲罐提升废气处理效率。

★三室 RTO

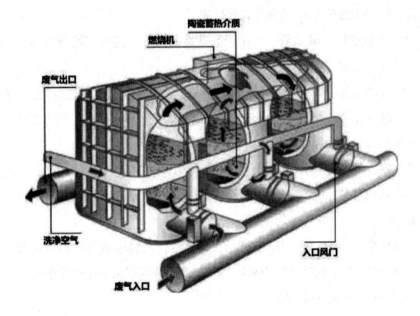

图 6-3　三室 RTO

三室 RTO 装置处理废气的方式与两室原理相类似，但不同的是：三室 RTO 蓄热室"放热"后应立即引入适量洁净空气对该蓄热室进行清扫（以保证 VOC 去除率在 98% 以上），只有待清扫完成后才能进入"蓄热"程序。否则残留的 VOCs 随烟气排放到烟囱从而降低处理效率。

★旋转 RTO

旋转式 RTO 也叫 12 室 RTO，主要由燃烧室、陶瓷填料床和旋转阀等组成。炉体分成 12 个室，5 个进气室、5 个出气室、1 个清扫室和 1 个隔离室。废气分配阀由电机带着连续、匀速转动，在分配阀的作用下，废气缓慢在 12 个室之间连续切换。通过旋转式转向阀的旋转，就可改变陶瓷蓄热床不同区域的气流方向，从而连续地预热 VOCs 废气，在燃烧室氧化燃烧后就可去除 VOCs。相对于阀门切换式 RTO，旋转式 RTO 由于只有一个活动部件（旋转式转向阀），所以运行更可靠，维护费用更低。

2.2 适用行业及优势

RTO 适用于连续性排放浓度较高的生产工艺废气处理，对于生产工艺中挥发的所有 VOCS 有机废气都可有效处理；

RTO 冷启动快、成本低，适用于间歇性的生产工况废气处理可结合吸附工艺，提升净化效率。

采用分级氧化技术，延缓氧化释出热能；炉内温升均匀，热损低；加热效果耗。不再存在传统燃烧过程中出现的局部高温高氧区；抑制了热力型氮氧化物（NOx）的生成，环保效果好；

氧化室内的温度整体升高且分布更趋均匀；炉膛温度可达 800℃，气流速度小，氧化速度快，烟气在炉内高温停留时间长，有机物氧化分解完全，环保效果显著；

可根据废气情况，合理设置热能回收装置，在高温氧化室接换热器、导热油炉或余热锅炉；低温烟气用来加热废气，充分利用治理废气中余热。

（三）催化燃烧法（CO）

催化燃烧实际上为完全的催化氧化，即在催化剂作用下，使废气中的有害可燃组分完全氧化为 CO_2 和 H_2O。

图 6-4（实用新型）为一种催化燃烧有机废气的一体化处理装置，它是由风机、催化燃烧反应器、电气控制柜、热管换热器等组成的一体化装置；催化燃烧反应器内装有远红外电加热管及催化剂；催化燃烧反应器外装有空气循环管；风机为调速风机；热管换热器为双程且内装有翅片化热管，正常运行中，通过调速风机控制风量和热管换热器对热量的回收，催化燃烧反应无须加热

而自动进行，其传热效率高，节约能源，并保证了该装置的稳定运行。

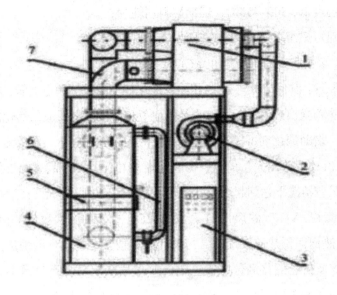

图 6-4　某种催化燃烧一体化装置 1. 换热器；2. 风机；3. 电器控制柜；4. 催化燃烧反应器；5. 催化剂床层；6. 宅气循环管；7. 风管

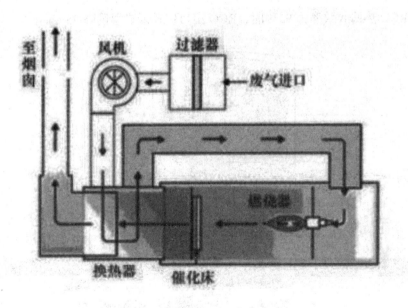

图 6-5　典型的催化燃烧工艺流程

催化燃烧具有以下优点：

（1）无火焰燃烧，安全性好；

（2）温度低：300~450℃，辅助燃料消耗少；

（3）对可燃组分浓度和热值限制少。

（四）蓄热催化氧化技术（RCO）

工作原理：设备结构与RTO相同，催化剂加在蓄热陶瓷上面，第一步是废气进入蓄热陶瓷换热升温，第二步是催化氧化阶段降低反应的活化能，提高了反应速率。借助催化剂可使有机废气在较低的起燃温度下，发生无氧燃烧，分解成CO_2和H_2O放出大量的热，与直接燃烧相比，具有起燃温度低，能耗小的特点，某些情况下达到起燃温度后无须外界供热，反应温度在250~400℃。

工艺流程：VOCs的废气进入双槽RCO，三向切换风阀将此废气导入RCO的蓄热槽而预热此废气，含污染的废气被蓄热陶块渐渐地加热后进入催化床，VOCs在经催化剂分解被氧化而放出热能于第二蓄热槽中之陶块，用以减少辅助燃料的消耗。陶块被加热，燃烧氧化后的干净气体逐渐降低温度，因此出口温度略高于RCO入口温度。三向切换风阀切换改变RCO出口/入口温度。如果VOCs浓度够高，所放出的热能足够时，RCO即不需燃料。例如RCO热回收效率为95%时，RCO出口仅较入口温度高25℃而已。

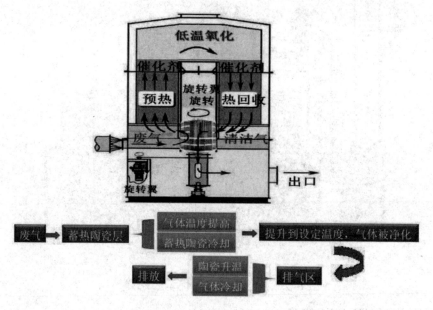

图6-6 蓄热催化氧化工艺流程图

（五）适用行业及范围

1）适用于汽车及机械制造业、涂装线烘房有机废气处理；电子制造业、印刷线路板（PCB）有机废气处理；电气制造业、漆包线绝缘有机废气处理；轻工业、制鞋涂胶有机废气处理；印刷彩印有机废气处理。

2）适用于冶金钢铁业、碳素电极生产有机废气处理；化学工业、化学合成工艺（ABS 合成）有机废气处理。

3）适用于石油炼化工艺有机废气等各种产生有机废气场所。

4）无二次污染，由于在 400–550℃低温氧化分解，无 NOx 产生。

5）净化效率高，可达 97% 以上。

6）能耗低，采用先进的蓄热换热技术，能耗低至 8W•Hr/NM3.

7）自动化程度高、运行安全可靠、管理方便。

第四节 VOCs 污染的其他控制方法

一、吸收（洗涤）法控制 VOCs 污染

溶液吸收法采用低挥发或不挥发性溶剂对 VOCs 进行吸收，再利用 VOCs 分子和吸收剂物理性质的差异进行分离。吸收的效果主要取决于吸收剂的吸收性能和吸收设备的结构特征。

（一）吸收工艺及吸收剂

1. 吸收工艺

吸收法控制 VOCs 污染的典型工艺图如图 6-4 所示。

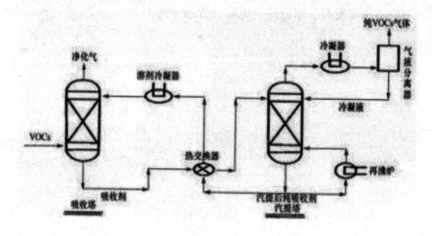

图 6-4 吸收法控制 VOCs 污染的典型工艺图

2. 吸收剂

吸收剂的要求：

（1）对被去除的 VOCs 有较大的溶解性；

（2）蒸气压低；

（3）易解吸；

（4）化学稳定性和无毒无害性；

（5）分子量低。

（二）吸收设备

目前工业上常用的气液吸收设备有喷射塔、填料塔、板式塔、鼓泡塔等。最常用于吸收 VOCs 的设备是填料塔（图 6-5）。

其主要设计指标包括：

（1）液气比；

（2）塔径；

（3）塔高。

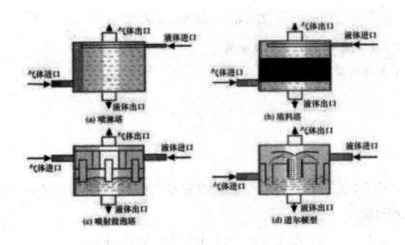

图 6-5 几种气液吸收设备

二、冷凝法控制 VOCs 污染

冷凝法利用物质在不同温度下具有不同饱和蒸气压这一性质，采用降低温度、提高系统的压力或者既降低温度又提高压力的方法，使处于蒸汽状态的污染物（如 VOCs）冷凝并与废气分离。该法适于废气体积分数 10-2 以上的有机蒸气。常作为其他方法的前处理。

（一）冷凝原理

在一定压力下，某气体物质开始冷凝出现第一个液滴时的温度即为露点温度。在恒压下加热液体，液体开始出现第一个气泡时的温度简称为泡点。冷凝温度处于露点和泡点温度之间。越接近泡点，净化程度越高（图 6-6）。

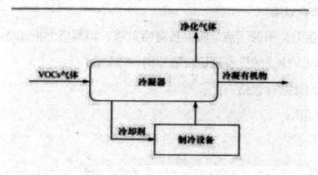

图 6-6　冷凝系统流程图

（二）气态污染物的冷凝分离

1.相平衡常数

$$m=\frac{f_{il}^0 Y_{il} f_{il}^0}{f_{ig}^0 Y_{ig} f_{ig}^0}$$

式中f_{il}^0，f_{ig}^0——分别是纯组分i在液相中的逸度和在指定温度和压力下的气相逸度；

Y_{il}^0，Y_{ig}^0——分别是纯组分i在液相和气相的活性系数。

2.露点和泡点温度计算

假设系统压力为 P 时露点温度（或泡点温度）为 t，查表得各组分的平衡常数 K1，如 K2…，Kn，与此气体混合物相平衡的液滴组成为 xi（或）yi）。

（1）露点温度的计算：

$\frac{y_1}{K_n}+\frac{y_2}{K_n}+...+\frac{y_n}{K_n}=1$ 时，对应的温度为露点温度。

式中 K——相平衡将常数。

（2）泡点温度的计算：

$K1x1+K2x2+…+Knxn=1$ 时，对应的温度为泡点温度。

（三）VOCs 的冷凝

压力 P，温度 t，进料中 i 组分的摩尔分率 zi，计算液化率 f、冷凝后气液组成 xi、yi。

液化率：$f=\dfrac{B}{F}$

物料平衡：$F=B+D$

i 组分的物料平衡：$F.z_i=(1-f)F.y_i+f.F.x_i$

气液平衡关系 $y_i=m_i.x$

$$x_i=\frac{z_i}{(1-f)m_i+f}=\frac{z_i}{m_i+(1+m_i)f}$$

$$y_i=\frac{z_i}{(1-f)+\frac{f}{m_i}}=\frac{z_i}{m_i(1-f)+f}$$

由 $\displaystyle\sum_{i=1}^{n}x_i=\sum_{i=1}^{n}y_i=1$ 和上式可得 f，x_i，y_i

冷凝热

$$Q_c=F\sum_{i=1}^{n}Hz_i-D\sum_{i=1}^{n}Hy_i-B\sum_{i=1}^{n}h_ix_i$$

（四）冷凝类型和设备

1. 接触冷凝

（1）被冷凝气体与冷却介质直接接触；

（2）喷射塔、喷淋塔、填料塔、筛板塔。

2. 表面冷凝

（1）冷凝气体和冷却壁接触；

（2）列管式、翅管空冷、淋洒式、螺旋板。

传热方程：

$$Q=KA\Delta t_m$$

（3）由 VOCs 的出口分压确定冷凝温度（关键设计变量），查柯克斯气压图；

（4）由冷凝温度选定冷凝剂类型；

（5）通过热量恒算计算冷凝器的热负荷；

（6）由热负荷和冷凝器的总传热系数计算冷凝器传热面积，确定其尺寸大小；

（7）根据质量守恒计算冷却剂用量。

三、吸附法控制 VOCs 污染

含 VOCs 的气态混合物与多孔性固体物质接触时，利用固体表面存在的未平衡的分子吸引力或化学键力，把混合气体中 VOCs 组分吸附留在固体表面，这种分离过程称为吸附法控制 VOCs 污染。

（一）吸附工艺

研究表明，活性炭吸附 VOCs 性能最佳，原因在于其他吸附剂（如硅胶、金属氧化物等）具有极性，在水蒸气共存条件下，水分子和吸附剂极性分子进行结合，从而降低了吸附剂吸附性能，而活性炭分子不易与极性分子相结合，从而提高了吸附 VOCs 能力。亦有部分 VOCs 不易解吸。

（二）吸附容量

对工程而言，吸附容量直接决定了吸附质在吸附床中的停留时间和吸附设备的规模。通过吸附实验可得到吸附质在指定吸附剂中的吸附容量曲线。可利用波拉尼曲线估算。

（三）多组分吸附

多组分吸附过程：

（1）各组分均等吸附于活性炭上；

（2）挥发性强的物质被弱的物质取代。

（四）活性炭的吸附热

吸附热 = 凝缩热 + 润湿热

估算式：

$$q = ma^n$$

式中 q ——吸附热，kJ/kg 炭；

a——已吸附蒸气量，m^3/kg 炭；

m、n——常数。

四、治理方法选择原则

催化氧化、吸附、生物法是国内外工业 VOCs 处理技术市场占有率较大的 3 种技术，其次是等离子体技术和热力学燃烧。目前 VOCs 处理技术发展较快、种类繁多，根据其基本原理加以分类，主要有化学氧化法、物理分离法、生物法、光（催化）氧化法等。不同处理技术原理和设备不同，各具特点和技术限制。

各种 VOCs 处理技术应根据 VOCs 的基本理化性质、浓度和气体流量合理选择。首要因素选择合适的工艺。当气体浓度较大时，一般考虑物理分离法回收再利用。对于不能回收利用的有机废气，在浓度大于 $1000mg/m^3$ 时采用燃烧法；浓度小于 $100mg/m^3$ 采用固定床技术和吸收法。吸附法的使用浓度范围相对其他技术较大，吸附法可以处理 $500{\sim}1000mg/m^3$ 浓度范围内的 VOCs，生物法可以处理 $500{\sim}1000mg/m^3$ 浓度范围的有机废气。冷凝法和膜处理技术对废气流量的限制要求较大（一般处理流量小于 $3000m^3/h$），其他处理技术对流量的范围限制不大，催化燃烧法、吸附法、生物法等都能处理 $1000{\sim}50000m^3/h$ 流量范围的有机废气。

根据浓度和流量两个因素可以初步选择处理方法，最终处理方法需综合考虑 VOCs 的性质来决定。通常采用几种技术联合处理，取长补短。这是 VOCs 处理技术的一个发展趋势。

在处理复杂 VOCs 的各种工艺中，废气的预处理至关重要，直接决定处理效率和处理设备的运行费用和使用寿命。另外，对处理后废气的后续处理也同样重要，否则带来二次污染。

第七章　颗粒物污染的综合防治研究

大气污染物无论是颗粒状污染物还是气体状污染物，都具有能够在大气中扩散、污染等的特点，也就是说，大气污染带有区域性和整体性的特征。正因为如此，大气污染的程度要受到该地区的自然条件、能源构成、工业结构和布局、交通状况以及人口密度等多种因素的影响。工业生产区应设在城市主导风向的下风向。工厂区与城市生活区之间，要有一定的间隔距离，并植树造林、绿化以减轻污染危害。对于污染严重、资源浪费严重、治理无望的企业要实行关、停、并、转、迁等措施。对于区域性大气污染问题，必须通过采取综合治理的措施加以解决。

所谓大气污染的综合防治，就是从区域环境的整体出发，充分考虑该地区的环境特征，对所有能够影响大气质量的各项因素做全面、系统的分析，充分利用环境的自净能力，综合运用各种防治大气污染的技术措施，并在这些措施的基础上制定最佳的防治措施，以达到控制区域性大气环境质量、消除或减轻大气污染的目的。

2013 年 9 月 10 日，国务院印发的《大气污染防治行动计划》是以治理可吸入颗粒物（PM_{10}）、细颗粒物（$PM2_5$）为特征污染物的区域性大气环境问题的行动计划。大气污染防治行动计划包括 10 个方面：一是加大综合治理力度、减少多污染物排放；二是调整优化产业结构，推动产业转型升级；三是加快企业技术改造，提高科技创新能力；四是加快调整能源结构，增加清洁能源供应；五是严格节能环保准入，优化产业空间布局；六是发挥市场机制作用，完善环境经济政策；七是健全法律法规体系，严格依法监督管理；八是建立区域协作机制，统筹区域环境治理；九是建立监测预警应急体系，妥善应对重污染天气；十是明确政府企业和社会的责任，动员全民参与环境保护，用硬措施完成硬任务。大气污染防治行动奋斗目标是经过 5 年努力，全国空气质量总体改善，重污染天气较大幅度减少，京津冀、长江三角洲、珠江三角洲等区域空气质量明显好转；力争再用 5 年或更长时间，逐步消除重污染天气，全国空气质量明显改善。大气污染防治行动具体指标是到 2017 年全国地级以上城市可吸入颗粒物浓度比 2012 年下降 10% 以上，优良天数逐年提高；京津冀、长江三角洲、珠江三角洲等区域细颗粒物浓度分别下降 25%、20%、15% 左右，其中北京市细颗粒物年均浓度控制在 $60\mu g/m^3$ 左右。

大气污染综合防治必须从协调地区经济发展和保护环境之间的关系出发，对该地区各污染源所排放的各类污染物质的种类、数量、时空分布做全面的调查研究，并在此基础上，制定控制污染的最佳方案。

（1）加强颗粒物排放管理。政府部门需加强大气颗粒物污染管理力度，要全面规划，合理布局，应将大气颗粒物排放制度化。首先，政府需明确污染排放许可证颁发的法规和管理流程，包括许可证申请的严格化、污染指数检测报告的准确化、许可证管理人员的考核、许可证管理机关的执法权明确化、许可证审核程序的合理化，以及管理资金的流向明朗化；其次，是在执法办理的过程中需要严格执行污染排放许可证颁发的法规和管理流程，提高工作人员的素质和办事效率。

（2）研究绿色生态工程方案。绿化是城市生态建设的另一重要组成部分。绿化可以调节气候、减少污染、净化空气、防风固沙，是非常经济的生物防治措施。中心区总悬浮颗粒物中扬尘所占比例较高，与城市绿化率不高有密切关系。因此，应对绿化工程做出重点规划。绿化工程的设计思想如下：以林为主，花草为辅，建设大型防护林带和城市森林公园，尽快形成城市森林系统，使绿化工程最大限度地发挥环境保护和生态平衡作用；规划设计大、中、小型的以林为主，林、草、花相间的城市立体景观系统，使中心区内已建成地域的裸地全部绿化，做到黄土不露天；在建地域的裸地应随建设工程的结束而完成绿化工程。

大气污染控制与治理探究

一、工业环境整治

目前，我国许多城市内或近郊都存在一些可能造成大气污染的工厂。对于这些工厂，我们不但需要对其工厂环境进行改造和绿化，还需要严格遵守国家相关部门的要求，要求工厂进行废气处理，以达到环境保护要求。减少建筑尘、交通二次扬尘、燃煤飞灰排放、水泥厂和钢铁冶炼粉尘等污染源。加大产业结构调整力度，进一步推动规划环评，将环境功能区划，严格执行项目环保准入制度，禁止新建扩建炼油、石化、水泥、钢铁、铸造、建材等高污染企业，以及使用煤炭、重油和渣油等高污染燃料的工业项目，控制炼油、水泥生产的燃煤消费总量。制定鼓励高污染落后企业退出和对企业实施污染治理的经济政策，促进工业污染防治。

（一）废气中粉尘的处理

对废气中粉尘的处理方法主要有机械力除尘、过滤除尘、洗涤除尘和静电除尘等。要根据废气中粉尘含量和粉尘的密度、粒度、带电性等性质合理选择除尘方法，才能获得理想的除尘效果。

（二）废气的净化处理

工业生产中产生的废气也伴有大量的颗粒物出现，通常废气的净化一般有冷凝法、吸收法、吸附法、燃烧法和催化法等方法，主要处理技术有 3 种：一是洗涤吸收技术，典型装置是烟气洗涤塔；二是吸附技术，典型装置是过滤层净化器；三是催化处理技术，典型装置有催化燃烧器、热催化器等。

二、燃烧性颗粒物的控制措施

（一）改善并提高能源结构和利用率

我国当前的能源结构中以煤炭为主，煤炭占商品能源消费总量的 73%。应加强对燃煤颗粒物的来源和颗粒物生成途径的控制，控制措施包括燃煤可吸入颗粒物的燃烧前控制、燃烧中控制和燃烧后控制，其中燃烧前控制包括煤种选择和煤粒加工，燃烧中控制有调整燃烧工况和使用添加剂，燃烧后控制是通过使细颗粒物凝并、团聚为较大颗粒物后再利用除尘设备加以去除。在煤炭燃烧过程中会放出大量的二氧化硫、氮氧化物、一氧化碳和悬浮颗粒

154

等污染物。因此，若想从根本上解决大气污染问题，必须从改善能源结构入手，如使用天然气、二次能源煤气、液化石油气、电等，还应重视太阳能、风能、地热等清洁能源的利用。我国以煤炭为主的能源结构在短时间内不会有根本性的改变。因此，当前应首先推广型煤和洗选煤的生产和使用，以降低烟尘和二氧化硫的排放量。我国能源的平均利用率仅为30%，提高能源利用率的潜力很大。我国有20余万台锅炉，年耗煤2亿多吨，因此，合理选择锅炉，对低效锅炉的改造、更新、提高锅炉的热效率，能够有效降低燃煤对大气的污染。

（二）区域集中供热

根据城市发展布局、发展方向、地形地貌特点和城市热负荷和区域发展的特点，确定城市集中供热原则按东西南北相对独立的供热分区发展，进而划分为多个相对独立的供热小区。发展区域性集中供暖供热设施，设立规模较大的热电厂和供热站，用以代替千家万户的炉灶，是消除烟尘的有效措施，还会带来可观的经济效益。区域集中供热可减少燃烧性颗粒物污染，具有节约能源、减少污染、有利生产、方便生活的综合效益。区域集中供热应坚持因地制宜、广开热源、技术先进、经济合理的原则。严格限制新建分散锅炉房，逐步改造、提高城市集中供热的普及率。在城市总体规划的指导下，制定区域集中供热规划，并贯彻远近结合；以近期为主，合理布局统筹安排，分期实施的原则。国家可采取无息、低息、贴息、延长贷款偿还期限等优惠政策，扶持城市集中供热的发展。

区域集中供热有4方面的优势。

（1）能有效提高热能利用率。

（2）便于采用高效率的除尘器。

（3）利于采用高烟囱排放。

（4）减少燃料的运输量。

三、一般生产性颗粒物的控制措施

生产性颗粒物对人体健康之所以构成危害，是由于其在产生源处产生，又扩散转移到周围空气中，造成颗粒物在生产车间与生活环境中到处弥漫，因此，减少和防止颗粒物的扩散是防尘工作的重要任务，是直接关系到生活环境空气质量的一个重要因素。

（一）生产性颗粒物的产生与扩散

通常根据颗粒物产生的不同原因，生产性颗粒物的产生与扩散过程分为两种。

1.一次尘化

一次尘化是在生产加工过程中产生的，它的产生与扩散主要是物体的运动诱导生成气流，或气流受到剪切作用所致。

2.二次扬尘

一次尘化产生的颗粒物扩散到室内地面上或设备上，受到室内空气的流动、设备的运转或振动、热气流的上升，以及人的走动而产生的二次气流的吹动，飘散到空气当中，称为二次扬尘。

（二）生产性颗粒物的防止措施

1.安装通风罩

通风罩是通风除尘系统的一个重要部件，能有效控制颗粒物扩散，使作业点的颗粒物浓度达到国家卫生标准的要求。如果设计合理，用较少的通风量就能获得良好的效果；反之，即使用很大的通风量，仍然不能达到防止颗粒物扩散的目的。所以，通风罩的性能好坏对通风除尘系统的技术经济效果有很大的影响。

2.安装吸气罩

吸气罩的罩子应尽可能接近尘源，在不影响工艺和操作的条件下，凡是能密封的地方都应密封起来，只留尽可能小的罩口。罩子的形式和位置应使颗粒物尽可能直接甩入罩内。吸气罩的设计应能使吸气气流直接流经尘源，将颗粒物吸入罩内，同时还应尽量减少横向气流的干扰，还要满足作业人员的位置不处于尘源与罩子之间，含尘气流不应被作业人员吸入。

3.安装除尘器

燃料和其他物质燃烧过程中产生的烟尘，以及对固体物料破碎、筛分和输送过程中产生的颗粒物经过吸气罩收集到通风管路中后，必须经过除尘器对含尘气体进行净化。若不经过除尘净化直接排入大气，首先污染厂区、车间环境，还会造成二次扬尘，同时也会污染大气环境，危害人体健康。此外，除尘器回收的颗粒物有些是产品或原料，所以，在通风系统中安装除尘器，不仅具有社会效益，而且具有经济效益。

4.设置重力沉降室

重力沉降室是利用颗粒物本身的重力使颗粒物和气体分离的一种除尘设备。含颗粒物的气流从风道一端进入一间比自身风道截面大的重力沉降室后，流动截面积扩大，流速大大降低，在层流的状态下运动，较重的颗粒物在重力作用下缓慢下降，落入灰斗。一般重力沉降室可捕集粒径为 $50\mu m$ 以上的粒子，沉降室内的气流速度为 0.3~2.0m/s。重力除尘装置的特点是构造简单、施工方便，投资少、收效快，但体积庞大、占地多，不适合除去细小尘粒。

提高重力沉降室效率可通过 3 个主要途径：

（1）降低沉降室内气流速度；

（2）增加沉降室长度；

（3）降低沉降室高度。

四、施工性颗粒物的控制措施

施工防尘是一项技术性很强的工作，如果没有切实可行的技术措施，施工作业场所空气中颗粒物浓度不可能自行降下来。城市大规模市政建设施工在很大程度上是导致扬尘污染的直接原因。对于施工性颗粒物的控制，主要技术手段是对施工部位经常洒水，防止尘土飞扬；把渣土掩盖好，防止扬尘；渣土运送车在运送过程中要盖严。为作业人员创造一个良好的劳动条件，只依赖技术措施是难以实现的。施工防尘既是技术工作，又是管理工作。要达到改善施工环境的目的，必须一手抓技术措施，一手抓管理。许多防尘工作先进企业的经验表明，防尘工作的好坏三分靠治，七分靠管。

（一）完善控制施工性颗粒物的规范性文件

目前，从我国国家立法层面上看，还没有一部完整统一的扬尘污染防治法，然而在我国部分城市、已制定出台了较为完善的关于治理扬尘污染的规范性文件。鉴于扬尘污染的严重程度和实际污染防治工作的需要，应进一步完善和落实有关控制扬尘污染配套的管理规定，以提高扬尘污染控制的有效性和可操作性，规范各类扬尘污染管理。施工产生的废弃物应当及时清运，并采取有效措施减少扬尘。根据新修订的《防治城市扬尘污染技术规范》及原国家环保总局和建设部联合发出有关有效控制城市扬尘污染的通知，借鉴先进地区出台的扬尘污染防治管理办法，将考核指标和评价标准量化，界定建筑施工时的扬尘控制标准，进一步完善施工扬尘污染控制技术标准，超标的限期改正和罚款。

（二）强化施工性颗粒物防治措施，宣传全民环保理念

由于施工性颗粒物污染问题是近年来出现的新型空气污染，还没有得到应有的重视。建筑施工单位与普通民众要充分意识到施工扬尘污染给环境带来的巨大危害，人们要提高对施工性颗粒物污染防治的环保意识，自觉守法和维权。

施工单位应落实扬尘污染控制措施，施工工地设置完善的扬尘污染控制设施。特别是建筑施工要做到"六必须，六不准"，即必须围挡封闭作业，必须硬化施工现场道路，必须设置进出工地车辆冲洗设施，必须实行渣土喷水湿法作业，必须配备专门保洁人员，必须定时清扫施工现场；不准车辆带泥上路，不准高空抛撒渣土和粉尘材料，不准现场搅拌混凝土，不准施工场地存有积水，不准现场焚烧废弃物，不准现场堆放未覆盖砂土。同时，积极推广施工新工艺，大力推行预拌混凝土应用，推广建筑节能新技术应用，开展绿色建筑示范和建筑节能示范，倡导文明施工。增加道路两旁绿化覆盖率，硬化城区道路，减少裸露地面面积。

建立中心城区建筑工地扬尘污染在线监控系统，开展扬尘污染防治示范工地建设，提高建筑工地文明施工达标率；建立混凝土搅拌站、开展砂石料堆场扬尘污染治理；严格管理渣土运输车资质，将施工企业扬尘污染违法记录纳入建筑企业不良信息管理系统；加强城市道路扬尘污染控制，提高道路保洁水平，定期进行洒水和冲洗作业，控制道路扬尘；强化职责分工和部门联动，多部门联手遏制道路扬尘和渣土遗洒等严重影响环境的行为。

广泛开展施工扬尘控制的宣传教育活动，特别是定期对在建工地的建设、施工、监理单位有关人员进行专项教育培训，使其熟悉相关法律、法规，掌握建设工地扬尘控制的要点，增强施工单位自律意识，主动做好防尘、降尘等环境保护工作。同时，通过联合媒体和教育等多种途径，对扬尘治理工作的开展情况进行全方位的跟踪报道，对各种违法、违规行为及时公开曝光，为扬尘治理工作营造良好的社会氛围。

（三）制定统一有效的监管机制，综合治理扬尘污染

由于扬尘产生原因多，既有固定源又有流动源，管理较为困难，扬尘污染源的管理部门之间要经常反馈，部门领导要提高事前预知的决策能力，逐步形成长效预防的管理机制。施工扬尘涉及环保、住建、市政等众多部门，部门之间要加强协调，扬尘污染要做到联合执法。

建立完善扬尘管理的标准体系、责任体系、管理体系与监督体系的长效管理机制，同时要建立各部门单独执法和联合执法相结合的责任体系，加强对施工方的监管。进一步重视扬尘管理工作，加大监测仪器的投入力度，进一步提高技术装备水平。对监测队伍进行科学扩编、培训，对监测机构统一规范化管理。实施源头管理和重点防治。设立监督和处罚机构，从行政、公众、经济三个方面实施监督，以行政监督为基本，联合公众监督和经济监督。公众监督可采取媒体监督，开设门户网站、设立举报信箱和举报电话供群众监督。

定期开展扬尘控制专项整治工作，突出对重点区域、重点工程的监控工作，有效控制施工扬尘。市环境保护部门应强化监测监管网络建设，组织扬尘污染控制检查和环境质量检测，及时公布主城区不同区域的扬尘污染情况，住建部门加强建设工程项目开工前提条件审查，督促施工单位的文明施工，杜绝带泥上路，发现问题，立即督促整改，对造成严重扬尘污染的单位和个人，应根据有关规定予以处罚。市容市政管理部门加强主要道路和各类工地监督巡查，严肃查处车辆抛洒滴漏、带泥行驶的行为，从源头上加强对运输车辆的管理。依据法律法规，最大限度地运用经济、行政、法律等手段，采取综合性的措施，遏制扬尘污染。

（1）严格执行环评制度。所有建筑项目应按照《中华人民共和国环境影响评价法》和《建设项目环境保护管理条例》的相关规定，进行环评审批，并向环境保护行政主管部门提供施工扬尘防治实施方案，根据施工工序编制施工期内扬尘污染防治任务书，实施扬尘防治全过程管理，责任到每个施工

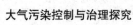

工序。

（2）加强资质审核，提高准入门槛。建设单位招标文件中应明确扬尘污染防治目标要求，建设工程施工合同中应明确施工单位扬尘污染防治职责，并将建设工程施工现场扬尘污染防治专项费用列入工程预算，施工单位应保证此款专款专用。

（3）加大扬尘污染处罚力度。对扬尘控制措施不到位的建设、施工单位，依情节分别给予责令限期改正、责令停工整改、行政处罚、停止招标活动、记入行政执法相对人违法行为不良记录、申请降低施工企业资质等处理。

五、自然性颗粒物的控制措施

对于自然性颗粒物的控制措施主要是实施植树造林，进行大规模绿化，特别是在沙漠地区、荒山野岭等处植树造林，对固沙防风十分重要。如果不能及时控制沙尘，沙漠扩大化会逐渐缩小城市面积和居住地，整个环境气候就会改变。利用天然环境的植树造林，可有效防治颗粒物的扩散，延缓和制止因沙漠面积扩大化而影响城乡人们的生活。

植树造林是大气污染防治的一种经济有效的措施。植物有吸收各种有毒有害气体和净化空气的功能，是空气的天然过滤器。茂密的丛林能够降低风速，使气流挟带的大颗粒灰尘落下。树叶表面粗糙不平，多绒毛，某些树种的树叶还分泌黏液，能吸附大量飘尘。蒙尘的树叶经雨水淋洗后，又能够恢复吸附、过滤尘埃的作用，使自然环境中的空气得到净化。

植物的光合作用能够放出氧气，吸收二氧化碳，因而树林有调节空气成分的功能。一般 10000㎡ 的阔叶林，在生长季节，每天能够消耗约 1t 的二氧化碳，释放出 0.75t 的氧气。以成年人计算，每天需吸入 0.75kg 的氧气，排出 0.9kg 的二氧化碳，这样，每人平均有 10㎡ 面积的森林，就能够得到充足的氧气。有一些植物如 10000㎡ 柳杉林每年可吸收 720kg 二氧化碳。

有一些林木在生长过程中能够挥发出柠檬油、肉桂油等多种杀菌物质。经专家分析测定，在一般百货大楼内，每立方米空气中细菌数达 400 万个，而林区仅有 55 个。

六、烟花爆竹颗粒物的控制措施

（1）严格控制购买渠道，如提高价格、增加购买手续等。

（2）政府组织在节日统一燃放，并规定相应时间和地点。

（3）减小烟火爆竹的爆破力。

总之，应当将燃放烟花爆竹作为一项公益活动管理起来，在传统习俗和现代文明之间，找到一个科学、合理的平衡。

第二节　室内颗粒物污染的防治

在人们生活水平提高、居住条件改善以后，还要追求一个洁净健康的室内环境。特别是在我国发达地区，对室内空气质量的要求越来越高，因为洁净的室内空气是保证人体健康的前提。

怎样净化室内空气，消除室内空气中各种有害物质呢？除消除颗粒物污染以外，还要有效控制污染源。一般来说，大多数人们采取开窗通风的方法加以解决。但是，这种方法有它的局限性，冬季室内取暖、夏季使用空调、室外大气污染、臭氧层遭到破坏、沙尘暴肆虐等，使居室中的门窗不敢开，再加上有的建筑物设计不合理，通风不好，甚至根本无法通风，这些都加剧了颗粒物污染长期滞留在室内的状况。

进入 21 世纪后，随着人们对消除室内空气污染，创造健康舒适的家装环境，以及创建环保工作环境的需求大大增强，必然会推动室内环境保护科学理论研究的发展，同时也极大地推动了室内环境保护工作的进行，其中也包括新技术、新材料、新产品的研发和生产。目前，在世界范围内，日本室内空气净化技术发展迅速，其空气净化器大多不是采用单一技术，而是采用多种复合技术，如针对所需去除污染物种类，将常用净化技术如过滤、静电、吸附、等离子、负离子、增湿等进行优化组合，从而使室内空气净化效果越加明显，极大地改善了人们的生活环境。

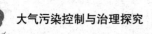

一、厨房颗粒物污染的防治

（一）消除厨房烹饪时产生的颗粒物

在厨房中安装排油烟机，在烹调过程中及时将油烟细微颗粒物排出，保持厨房干净。每次烹饪完毕，应让排油烟机继续工作 3~5min，并开窗换气，避免因烹饪过程中油烟颗粒物逸出，污染居室空气，从而有效控制油烟颗粒物的扩散。同时要改变饮食习惯，尽量少吃煎、炸、烤食物，即使想吃煎炸食物，也要注意加强室内通风换气。洁净的室内空气质量对人们的身心健康影响很大，而健康的生活源于清新的空气。

消除厨房污染采取如下办法。

（1）正确设计、合理安装排烟系统。家庭厨房、宾馆、饭店或者单位食堂的排烟道一定要按照有关部门的要求正确设计、合理安装排烟系统。

（2）家庭或房屋管理者应加强楼房排烟道的管理，及时进行清理，采取措施增加排风量。如果大家发现自己居住的楼房利用窗口排烟的家庭比较多，在暂时无法解决的情况下，要注意在做饭时尽量不要开窗通风，可打开单元门进行通风。

（3）正确安装和使用排气扇或抽油烟机。安装时，一定要密封连接口，并且要安装止回阀。不要随意改变和破坏出烟道。此外，厨房进行装修时吊顶不要太低，注意选择没有污染、符合国家标准的橱柜与灶具。

（4）要尽量使用符合国家要求的低辐射微波炉、电磁灶、电炉、电饭煲、电烤炉等厨房电器产品，这样可大大减少厨房内的空气污染。

（5）正确进行烹饪。炒菜时不必让油加热至冒烟才将菜下锅。

（二）使用清洁燃料

目前，生物质、煤、煤气等是我国烹调、取暖的重要燃料，其中，天然气相对来说是一种较为洁净的燃料，燃烧后产生的污染物较少；而煤气次于天然气，优于煤和生物质。

二、办公等场所吸烟颗粒物污染的防治

我国男性中有 70%~80% 的人吸烟，吸烟者及周围的人每天主动或被动吸入大量烟雾，对人体健康造成很大危害。而对于被动吸烟的人来讲，影响更为严重。

国家应加大禁烟宣传力度，应对公共场所禁止吸烟进行立法，对严重违反规定或者拒不执行者，做到有法可依。在车站、码头、机场等候车、船、飞机等场所应禁烟，并采取有效措施。尤其是在办公场所禁烟，可将不吸烟的人群与吸烟的人群分开办公，以减少被动吸烟者受烟草、烟雾颗粒物危害。

吸烟人群应积极发挥个人专长或者培养个人业余爱好，如参加下棋、绘画、书法、健身运动等，以此来分散转移其注意力，减少吸烟量，同时吸烟人群也要加强自我控制。

三、居室环境中颗粒物和扬尘的防治

（一）居室环境中颗粒物防治

（1）通风就是室内外空气互换，通常有自然通风和机械通风两种形式。自然通风是改善室内空气质量的一种行之有效的方法，加强通风换气，将室外新鲜空气引进室内，以此来稀释室内空气污染物，使其浓度降低，改善室内空气质量。互换速率越高，室内污染物的净化效果越好，但有时也会把室外的污染物带入室内。依据污染物发生源的大小、污染物种类及其量的多少，决定采用全面通风还是局部通风，以及通风量大小。在一般家庭居室内，每人每时需要新风量30m³，空气流动的适宜速度应保持在0.1~0.5m/s。对于办公场所的脑力劳动者，室内空气流动速度应为0.2~0.3m/s。对于间歇的有相当体力强度的工作场所，空气流动速度可达5~10m/s。气流的方向可以来自人体的前方、后方、上部或下部，来自上部的空气流与人体散热产生相对作用，在室内造成气流紊乱；来自下部的空气则在室内形成层流。来自下部的采暖热空气，温度宜偏低些，来自上部的致冷空气，温度宜偏高些；气流速度不宜波动太大，否则会使人不舒服。实验表明，一套80m²相互连通的两居室，在室内外温差为20℃时开窗9min，就能把室内空气交换一遍；温差为15℃时，则需12min。交通要道换气时间应选在上午10∶00和下午3∶00左右，以避开上班时间的污染高峰；通风时间一般应不少于30min。

开窗通风换气可把二氧化碳、一氧化碳、二氧化硫等各种有害气体及颗粒物、微生物排到室外，让新鲜空气进来，是降低室内颗粒物浓度最简单、最有效的一种方法，也是改善住宅室内空气质量的关键。国际室内空气科学院创始人 Sundell 教授对瑞典的 160 幢建筑进行研究，发现新风量越大，发生建筑物综合征的风险越小。因此，即使在较寒冷的冬季，也最好能开一些窗户，使室外的新鲜空气能进入室内。

人们一般习惯在清晨起床后开窗通风，但在冬季或是无云、少云的城市夜晚，很容易出现辐射逆温现象，即在距地面 100~200m 的逆温空气层中产生气温随高度递增而空气密度随之下降的现象（与在正常气象条件下的情况相反）。处于逆温层内的空气比较稳定，不易发生上下方向的对流扩散，接近地面空气中的有害气体和烟雾等，在经过一夜之后仍积聚原处不散。此时，须待日出后，逆温现象才会逐渐消失，空气污染才会减弱或者消失。所以，城市居民在冬天早晨起床后稍迟一点开窗通风更为适宜。

机械通风主要是采用空气净化器实现，空气净化器是最安全和节约能源的空气净化方法之一，因为它采用增加新风量来改善室内空气质量，不需要将室外进来的空气加热或冷却至室温而耗费大量能源。因此，在欧美的一些发达国家，具有暖通空调系统的建筑物内，也使用空气净化器来进一步提高室内空气质量。

目前空气净化的方法主要有：过滤器过滤、活性炭吸附有害物质，纳米光催化降解 VOSCs，臭氧法，紫外线照射法，等离子体净化和其他净化技术等。

（2）改变居住环境和居住地点。选择远离闹市区、远离高速路和公路旁边的住宅；选择污染问题少的高层住宅；选择城市郊区和其他空气质量好的地区居住。

（3）改变装饰、装修材料和施工方式。选择无污染、少污染的人造板、麦秸板家具；选择使用竹地板、复合地板和强化复合地板；装饰装修材料选择水性漆和胶粘剂；装修的施工方式转变为集成化、工厂化和标准化；从原先选择豪华装修的大户型房屋改变为选择经济实用的小户型住房。

（二）居室环境中扬尘防治

在室内从事扬尘工作时，一定要控制好颗粒物的"一次尘化"，尽量避免形成"二次扬尘"。可以采取隔绝操作的方法，先将尘源封闭遮挡在一定的局部空间，使之不扩散；再在条件许可时采用喷湿后再作业；最后及时清除所产生的颗粒物。

另外，英国大学环境自然资源地理学院的 Jones 的研究表明，室内打扫卫生及人为活动对室内颗粒物的浓度也有一定的影响，特别是干扫，会引起二次扬尘。因此，打扫卫生时，可以先用湿布擦净家具表面的浮土，再用干布将家具表面的水分擦干，用吸尘器清洁地面，以保持室内干净卫生。

四、室内空调净化装置对颗粒物污染的防治

（一）空调净化设备协同净化室内颗粒物

室内安装空调的房间，在使用空调时，通常是关严门窗，当室内新风量不足时，室内颗粒物就会从各种缝隙中释放出来，从而降低室内的空气质量。据有关部门调查研究，对某地区 15 个空调场所进行检测，在温、湿度和风速相同的情况下，其二氧化碳、细菌总数、绿色链球菌分别达到 40%、100%、55%，明显高于无空调房间。这说明，单独使用空调不利于室内空气净化，那么怎样才能做到有效净化室内空气中的颗粒物污染呢？

1. 合理使用空调

（1）合理控制室内的温、湿度。室内外的温差不宜太大，夏季一般温差维持在 6℃~7℃ 比较合适，这有利于人体进行自我调节；冬天空气较干燥，最好能配备加湿设备，使空气保持湿润。

（2）适当开窗，引进一些新鲜空气。现在住宅多使用分体式空调，空气基本上在室内循环，因此，在使用空调时适当开窗，以引入一些新鲜空气。

（3）经常清洗过滤器。对过滤器要经常进行清洗，这样既可保证盘管的风量，又能及时清除过滤器上的污物。

2. 综合使用室内空调和净化设备

应选用一些室内空气处理设备配合空调一起使用，如除湿机、加湿机、过滤器、负离子发生器等。除湿机和加湿机能保持室内适当的湿度。活性炭或高效过滤器能有效过滤室内的二氧化碳、一氧化碳、挥发性有机化合物、颗粒物等污染物，这样可以适当增加室内空气中负离子浓度，其结果是既能保证净化室内空气，又能保证室内空气质量。

3.理性看待空调设备的附加功能

所谓空调设备的附加功能，如负离子发生器、冷触媒、高效过滤等功能，对改善室内空气品质有一定的作用，但所起的作用很有限，不可完全依赖。更何况某些附加功能随着时间的推移，效果会越来越差，有的甚至不起作用。因此，经常开窗通风换气还是改善室内空气品质，消除颗粒物污染的重要手段。

4.合理控制室内小气候

虽然一般认为控制小气候是控制室内空气质量的有效措施，但许多家庭根据季节进行调控，仅在高温季节控制室内温度，而进入秋天不再使用空调设备，这样就容易使人患病。如果进行全年控制，这种季节效应就不明显。

控制小气候能提高空气质量，也能降低空气污染程度，尤其是甲醛与霉菌的污染。温度与湿度直接影响甲醛的游离，温度降低到25℃~30℃，可降低甲醛50%；相对湿度降低30%~70%，甲醛量降低40%，进而可降低污染源的扩散。室内湿度高时，可以引起室内衣物及物品的霉变；如果使相对湿度降低到65%以下，可明显降低霉菌的滋生和危害。室温变化是改变室内建筑材料、油漆和家具陈设中产生并释放挥发性有机污染物的重要因素，室内温度超过25℃时，颗粒物污染扩散加剧；室内温度低于19℃时，颗粒物污染会有所减轻。因此，控制室内温度是防止颗粒物扩散的有效途径。

（二）利用空气净化器净化室内颗粒物

1.空气净化器的发展

使用空气净化器是改善室内空气质量、创造健康舒适的办公室和住宅环境十分有效的方法。在居室、办公室等许多场所都可以使用空气净化器，这也是最节约能源的空气净化方法之一。因为采用增加风量的措施来改善室内空气质量，需将室外进来的空气加热或冷却至室温，从而耗费大量能源。因此，在欧美一些发达国家，具有暖通空调系统的建筑物内，会使用空气净化器来进一步提高室内空气质量。一般而言，室内空气净化器由壳体、净化部分、风机、电控4部分组成，起主要作用的是净化部分和风机。

2.协同功能材料对室内空气的净化作用

在居室使用协同功能材料可有效改善室内空气质量。

据推算，1 小时每平方米协同功能材料对二氧化碳的净化能力为 0.001cm³。此材料对 $NH_3 \cdot HCHO$ 等有害气体有一定的净化功能，同时也具有抗菌功能。许多致病微生物在空气中，特别是在通风不畅、日光不足的情况下可生存或繁殖，因此，空气中的和内装饰材料表面的抗菌作用是必要的。

3. 影响空气净化器净化效果的主要因素

（1）滤材。超强的净化效果来自优质的滤材。通常使用的滤材存在各种局限，如无纺布、滤纸等，很难做到既保证很好的通透性，又可有效过滤空气中的有害物质；活性炭虽有很强的吸附能力，但很容易饱和，随着污染物的沉积，净化效果会明显下降。目前世界上公认最好的 HEPA（高效率空气微粒滤芯）是一种高效率滤材，它由非常细小的有机纤维交织而成，对微粒的捕捉能力较强，吸附量大，净化效率高，并具备吸水性，针对 $0.3\mu m$ 的颗粒净化率可达 99.97%。

（2）风机。高效的净化效率来自强劲的进出风量。无论是哪一种净化方式，都需要空气经过净化装置，这就要求净化器拥有良好的空气循环，而风机是循环系统的能量来源；由于要降低噪声，市场上的多数净化器采用功率较低的风机，从而影响了净化效率。

（三）运用负离子优化室内空气环境

医学临床证明，空气中负离子对人的生理功能有某些促进作用，负离子可使人体的大脑皮层功能和脑力活动加强，它有"空气维生素"的美称。负离子对人的生理机能起着重要的作用，当空气中的负离子浓度大于 1000 个 / cm³ 时，能改善人们的睡眠、降低血压、促进新陈代谢、提高免疫力、减轻疲劳、提高工作效率等。正离子却从人体细胞中夺取离子，从而氧化细胞，加快老化；高浓度的正离子还会导致机体僵硬、腰痛等。

1. 负离子对室内环境的功效

负离子能消除室内空气污染，特别是可对装修后存在的苯、甲醛、氨等有毒有害气体的分子结构进行破坏，同时借助凝结和吸附作用附着在固相或液相污染物颗粒上，使大离子沉降下来，起到高效吸附净化作用。大多数的有害物质都以正离子的形式存在。负离子能结合空气振动所产生的正离子和有害物质，并在多次反复结合后沉淀下来。臭氧会附着在正负离子结合后的

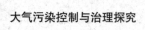

颗粒物上，然后将有害物质酸化以达到除菌、杀菌的效果。受污染的空气也由于负离子和臭氧的活动而被净化，最终完全消除空气中如苯、甲醛等对人体有害的细颗粒物质。

当然，室内负离子浓度过高时，会引起人体产生一些不适反应，如头晕、恶心、心慌等。因此，居室内不宜长时间使用负离子发生器，应以间断、低浓度供给为宜。按照我国卫生部门的规定，室内空气中负离子含量达 500 个 / cm^3 为新鲜空气。在空气颗粒物污染的净化与治理中，负离子只是空气净化的辅助手段，不是主要手段。

2. 抗菌、净化材料和负离子发生器、空调的联合使用

抗菌、净化材料和负离子发生器、空调的联合使用，其效果被喻为大自然森林氧吧。试验结果表明，在各种净化材料和负离子发生器的协同作用下，可使负离子达到 10000 个 /cm^3 以上，每小时净化二氧化碳的能力为 0.02%（体积分数）。另外，利用负离子发生器的抗菌功能和材料的双重抗菌作用来保持室内空气清洁是可以实现的，但净化二氧化碳的功能尚不能达到所希望的水平，有待于进一步提高。

第三节　PM2.5 危害的防治

PM2.5 的成分非常复杂，不仅有一次形成的颗粒物，还有很多由气体转化而来的二次颗粒物。两者虽都有危害，但专家表示，二次颗粒物才是 PM2.5 家族中的"终极杀手"。

目前，日本、美国、欧盟、印度、澳大利亚等都已陆续将 PM2.5 标准进行强制性限制。2012 年，我国公布了 PM2.5 防治的国家标准，目前，各地方政府正在对 PM2.5 进行重点整治。需要指出的是，主要还应通过对整个城市环境的综合治理，从外围来改善居民的生活环境，提高全民的生活质量。

一、制定 PM2.5 国家标准

要制定合乎中国国情的新的空气质量标准，特别是加强对 PM2.5 标准的研究。2012 年 3 月 5 日，全国人民代表大会第五次会议正式将 PM2.5 列入了

政府工作报告，并多次提到对 PM2.5 进行严格治理和控制，会后还正式公布将 PM2.5 列入新的《环境空气质量标准》中，使对环境中细颗粒物污染的防治做到有法可依，有法必依。

二、建立对 PM2.5 的监测机制

加强对城市颗粒物污染特别是 PM2.5 的监测，确立详尽的 PM2.5 监测计划，采用有效的检测手段，研究不同来源颗粒物的特性，通过对颗粒物的来源分析，找出城市中的主要污染源，摸清各种颗粒物来源的时空分布特征，分区、分时段加以控制。北京市、上海市、广州市、武汉市、长沙市等大城市都已经制定出切实可行的监测空气中 PM2.5 的实施计划，尤其在北京市，有一些退休人员自发地组织起来，对北京市的空气中 PM2.5 进行监测。随着人们对空气中 PM2.5 对人体健康危害的重视程度的提高，以及采取有效的防治方法，这项工作也必将很快见到实效，其污染程度也会得到有效遏制。

三、分析产生 PM2.5 的原因及去除方法

（一）产生 PM2.5 的原因

（1）固定源排放。以粒径小于 $2.5\mu m$ 甚至亚微米级的细颗粒物为主，以数量计可达到颗粒物总数的 90% 以上。

（2）PM2.5 的捕获率低。现有除尘装置的除尘效率可高达 99% 以上，但这些除尘器对 PM2.5 的捕获率很低。例如，WFGD 系统虽然可以有效脱除二氧化硫和粗粉尘，但对 PM2.5 的捕集效率较低，且随粒径减小脱除效率显著下降。

目前的除尘设备多以质量脱除效率表示除尘性能，不能正确反映对 PM2.5 的脱除效果。例如，对于去除效率为 99% 的静电除尘，约有 1% 的飞灰排入大气，该部分飞灰以 PM2.5 为主，其数量可达到 90% 以上。因此，针对燃烧性细颗粒物，以颗粒物的数量浓度脱除率衡量除尘性能要比使用颗粒物的质量浓度脱除率更有实际意义。

（二）PM2.5 的去除方法

（1）干法去除颗粒物污染。利用颗粒物本身的重力和离心力使气体中的

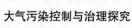

颗粒物沉降，进而从气体中去除的方法，如重力除尘、惯性除尘和离心除尘。常用的设备有重力沉降室、惯性除尘器和旋风除尘器等。

（2）湿法去除颗粒物污染。湿法去除颗粒物污染是用水或其他液体使颗粒物湿润而加以捕集去除的方法，如气体洗涤、泡沫除尘等。常用的设备有喷雾塔、填料塔、泡沫除尘器、文丘里洗涤器等。

（3）过滤法去除颗粒物污染。过滤法去除颗粒物污染是使含有颗粒物的气体通过具有很多毛细孔的滤料而将颗粒物截留下来的方法，如填充层过滤、布袋过滤等。常用的设备有颗粒层过滤器和袋式过滤器。

（4）静电法去除颗粒物污染。静电法去除颗粒物污染是使含有颗粒物的气体通过高压电场，在电场力的作用下，使其去除的方法。常用的设备有干式静电除尘器和湿式静电除尘器。

具体选择哪一种方法去除颗粒物污染，主要从颗粒物的粒径大小和数量以及操作、费用等方面来考虑。一般情况下，几十微米以上的较大颗粒物宜采用干法，而细小颗粒物（粒径为数微米）则宜采用过滤法和静电法。

第四节　汽车尾气排放颗粒物的控制措施

一、严格执行在用机动车环保管理规定

全国在用机动车的环保管理由各级环保行政主管部门依法组织实施，目前已建立了机动车环保检验机构、机动车环保检验、机动车环保检验合格标志等监督管理制度。

（一）机动车环保检验机构

根据《中华人民共和国大气污染防治法》的有关规定，2009 年 12 月 10 日，环境保护部印发了《关于印发 < 机动车环保检验机构管理规定 > 的通知》（环发 [2009]145 号），进一步规范了机动车环保检验机构的管理。2010 年 5 月 13 日，环境保护部印发了《机动车环保检验机构发展规划编制工作指南》（环办 [2010]65 号），为各地编制机动车环保检验机构发展规划提供指导。

（二）机动车环保检验制度

根据《中华人民共和国大气污染防治法》的有关规定，目前全国基本形成了机动车环保定期检验以及停放地抽测的环保检验制度。2009 年，全国参加环保定期检验的机动车为 9909 万辆，约占全国机动车保有量的 58%。部分城市开展了对停放地和道路行驶机动车的环保监督抽测。

（三）机动车环保检验合格标志管理制度

2009 年 7 月 22 日，环境保护部印发了《关于印发＜机动车环保检验合格标志管理规定＞的通知》（环发 [2009]87 号），对机动车环保检验合格标志式样、规格和划分标准以及核发程序、信息报送等进行了规定，管理规定自 2009 年 10 月 1 日起在全国施行。截至 2009 年底，全国核发环保检验合格标志 990 万枚，占全国汽车保有量的 13%。

二、使用优质车用燃料

车用燃料是机动车排放控制的重要内容，其对机动车尾气排放的影响随着排放标准的严格更加凸显。尽管新能源汽车的发展蒸蒸日上，但在未来相当长一段时间里，传统化石燃料（汽油和柴油）仍是车用燃料的主要来源。所以，改善汽油和柴油的品质仍是机动车污染控制的重要手段。从技术上来说，车用汽油的发展方向是无硫化、降低夏季蒸汽压，车用柴油的发展方向主要是无硫化、提高十六烷值和降低多环芳烃。

（一）车用汽车清净剂环保管理

汽油清净剂是为了解决汽车喷油嘴、进气阀和燃烧室的沉积物而添加到汽油中的，世界范围普遍应用。国际经验证明，使用汽油清净剂是有效降低尾气污染物排放的重要措施。截至 2009 年底，11 个厂家的 11 种产品已经在环境保护部完成登记备案。

（二）油气回收治理

2007 年，国家发布了《储油库大气污染物排放标准》《汽油运输大气污染物排放标准》和《加油站大气污染物排放标准》3 项排放标准，要求对储油库、油罐车和加油站排放的碳氢化合物进行治理。

（三）车用汽油无铅化

1998年，国务院办公厅发布《关于限期停止生产销售使用车用含铅汽油的通知》（国办发[1998]129号），规定自2000年1月1日起，全同所有汽油生产企业一律停止生产车用含铅汽油；自2000年7月1日起，全国所有汽车一律停止使用含铅汽油。财政部、税务总局发布的《关于调整含铅汽油消费税税率的通知》（财税字[19981163号）规定，自1999年1月1日起，对含铅汽油按0.28元/L的税率征收消费税；无铅汽油按0.20元/L的税率征收消费税。此项价格调控政策加快了全国淘汰含铅汽油的步伐。2000年，我国开始执行国家I阶段机动车排放标准，成功引入闭环电控燃油喷射和三效催化转化技术，实现了汽油车排放污染物的高效减排。

使用优质车用燃料是减少汽车尾气排放、节约成本、减少发动机磨损的重要环节。为此，2012年8月21日，我国首次发布了《车用燃料有害物质控制标准》和《含清洁剂车用无铅汽油标准》，提出我国车用柴油有害物质控制指标，并于2013年又修订了《环境空气质量标准》，提出了PM2.5控制要求。部分加油站受利益驱动，不执行《车用燃料有害物质控制标准》和《含清洁剂车用无铅汽油标准》而销售质量差的油，销售价格看起来便宜，但容易产生积碳堵塞喷油嘴现象，导致车辆油耗增加和发动机磨损加重。因此，应注意识别加油站是否有环保部门、质检部门标注审验合格的标识。

三、精心保养和正确驾驶车辆

定期调整发动机，特别是火花塞，经常检查保养由自己负责的汽车；及时检修漏油部位；按时更换空气、汽油、机油滤清器；保持正常的轮胎气压和四轮定位。

尽量在早晚天气较凉时加油，不要加得太满，加完油拧紧油箱盖。经常检测尾气排放，超标时，尽快检修、改造或更新车辆。

发动机怠速不要超过30s；不要猛然加速或减速，在高速公路上最好保持正常行车速度。选用汽车生产厂家建议使用的机油，尽可能少开空调。

第五节　加强对颗粒物污染防治的研究

颗粒物对大气污染的预防控制需集中大气科学、环境卫生、污染控制等多学科的优势力量，加强环境、卫生、效能、轻工、纺织、重工业等部门的合作，开展综合治理，以最大限度减少颗粒物的污染。

（1）开展颗粒物污染防治和清除技术的科学研究，加强机动车特别是柴油车的尾气净化技术的应用研究，加强燃煤、工业锅炉等的烟气颗粒物的净化研究，大力发展净煤技术。

（2）加强颗粒物环境效应及健康效应的定量研究，建立一套系统的流行病学研究方法，对颗粒物污染情况和暴露人群健康情况进行统计研究，提高政府和公众人群的环境意识。

（3）不断提高对颗粒物毒理研究的水平，从分子生物学、免疫学等方面，系统研究颗粒物的毒性机制。

（4）加强城市生态系统研究，做好城市总体绿化规划和周边的防护林生态效应研究，防止沙尘污染。

（5）研究大气中其他污染物与颗粒物相互作用的物理化学过程，包括二氧化硫及氮氧化物与大气颗粒物的协同作用，颗粒物的相互转化对大气的影响，二次颗粒物的形成转化，有机与无机成分对大气的影响等。

（6）细颗粒物控制技术的发展方向及燃烧后控制方法。

一是燃烧过程中减小细颗粒物的生成。

二是燃烧后控制方法。通过不同技术途径使细颗粒物长大后采用传统除尘技术脱除：利用电场、声场、磁场等外场作用及采用在烟气中喷入少量化学团聚剂等措施，增进细颗粒物间的有效碰撞接触，促进其碰撞团聚长大，以及利用过饱和水汽在细颗粒物表面核化凝结并长大等。结合现有污染物控制设备进行过程优化，以及利用多种协同作用提高对细颗粒物的脱除效果。对复合式除尘与传统除尘器进行改进：前者将不同的除尘机理有机结合，使它们共同作用以提高对细颗粒物的脱除效果，其中多数复合除尘器（技术）是利用静电作用，如电袋复合除尘器；后者主要是通过改进除尘器的结构，提高对细颗粒物的脱除效果，如湿式静电除尘器。

第八章　城市大气环境治理
现状及创新研究

第一节　我国城市大气环境质量现状及特点

一、我国城市大气环境质量现状

依据《环境空气质量标准》（GB3095—2012），2014 年 161 个开展空气质量新标准监测的地级及以上城市中，16 个城市空气质量达标，占 9.9%；74 个第一阶段实施城市达标城市 8 个，占 10.8%。从 74 个重点城市中空气污染物基本项目达标情况来看，达标城市比例最低的依次为 PM2.5、PM_{10} 和 NO_2；最高的依次为 CO、SO_2 和 O_3。各城市主要污染物年均浓度值差距较大，其中 SO_2 最大值是最小值的 13.7 倍。

2014 年与 2013 年相比，74 个城市中：①达标城市比例和达标天数增加。达标城市数量从 3 个增加至 8 个，达标天数比例由 60.5% 提高到 66.0%。从各指标来看，除 O_3 达标城市比例下降外，其他污染物达标城市比例均上升。②主要污染物年均浓度除 O_3 同比小幅上升外，其他普遍下降。其中，SO_2 同比下降 20%，NO_2 下降 4.5%，PM_{10} 下降 11%，PM2.5 下降 11.1%，O_3 上升 4.3%，CO 下降 16%。③重污染天气发生频次和强度均降低。但是，大气污染形势依然不容乐观，污染城市的绝对数量偏多，大多数重点城市主要污染物浓度超标比较严重。重污染天气尚未得到有效遏制，2013 年、2014 年全国都发生两次较大范围区域性灰霾污染。

二、我国城市大气环境质量特点

制定大气环境治理政策，首先要对大气污染演变特征有准确的认识，以此发现现有治理政策存在的问题。中国工程院和环境保护部的研究报告将我国城市大气污染分为四个阶段：1949~1990 年，1990~2000 年，2000~2009 年，2010 年至今。总的演变趋势是污染物的构成由比较单一转变为非常复杂，污染方式由工业为主转变为工业和生活并存，污染范围由局部地区扩大到大部分城市地区，污染频率也从较少转变为频繁。

我国城市大气污染不断趋于复杂，给治理工作带来了挑战，主要特点是：

（1）复合型特征。传统煤烟型污染仍然存在，新增汽车和船舶等非固定源污染、道路和施工工地等扬尘污染，并且直接排放污染物与前体污染物二次转化形成的二次污染相互叠加。

（2）区域性叠加及扩散特征。二次无机气溶胶（SNA）是细颗粒物（PM2$_5$）最主要的组成部分（质量占细颗粒物一半以上），污染扩散范围广、距离远、速度快。京津冀、长三角、珠三角区域是空气污染相对较重的区域。

（3）季节性特征。城市空气重污染主要集中在一季度和四季度。2013 年 74 个重点城市 PM2.5 季均浓度分别为 96、56.7、44.7、93 微克 / 立方米。

第二节　我国城市大气环境治理手段

1989 年召开的第三次全国环保会议总结实施建设项目环境影响评价、"三同时"、排污收费三项环境管理制度的成功经验，同时提出五项新制度和措施（城考、环境保护目标责任制、排污申报登记和排污许可证、限期治理、污染集中控制），形成了我国环境管理的"八项制度"。"九五"时期，又增加了一项环境管理制度，即"总量控制制度"。2007 年以来，环保部等部门组织 11 个省、自治区、直辖市开展排污权交易试点，新环保法增加了排污权交易试点相关规定。

一、命令控制型手段

(一)环境影响评价制度

环境影响评价制度简称环评制度,是进行开发活动必须强制执行的前置性制度,事先预测大型工程建设、规划等项目实施后可能给环境造成的影响,依据预测结果评价环境质量并提出防止或减少环境损害方案的工作过程。环境影响评价制度包括建设项目环评制度和规划环评制度。1979年《中华人民共和国环保法(试行)》首次规定环评制度。2003年9月1日起施行的《中华人民共和国环境影响评价法》确定了建设项目环评制度和规划环评制度。2009年10月1日起施行的《规划环境影响评价条例》以政府规章形式对规划环评制度进行了系统规定。新环保法进一步明确了规划环评和建设项目环评制度。环境影响评价制度对于优化城市规划和产业布局,保护自然生态资源发挥了不可替代的积极作用。

(二)"三同时"制度

"三同时"制度指新扩改项目和技改项目环保设施必须与主体工程同时设计、同时施工、同时投产使用,该制度可追溯至1973年第一次全国环保会议通过的《关于保护和改善环境的若干规定(试行草案)》,并于1979年被纳入《环境保护法》。这一制度是环境影响评价制度的继续,是预防为主方针的具体体现。在实践中,大城市和大中型企业执行比较好,小城镇和乡镇企业执行率较低。

(三)限期治理制度

限期治理指各级政府命令造成环境问题的相关单位在限定期限内完成治理,对在限期内不能完成治理污染的,采取关、停、并、转、迁等行政强制措施。1989年《环境保护法》对限期治理制度作原则性规定后,该制度不断完善。

(四)污染集中控制制度

污染集中控制是在特定范围通过建立集中治理设施和采用管理措施以保护环境。污染集中控制有利于集中人财物解决重点污染问题;有利于采用新技术,发挥科技治污效应;有利于节约治污投入,提高资源利用率。

（五）排污许可证制度

排污许可证制度以污染总量控制为基础，规定排污单位排放污染物种类、数量和去向等。排污申报制度是排污许可制度的前期措施，在由于受一定基础性工作限制不能实行排污许可证制度情况下，先实行排污申报制度。我国目前主要推行水污染排污许可证制度，大气污染目前还在研究和初试阶段。国务院《大气十条》提出，"对未通过能评、环评审查的项目，有关部门不得审批、核准、备案，不得提供土地，不得批准开工建设，不得发放生产许可证、安全生产许可证、排污许可证……要尽快出台排污许可证管理条例。"可以预见排污许可证制度将会在大气环境治理中发挥更加重要的作用。

（六）总量控制制度

与前文不同的是，此处总量控制指政府对企业污染物排放的总量控制。《环境保护法》第四十四条对此作出了规定。总量控制有两种方式。一是给排污企业分配排污权，然后强制企业根据要求排放污染物。这种方式效率低，不是最优的环境资源配置方式。二是初始分配后在保证环境质量目标前提下，允许企业交易排污权，通过市场重新配置环境容量资源。总量控制使企业对容量资源的产权（使用权）明晰，环境容量的稀缺性凸显，容量资源因此变成经济物品，排污权交易才因此成为可能。

二、市场激励型手段

（一）排污收费制度

我国于 20 世纪 70 年代末开始实施排污收费制度。1979 年《环境保护法（试行）》对其进行明确规定后，全国开展排污收费试点。1982 年 2 月国务院发布《征收排污费暂行办法》，标志排污收费制度正式建立并于同年 7 月开始在全国实行。1989 年修订后的《环境保护法》在沿袭"超标排污收费"原则基础上，对排污收费制度进一步完善，一是污染物排放标准既可由国家制定，也可由地方规定；二是征收对象为企、事业单位；三是超标排放单位负责治理。1992 年原国家环境保护局等部委发布（（关于开展征收工业燃煤二氧化硫排污费试点工作的通知》，标志排污收费实施范围的重要扩展。2003 年出台的《排污费征收使用管理条例》规定按污染物排放总量和浓度标准相结合征收排污费；同年《排污费征收标准管理办法》《排污费资金收缴使用管理办法》出台，我国排污收费制度体系全面建立。2003年的改革实现了三个转变：由以往的超标收费转变为排污即收费和超标加倍收费，由以往的单一浓度收费转变为浓度和总量相结合收费，由以往的单因子收费转变为多因子收费，但也存在排污收费标准偏低、征收面窄、对治污者缺乏有效激励等问题。2014年9月，国家发展和改革委等部委联合发布《关于调整排污费征收标准等有关问题的通知》，调整二氧化硫和氮氧化物排污费征收标准，实行差别收费政策，同时赋予地方政府充分自主权，体现了国家对环境保护，特别是大气污染防治的决心。

（二）排污权交易制度

排污权是指排污单位经核定、允许其排放污染物的种类和数量。1993年原国家环保局开始探索实施大气排污权交易，并在太原等城市开展试点。1999年中美两国环保部门启动"运用市场机制减少二氧化硫排放研究"的合作。2001年中国开展了第一例二氧化硫排污权交易。2007年以来，多个省份开展排污权交易试点，截至2013年底全国排污权有偿使用资金达20亿元、交易金额达19亿元。2014年8月国办下发《关于进一步推进排污权有偿使用和交易试点工作的指导意见》，要求试点地区排污权有偿使用和交易制度到2017年基本建立。《意见》明确了排污权有偿使用、交易与污染物总量控制的关系。排污权有偿使用方面，对排污权如何核定、与排污许可证是什么关系、排污权如何有偿取得和出让等作详细规定；排污权交易方面，重点规范了交易行为、交易范围、交易管理等。

三、志愿型手段

志愿型手段又称环境政策的自愿途径，20世纪90年代在日本、美国等发达国家迅速发展。中国志愿型环境治理手段主要包括清洁生产、环境标志、ISO14001环境管理体系等。2003年山东省政府和本省两家钢铁企业签署节能自愿协议，标志着我国正式实施自愿协议。我国环境标志计划在1994年启动，1997年建立环境管理体系国家认证制度。在清洁生产方面，《清洁生产促进法》于2003年1月1日起施行，体现了对末端治理战略的根本变革，明确了各级政府及相关部门推行清洁生产的责任。清洁生产使污染排放减少 20%，每年产生 5 亿元的经济回报。《清洁生产促进法》于 2012 年修订，强化政府职责，扩大了强制性清洁生产审核范围，建立清洁生产财政支持资金，强化清洁生产审核法律责任，加强社会监督，因此该法的修订标志着清洁生产制度不断完善，从源头上减少资源和能源消耗，促进经济向绿色发展转变。

第三节　我国城市大气环境治理存在问题

一、环境保护和经济增长的两难

经济高速增长、能源大量消费必然会对环境产生巨大的影响。由于担心加大环保力度会影响经济增速，进而引发社会不稳定，经济增速上限常常被超越，经济发展和环境保护的矛盾越来越尖锐。对地方政府而言，在环境治理中"不出事逻辑"规避了"经济利益"与"环境利益"之间的冲突。不出事，是指地方政府追求不发生重大环境污染事故，但对治理环境改善环境质量不积极。

二、属地管理体制的困境

环境属地管理以行政区划作为管理单元，将环境管理责任分解至各行政区划，是世界各国最早普遍采用的政府环境管理模式。主要特点：①以行政区划为基础。②关门主义的防治思路。③命令——控制式推进策略。地方政府具有信息优势，对于辖区范围内的环境问题比较了解，能够"对症下药"，但大气环境属地管理也存在一定缺陷。

（一）公共地悲剧

空气是公共物品，具有高度流动性，特定行政区域产生的大气污染物容易扩散到周边地区，如果周边地区不同步采取治理措施，单一地区治理效益会大打折扣。污染空气具有负外部性，治理空气具有正外部性。地方政府如果是理性经济人，不会主动治理，而是希望其他地区治理，自己则能搭便车。

（二）无法获得区域合作控制的成本节约优势

由于各地区控污边际成本不一致，可以按照边际成本相等原则优化区域减排方案，通过帕累托改进，实现区域内总体控污成本最小化。只要两个地区控污边际成本存在差异，就可以通过区域合作节约整体控污成本。对特定地区而言，控污边际成本是不断上升的。但是，在传统控制策略下，一方面地方政府之间存在着竞争关系，而大气污染控制的外部溢出特性，使得各行政区划之间缺乏激励进行合作。另一方面，污染物减排量是硬指标，各地区必须完成，而且没有区域间排污权交易平台，因此各地区不可能通过合作降低减排成本。

三、目标责任机制的困境

目标责任制将目标管理、绩效评估和责任追究结合起来，虽然在中国政府环境管理实践中起到了很好的效果，同时也暴露了一些问题。

（一）目标制定的科学性问题

中国大气污染控制政策基本上是围绕污染物总量控制展开，专注于控制一次污染物减排数量，并没有和污染物浓度标准挂钩。我国空气质量标准和大气污染排放标准尚未纳入挥发性有机物、氨、烟尘、黑炭、汞等大气污染前体污染物，最终导致二氧化硫、氮氧化物等污染物排放总量和浓度削减，但空气质量仍然恶化。

（二）责任分解的公平与效率问题

我国区际排污指标分配是以 GDP 为基础确定区域减排指标并进行适当调整，因此是有调整的产值原则。《重点区域大气污染防治"十二五"规划》及《大气十条》等大气环境政策虽然有诸多创新，地方政府加大工作力度，对不少企业实施关停并转措施，但区域环境责任分配不公平导致合作治理步调不一致，雾霾治理效果不甚理想。此外，责任分解还要权衡公平和效率的关系，给边际控污成本低的地区多分配减排责任或指标，固然可以提高控污的整体效率和效益，但边际控污成本低的地区往往经济发展相对落后，因此需要按照公平原则充分考虑其经济增长对排污指标的需求。

（三）环境监管和环境政策执行问题

从实践上来看，环境监管职责在各级环保部门，环境政策执行也主要依赖环保部门。地方环保局接受上级环保部门业务指导及地方政府的行政领导，后者控制着其下属环保部门的财政预算、人员编制和晋升流动等，因此"条条关系"让位于"块块关系"。与上级环保部门相比，地方政府与环保部门有着更密切、直接的权威关系。地方政府往往以短期经济发展而非长期可持续发展为目标，难免会干扰地方环保部门的环境监管工作，环境法律法规不能得到有效执行。

（四）对下级政府的激励与考核问题

激励方面，上级政府对下级政府难以形成有效激励的主要问题是：①绩效目标压力。污染物排放指标由上级部门确定，地方政府在指标制定过程中没有实质性参与权。地方政府为了确保完成总量控制任务，将污染物排放指标向下级政府分解并适当加码，当这样一层一层传递到基层政府时，基层政府已无力承受。下级政府面对无法完成的目标和强大的惩罚压力，被迫欺骗上级或通过挪用其他资源完成任务，这将造成新的违规。②政治激励和财政分权约束。现有的政治激励和财政约束往往导致地方政府在环境监管中出现无动力和无能力的局面。中央政府的各项政治激励常常模糊不清、自相矛盾，在面临着环境约束性指标与干部考核指标体系中经济增长等硬指标越来越多冲突时，地方官员也不得不将经济增长作为优先选择。目标责任制根据评估结果实行一票否决，这种简单的惩罚机制很可能导致评估结果背离评估目的。

考核方面，缺乏科学、系统的环境绩效评价考核制度。《环境保护法》原则性规定地方政府对本辖区环境质量负责外，在主要污染物减排、大气污染防治等专项环境管理工作中就环境绩效考核作出专门规定，但都散见于各规范性文件，尚未建立科学的环境绩效评价标准及在此基础上的考核、问责体系。环境管制领域检验技术、统计手段、测量标准等方面都存在模糊性，特别是大气等污染源既有本地产生的也有跨界污染；由于地方性知识不足，上级政府在考核下级政府时往往受制于下级政府提供的信息。此外，目前我国公众环保意识不强，参与环境监管能力明显不足，进一步降低了地方政府官员放纵环境污染行为的社会风险。

四、大气环境治理手段的困境

（一）命令控制型手段实施不力

（1）规制执行阻力。环境规制执行阻力其实与企业对环境政策实施方的"议价能力"有关。"议价能力"强的企业会与地方政府形成利益共同体，地方政府帮助企业规避中央环境政策规制。K.E.SwansonandR.G.Kugn 发现，影响中国环境政策有效执行的一个原因是乡镇企业与执法部门的"关系"。2004年原国家环境保护总局就《环境影响评价法》的执行情况在全国专题调研，发现环境影响评价制度的平均执行率只有 50%~60%。

（2）规制执行能力。我国环境管理部门都存在资金和人员不足的问题，严重制约环境政策的执行。环境管理专业性、技术性很强，对管理人员的专业知识和技能要求比较高，但实际执行环境政策的基层政府管理能力和水平很难达到，这也成为我国环境政策推行的瓶颈。

（二）市场激励型手段的失灵

一是我国市场体制本身存在缺陷，难以实现资源配置中的帕累托最优，导致"市场失灵"。市场激励型手段应用的前提是产权清晰，很多环境产权的界定比较困难或无法界定，这在大气环境治理领域尤为明显。二是经济激励工具设计缺乏合理性。在我国排污收费是最主要的市场激励工具，但存在排污收费范围过窄、标准偏低、排污费可以转嫁、企业可以通过稀释污染物排放浓度回避收费等缺陷。此外，各种经济刺激工具之间缺乏协调，难以有效整体运作。三是环境管理体制的约束。包括高度集权的政策执行体制约束，属地管理的环境管理体制的约束，以及碎片化的政府体制。

（三）志愿型手段难以发挥作用

在我国，民间环保团体、舆论监督对地方政府环境规制强度影响有限。地方政府以发展经济为目标，环境规制压力不够；公民社区、消费者对环境治理态度较为消极，来自社区、消费者的非管制性压力尚不足以对企业污染行为构成威胁；大量中小规模、环保技术落后的企业难以进入环境管制的监控范围之内。因此，中国环境治理背景下，自愿性环境政策工具要发挥效用需要加强环境管制的压力。

第四节 城市大气环境治理理念创新

一、基于环境与经济共赢的理念创新

管理过程是不断解决矛盾的过程，理念创新是管理这一内在矛盾的必然要求。管理理念创新，既要解决管理的内在矛盾，又要通过矛盾化解发掘组织发展的内在动力，推动组织的持续发展。城市大气环境治理主要矛盾就是改善环境与发展经济的矛盾，需要通过理念创新实现共赢，进而形成一种自稳定的内在机制，持续助推大气环境与经济协调发展。

（一）环境库兹涅茨曲线

Grossman and Krueger 最早发现环境质量与经济发展呈倒 U 型关系，即随着人均收入增加，污染物排放会随之增加，然后随着环境意识的提高，环境规制逐渐严格，污染物排放逐渐下降，污染物排放与人均收入呈倒 U 型曲线。Panayotou 将这一倒 U 型曲线命名为"环境库兹涅茨曲线（EKC）"。国内外学者围绕是否存在倒 U 型 EKC 曲线进行了诸多实证分析和理论阐释，Dinda、陆旸等学者对其进行了全面综述。

实证研究结果显示：不同污染物 EKC 曲线形状不同，有 U 型、倒 U 型、N 型、倒 L 型等，某些污染物并不存在拐点，例如美国等发达国家 CO_2 排放。各种污染物峰值位置和对应的收入水平也不同。空气污染物转折点位于人均 GDP 在 8000 至 1 万美元之间，铅排放量峰值出现在 7000 美元左右，危险物位于 2.3 万美元（1985 年不变价格）等。

EKC 形成原因从理论上解释可以分解成规模效应、结构效应和技术效应。规模效应指如果其他条件不变，经济规模越大污染物排放越多。结构效应指国家经济结构将随着经济增长变化，首先从农业转向轻工业，然后再转向高污染、高排放的重工业，之后再转向第三产业，污染物排放会随着经济结构的变化而变化。技术效应指随着收入水平增加，经济增长将带动能效提高、排放强度下降等技术进步从而减少污染物排放。经济发展初期，起主导作用的是规模效应，继而是结构效应与规模效应共同增加污染物排放；工业化进程完成后，经济向服务业转变，此时起主导作用的是结构和技术效应，污染物

排放逐渐下降。

（二）环境政策作用下的环境库兹涅茨曲线

环境库兹涅茨曲线的理论前提是环境质量内生于经济增长，这种"收入决定论"没有考虑环境制度对环境质量的影响。制度经济学为环境规制这一社会性规制发挥作用提供了理论基础。科斯强调，解释经济现象、经济行为和经济关系的前提是研究对它们产生影响、支配或约束作用的制度安排。科斯定理的核心是产权理论，资源、环境等公共产品问题在产权清晰后可以有效解决。制度经济学的前沿发展是以 D·诺思和 T·W·舒尔茨为代表的制度变迁理论。诺思指出，市场机制功能不是尽善尽美的，其固然是影响人的行为决定、资源配置与经济绩效的重要因素之一，但难以克服"外在性"等问题，而产生"外在性"的根源则在于制度结构的不合理。他们强调，制度是内生变量，对经济增长有着重大影响。

制度变迁理论把政治作为经济运行研究的要素进行分析，将经济理论与政治理论有机结合。在新制度经济学制度变迁理论背景下，制度作为影响经济增长与环境污染关系的内生变量，对传统的 EKC 理论进行批评和修正。Panayoutou（1995）指出，EKC 曲线（即每单位 GDP 增长是以高资源消耗和高环境污染为代价的）无论从经济方面还是环境方面都不是最优的，因为如果管理得更到位的话，同样的资源消耗可以使经济和环境双重目标都能实现。Panayoutou（1997）发现，在政策和制度作用下，低收入水平阶段环境退化会减弱，高收入水平阶段环境质量改善会加速，EKC 曲线变得扁平，即经济增长环境代价会降低。Dasgupta（2001）等发现，严格的环境规制和没有环境规制相比，每一时期经济增长对应的污染排放水平都降低，EKC 曲线将变得比较平坦，拐点也可能提前出现。Dasgupta 等（2002）进一步提出三种修正的 EKC 曲线，包括竞相降低环境标准、存在新污染物、存在环境规制时的 EKC 曲线。

此外，Young（2001）提出有效的国际制度通过改变参与者的行为从而实现合意的目标。Acemoglu 等（2005）的研究发现，如果政府有效保护私有产权、打破固化的利益集团，经济增长将取决于特定的政治制度。Acemoglu 等（2012）发现政府环境规制或研发补贴政策能促进环境领域技术创新，激励生产者减少污染排放且不会牺牲经济增长。Greenstone and Hanna（2014）对印度的实证研究也发现，环境质量与人均收入不存在内生对应关系，外生环境规制对环境质量更重要。

国内学者关于环境规制对宏观经济影响，比较有代表性的成果有三方面。①认为环境规制对经济增长和行业产出的影响有限。陈诗一设计了基于方向性距离函数的动态行为分析模型，发现在节能减排政策下，潜在生产损失最初会较大但逐步下降，最终会低于潜在产出增长。熊艳通过实证分析发现环境管制与经济增长之间存在非线性关系。李泳等发现机动车尾气排放控制政策对 GDP 影响不显著。②环境规制对经济或行业的影响与规制强度有关系。王兵等发现，考虑资源环境因素后，纯技术进步和规模效率大幅度提高。张静研究发现，较强的环境规制会造成一定程度的效率损失，但在较弱规制情景下，不会造成明显的效率损失。李斌等提出存在环境规制强度的"门槛效应"。环境规制强度介于门槛值 1.999 和 3.645 之间时与工业发展方式的转变呈正相关关系，越过 3.645 将产生负作用，低于门槛值 1.999 作用不明显。③部分学者认为环境规制要考虑地区差异。张成等研究发现，东部和中部地区环境规制强度和技术进步存在 U 型关系，但西部地区不存在统计意义上显著的 U 型关系。张静研究发现，中西部地区对环境规制政策变化的敏感程度要远高于东部地区，因此，环境规制政策要考虑地区差异，对东部地区适于采取严格的环境规制政策，对西部地区适宜采取稍弱的环境规制政策。

（三）环境与经济共赢理论框架体系

1. 规模效应、结构效应、技术效应与环境反馈效应

规模效应指的是在其他条件不变的情况下，经济规模扩大污染物排放这一经济活动副产品将相应增加。结构效应由产出结构（产业结构）和投入结构两方面效应组成。技术效应由全社会生产率和环保技术组成。

经济规模、结构和技术之间相互影响。首先，经济规模对经济结构和环保技术有正向影响。经济规模扩大一方面促进产业结构转型升级；另一方面增加环保投资的意愿和能力，从而促进环保技术进步。其次，产业结构升级带动投入结构改善，并且提高生产率。再次，生产率提高促进经济增长。最后，环保技术进步与推广虽然短期内增加生产成本、降低经济增长，但最终会减

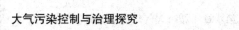

少经济增长的资源和环境代价，并且壮大环保产业，实现绿色发展。

经济活动产生环境污染，环境污染排放在一定空间经时间累积最终影响环境质量，这就是经济发展决定环境质量的作用机理。环境也会反向作用于经济，恶劣的生态环境将对经济增长有负面反馈效应。

2. 经济管理效应与经济反馈效应

管理系统会对经济系统产生经济管理效应。环境制度或政策是政府环境管理行为的体现，将其作为 EKC 理论的内生变量，以此研究环境管理行为对环境质量的影响，具体表现在以下几个方面：

一是战略层面。国家和地方政府在制定国民经济和社会发展规划，编制城市总体规划、土地利用总体规划时，制定引导经济转型的指标体系，并对土地使用功能提出控制型的引导规划，通过规划的引导作用，促进经济与环境协调发展。

二是实施层面。首先，产业生态化引导。提高资源利用效率，减少污染物排放，降低对生态环境的影响，提高发展质量。产业生态化主要有清洁生产和发展生态产业两条实现路径。清洁生产通过对生产过程和产品实施整体预防的环境战略，实现经济和环境的"双赢"。生态产业是以生态系统承载能力为前提，生命周期完整、代谢过程高效、生态功能和谐的网络型、进化型、复合型产业，通过自然资源的高利用、低投入以及废弃物的低排放，避免发展与环境的冲突。其次，污染物总量控制倒逼。在科学测算区域环境容量基础上，规定污染物排放量，倒逼产业转型升级。最后，技术进步驱动。根据"波特假说"，严格的环境规制将促进企业或行业进行技术和组织创新，通过创新补偿和先动优势效应提高生产效率。

经济系统也会对管理系统产生反馈效应。经济规模扩大为政府环境管理提供资金支持，经济结构优化则使资金支持更加具有可持续性。经济的衰退或者经济结构不合理将会对政府环境管理形成压力，成为激发政府环境治理创新的动力。

3. 环境管理效应与环境反馈效应

管理系统会影响经济系统，经济系统再由规模、结构、技术三部分效应影响环境系统，通过这种传导机制，政府环境管理行为会影响环境质量，产生"环境管理效应"。有效的环境治理使倒 U 形的 EKC 曲线更加扁平,意味着同样的经济增长将付出更少的环境代价。环境管理效应产生的关键在于管理创新,包括理念、制度、手段三个层面的创新,我们称这样一种制度经济学视角下的治理行为结果分析为"管理创新驱动环境效率改善"。不能忽视的是,管理效应的发挥还受限于一些客观因素,对大气环境而言,风速和降雨量等自然因素是影响环境质量的重要因素。

环境系统对管理系统也有反作用,形成反馈效应。金通指出,政策过程系统是由"问题流""政策流""政治流"三条溪流组成,当三条溪流形成并融合时,"政策之窗"打开,即问题被提上议程,政策变化发生。问题流指社会问题转化成为引起决策者注意的政策问题,政策流指政府官员、专家学者等形成的政策共同体提出的政策议案、备选方案等,政治流则包括政党的意识形态、国民情绪等。

二、基于持续改善的理念创新

(一)过程哲学与 PDCA 循环

英国哲学家怀海特在《过程与实在》中提出"过程原理",他认为现实世界是一个过程,此过程就是现实实体的生成。任何事物都与过程有关,尤其是在过程中与其他事物有关。20 世纪中叶以来,随着工业文明带来的环境污染等现代性问题日益突出,人与自然的关系日益紧张,强调关系、有机和过程思想的过程哲学受到学界的关注,扩展到经济学、政治学、法学等诸多学科。新加坡梁文松、曾玉凤教授合著的《动态治理——新加坡政府的经验》中提出,环境越来越不确定,即使当初的既定原则、政策是正确的,静态效率和治理也会导致停滞和衰退。通过动态治理,进行持续的学习和变革,能够促进经济、社会可持续发展。国内学者朱光磊研究了当代中国政府过程,对政府活动行为、运转、程序及各种构成要素,特别是政治利益团体交互关系进行了阐述。

管理是不断发展、循序渐进的过程。在过程哲学指导下,可以借鉴持续改善理论,建立环境治理创新过程模式。PDCA 循环,又称戴明环,最早由体哈特提出,美国质量管理统计学家戴明在 1950 年将其挖掘出来,并将其传到日本,对企业产生了深远影响。PDCA 循环将工作过程分为计划(Plan)、

执行（Do）、检查（Check）、处理（Action）四阶段，

从日常管理实践着手，循序渐进持续改善，建立一种自我发现、自我完善、自我发展的管理体系保障实现全面质量管理目标。

国内部分学者运用持续改善理论对环境治理进行了研究。曹国志等建立了政府环境绩效管理的基本模式，他们认为，绩效固然强调结果以及结果的可测量性，但绩效的持续改进离不开对过程的控制。环境绩效管理作为一种新的管理模式，是在环境保护实践中理念和工具创新的产物。理想的政府环境绩效管理的基本模式是不断循环的过程，每个循环由计划、实施、评估、改进组成，循环一次，环境绩效会提升一档。

PDCA 循环实现环境治理持续改进是可行性且必要的。主要原因：

一是 PDCA 循环与政府环境治理的动态性是一致的。PDCA 循环每转动一周就在解决问题后在更高质量水平上继续转动，如此循环往复质量不断改进。环境治理也是一个动态过程，表现在以下几个方面：一是政府环境治理 PDCA 四阶段自身不断运转，一个阶段工作完成后按照流程会向下一个阶段转动。二是环境治理循环不仅自转，而且还向上运动，处理一定的环境问题后环境质量有所好转，环境治理又上升到一个新的台阶开始循环。三是影响环境政策的不确定因素。环境政策是政府、企业、居民多方博弈的产物，是上下级政府博弈的产物，随着博弈各方力量的此消彼长，必然影响环境政策的决策及执行。环境政策的制定和实施需要综合权衡主客观因素，既要考虑居民改善环境的需求、居民和企业为改善环境的支付意愿等主观因素，也要考虑环境污染现状、环境容量、自然资源因素、财政状况等客观情况，主客观因素变化环境政策也要随之变化。无论是循环自身的动态性，还是影响因素的不确定性，最终导致环境政策、环境手段的动态性。

二是 PDCA 循环与政府环境治理的长期性是一致的。由于资金、技术，甚至认识能力的限制，不可能通过环境治理的一次循环来解决现存的所有环境问题。这就要求在每次循环结束后，对遗留问题进行分析，从而在下次循环中进行改进。此外，即使改进成功后，又可能出现新的问题。因此，对环境质量改善是持续改进的过程，环境治理是一场"持久战"。

三是 PDCA 多级循环与政府环境治理体制机制是相符的。"大环套小环、

一环扣一环、小环保大环、推动大循环"是 PDCA 的特点，正与我国环境治理属地管理体制和目标责任机制相符。上级政府的环境治理循环是下级政府循环的依据，下级政府环境治理循环包含在上级政府循环中。通过各个下级政府小循环的不断运转，推动上一级政府环境治理循环直至整个循环持续运转。

四是 PDCA 的系统性和政府环境治理的系统性是一致的。PDCA 循环需要集体力量的共同推进。从环境治理主体来看，需要政府、企业和公众共同参与；从政府内部来看，涉及上下级政府之间的纵向协调、平级政府之间的横向协调，同级政府部门之间的协调。从环境治理战略制定和实施来看，需平衡经济、能源、环境、社会等多方面因素。因此，环境治理也是典型的系统工程。

（二）城市大气环境治理 PDCA 循环

我国大气环境治理按照 P、D、C、A 顺序开展的。借鉴企业质量管理持续改善理论，建立一种自我发现、自我完善、自我发展的管理体系。通过环境绩效计划、实施、评估、改进四个阶段的循环反复，循序渐进持续改善环境质量。

1. 计划阶段

计划阶段包括找出问题、分析原因、确定主因、制定措施四个步骤，包括战略、目标、标准等不同层次的体系，以及涉及的政策、标准等相关要素。计划管理是用计划来组织、指导和调节管理活动的总称，目的是为了提高工作效率，有效合理配置资源，提高管理决策的科学性。计划管理创新需要运用 5W1H 分析法科学分析问题，并根据 SMART 原则科学设定和分解计划。

绩效指标要具体。《大气十条》中的绩效指标包括可吸入颗粒物浓度、细颗粒物浓度年均浓度和全年优良天数三项，是具体的。

绩效指标要可衡量。可吸入颗粒物浓度、细颗粒物浓度及优良天数三项指标均可以依据《环境空气质量标准》（GB3095—2012 进行测量，作为是否达成目标的依据，消除了模糊性。

绩效指标要可达到。目标设定要坚持员工参与和横向纵向的沟通。《大气十条》编制耗时近一年、修改几十稿，经过科学论证和广泛征求意见保障了

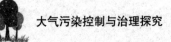

绩效指标的可达性。

绩效指标要与其他目标具有一定的相关性。《大气十条》所确定的绩效指标基于对我国大气污染形势和问题的深入分析，确定可吸入颗粒物和细颗粒物是影响大气环境质量的主因，将可吸入颗粒物浓度、细颗粒物浓度及优良天数作为绩效指标，与空气质量改善这一根本目标高度相关。《大气十条》考核指标由两项浓度指标和一项优良天数（由 6 项污染物年度指标加权得到）组成，与主要污染物减排制度的二氧化硫和氮氧化物排放量指标相比，与空气质量改善关联度增加。

绩效指标必须具有明确的截止期限。2017 年即是《大气十条》的时间限制。国务院办公厅印发的《大气十条实施情况考核办法（试行）》及环保部等部委制定的《大气十条实施情况考核办法（试行）实施细则》，根据该截止期限制定了各年度考核指标。

2. 执行阶段

执行阶段是把计划付诸行动，实施好坏直接影响输出结果。在环境政策的实施过程中成功关键因素是考核机制设计，设定科学的关支撑绩效目标的键绩效指标（KPI）并监控指标完成情况，从而形成有效激励。对大气环境治理而言，关键绩效指标主要有两类：空气质量指数（AQI）等以环境质量为导向的指标，以及以环境管理过程为导向的指标。国务院办公厅印发的《大气十条实施情况考核办法（试行）》中考核指标包括空气质量改善目标完成和大气污染防治重点任务完成情况两个方面（均为 100 分），后者包括工业大气污染治理、城市扬尘污染控制、机动车污染防治、大气污染防治资金投入、大气环境管理等 10 个方面 29 项子指标。此外，环保部从 2014 年开始每月、每季度、每年通报 74 个重点城市空气质量较差 10 个城市。因此，我国城市大气环境治理关键绩效指标采用"环境质量结果＋环境管理过程"双指标。

3. 检查阶段

检查绩效指标执行情况，总结经验并提出问题。城市大气环境治理检查阶段，主要体现在对地方政府的督查和考核上。①督查方面，从 2013 年 10 月开始，环保部开展每月督查或检查。②评价考核方面。自 2014 年起，环保部会同发展改革委、工业和信息化部、财政部、住房城乡建设部、能源局等部门对《大气十条》实施情况进行评估考核。首先，各省（区、市）政府按照考核要求，建立工作台账，对《大气十条》实施情况进行自查并报送环保部。然后，由环保部会同有关部门每年初对各省（区、市）上年度治理任务完成情况进行考核并将结果报告国务院。

4. 处理阶段

包括总结经验和提出尚未解决的问题两个阶段。根据《大气十条》规定，2015 年中期评估和 2017 年终期考核。要首先环境治理绩效改进首先要有奖励和惩罚措施，其次是根据评估结果调整计划和目标。

第五节　城市大气环境治理制度创新

一、政府环境绩效评价制度

环境绩效评价在我国还是一个较新的概念，仅有少数地区进行了尝试，还没有形成系统的评价方法和评价机制。国内研究主要集中于国际环境绩效评价案例分析和总结，特别是评价指标体系构建，但尚不成熟；实践方面还没有建立统一科学的评价指标体系、多元化的评价主体、规范的评价规程。

（一）政府环境绩效评价概念、内涵及作用

环境绩效、政府环境绩效和环境绩效评价、政府环境绩效评价既密切相关又有所区别。①环境绩效是环境目标的实现程度，是组织围绕其环境方针、目标和指标，控制环境因素取得的可测量环境管理系统成效。②政府环境绩效是政府为了环境保护目标或维护环境公共利益，在特定的资源环境条件前提或背景下的投入、管理、产出、效果、影响等环境管理系统运作过程要素所形成或所反映的因果关系链或因果关系的总和。③环境绩效评价是环境绩效管理的一部分，是测度环境绩效的一种程序，用定量方法评价环境目标实现程度。因此，环境绩效评价不仅关注环境状态的变化及其与环境目标的差距，而且分析原因，特别是管理层面的缺陷。环境绩效评价兴起于企业，逐步拓展到区域及跨区域等宏观层面，并延伸到政府环境管理部门。④政府环境绩效评价是使用定性与定量相结合的方式对政府环境管理、环境治理等环

境保护行为的综合系统评价。但在很大程度上，政府环境绩效评价也可以是对环境政策实施后取得的效果的阶段性评价，主要目的是衡量政府环境管理水平的高低。

政府环境绩效评价是包括评价目标、主体、客体、标准、指标、方法等在内的完整系统。评价目标、客体、标准在学界和实务中意见都比较统一。评价主体方面，不少学者建议构建多元化评价主体。在发挥党委、政府、人大、政协等机构作用的同时，动员社会公众和独立的专业机构参与，并合理设定评估主体的权重，提高评估的科学性和准确性。曹国志、乌兰等学者都提出引入第三方评价，将其结果作为政府环境绩效管理的重要参考。

政府环境绩效评价主要作用有两方面。①有利于提升政府环境管理水平。②有助于政府更好地提供生态环境公共产品。生态环境是典型的公共产品，而政府环境绩效评估主张公众参与，评估指标包含公众环境满意度，不仅可以促进环境信息公开、保障公众环境知情权，而且可以促进环境民主、增强政府环境责任和环境信用。

（二）政府环境绩效评价实践

经济合作与发展组织（OECD）、亚洲开发银行（ADB）等国际组织在世界各地组织开展环境绩效评价，构建了相对完善的评价体系和指标，评价地区比较广泛，或者是跨地区评价，甚至是全球范围评价，并且持续时间较长，有的多达数十年。国际组织环境绩效评价有助于各国发现环境问题，追踪环境污染控制情况，评价环境政策优劣，确定各国环境绩效比较的基准。目前环境绩效评价在国际上影响力比较大的有三个：① OECDEPR。OECD 在 P-S-R 框架基础上构建评价指标体系，在 1991~2001 年已经完成了第一轮环境绩效评价（EPR），主要涉及 31 个成员国，也包括保加利亚等非成员国。目前，OECD 正在开展第二轮环境绩效评价。② GMAEPA。亚洲开发银行开展了大媚公河次区域环境绩效评价（GMAEPA，2003 年开始实施媚公河次区域国家环境行为评价暨战略环境框架（SEFII）项目，2007 年启动大媚公河次区域环境战略框架（SEFIII）项目。③ EPI。美国耶鲁大学环境法律与政策中心、哥伦比亚大学国际地球科学信息网中心共同推出了环境可持续发展指数（ESI）和环境绩效指数（EPI），2000 年、2001 年、2002 年、2005 年先后发布了4次全球ESI评价报告，从2006年开始每两年发布一次全球EPI评价报告，引起了各国广泛关注。

我国环境绩效评价最早可追溯到20世纪80年代末制定的城市环境综合整治定量考核制度（简称"城考"），目前"城考"仍然是评价城市环境绩效的主要工具和制度。2005年，原国家环保总局和中组部合作，在地方政府干部考核体系中增加"执行环保法律法规""污染排放强度""环境质量变化"和"公众满意程度"等4项指标，在浙江省、四川省和内蒙古自治区开展试点。进入21世纪，随着我国环境问题越来越严重，国内环境绩效评价研究和应用逐渐兴起，与国际环保组织的联系、合作日益密切。2005年，原国家环保总局与亚行合作开展了OECD中国环境绩效评价项目，并于2007年公布《OECD中国环境绩效评价报告》，回顾了1990年以来中国环境管理取得的成绩，评价了实现国家制定的环境目标和国际承诺的情况，指出要加强环境政策实施的有效性和效率，进一步将环境因素纳入经济综合决策中，并提出了51条建议。

经过30年的实践，我国政府环境绩效评价体系及评价方法正在不断完善，建立了以国家和地方政府两个层面的评价体系，并且已将环境绩效纳入政绩考核体系。环境绩效评价对外开度明显提高，随着国际组织的参与，评价体系、方法逐步与国际接轨，增强了国际间环境绩效可比性，也为第三方评价积累了宝贵经验。但是，也存在一些问题。一是法制不健全。没有建立统一的环境绩效评价规章制度。目前各种考核缺乏统一协调使环境绩效评价规范、协调、有序进行，有些评价标准甚至不一致。二是环境绩效评价结果运用不充分。绩效评价与绩效改进尚未有机结合，评价结果公开机制、绩效沟通和申诉机制、激励机制还不健全。三是评价主体单一。目前基本上是强制型的自上而下评价考核，被评价对象积极性没有充分调动起来，同时公众和专家学者也很少参与进来。

（三）政府环境绩效评价指标体系

构建信息全面、统一协调、分类指导的环境绩效评估指标体系，才能全面诊断和评价环境管理系统。

1. 国际环境绩效评价指标体系

联合国经济合作与发展组织等国际组织构建了各自的环境评价体系。目前，压力—状态—响应（P–S–R）评价体系和环境绩效指数（EPI）由于实用性较强，并具有较高的可比性，在世界各国环境绩效评价中被广泛应用。OECD 构建的 P–S–R 评价体系中，人类活动（污染物排放、资源浪费等）对环境产生了"压力"，导致环境"状态"（环境质量、自然资源数量等）改变，社会通过"响应"（意识行为、环境政策、经济政策等的改变）来阻止或者减轻环境压力。该模型涉及定量指标（大气污染物排放目标等）、定性指标（人类活动的生态影响指标等）和描述性指标（环境现况及变化趋势），在具体指标选取上遵循政策相关性、分析有效性和可比性原则。

环境绩效指数（EPI）由耶鲁大学和哥伦比亚大学共同推出。随着 EPI 在环境绩效评价上深入实施，指标体系越来越丰富、合理，成为反映环境焦点问题的综合性指标体系。2006EPI 涉及环境健康、空气质量、水资源、生产性自然资源、生物多样性和栖息地、可持续能源政策等 6 大领域的 16 项指标，2008EPI、2010EPI 指标扩展到了 25 项，2012EPI 指标缩减到 22 项，2014EPI 围绕"环境健康"和"生态系统活力"确定了 20 个评估指标。中国在 2014 全球 EPI 中排名第 118 位。

2. 国内环境绩效评价指标体系

国内环境绩效指标体系构建始于地方政府环境保护绩效评价与考核。林群慧，吴育华等初步探索构建了城市环境保护效率的指标体系和评价模型。随着环境管理国际化趋势增强，国内评价体系逐步与国际接轨。曹颖等基于 P–S–R 框架模型，初步构建我国及省级区域环境绩效评价体系。曹东等总结并比较了 OECDEPR，GMAEPA 以及 EPI 三种具有代表性的环境绩效评价方法，并探讨了国外经验对我国开展环境绩效评价的启示。目前，国内环境指标体系构建主要以 PSR 框架模型为基础，并结合我国各区域环境状况，构建区域性环境绩效评价体系。

二、政府环境绩效考核制度

（一）政府环境绩效考核理论分析

1. 环境联邦主义理论

政府行为只是表面结果，体现了控制政治权力的政府官员的动机。根据传统的环境联邦主义，地方政府放松环境监管标准原因主要有两点：一是地区之间的竞争性，担心环境改善的收益会被资本流向其他低环境标准的地区带来的损失所抵消甚至超过。WoodS 发现美国地方政府环境政策中存在不对称竞争。二是污染外部性及跨界污染复杂性，地方政府政策制定者不用担心本地区排污对周边区域造成损害的成本。因此地方政府一方面不愿意增加财政支出治污；另一方面竞相放松环境监管标准，"向底线竞争"。QianandRoland 提出中国特色的联邦主义，认为分权式改革与财政包干等都是地方政府激励的重要来源。李伯涛等对环境联邦主义作了综述。

2.晋升锦标赛理论

以周黎安为代表的学者提出晋升锦标赛理论，认为行政和财政分权固然构成地方政府激励，但不是全部的激励，应该从政府官员晋升激励的角度分析地方政府对经济发展的推动作用。首先，晋升锦标赛的相对绩效标准，使地方政府为了促进经济增长，往往放松企业环保审批，以吸引更多企业在本地投资，这会引起周边区域效仿，使更宽松的环境规制政策在区域内扩散。Renard and Xiong 指出，为争夺外来投资，中国各省间会进行环境策略博弈，在产业结构相同的省份之间这种现象更加明显。杨梅生等发现地方政府为实现本地区经济利益最大化的目的，环境政策成为争夺资本、劳动等流动性生产要素的一种辅助手段。其次，中央政府的各项政治激励常常模糊不清、自相矛盾，在面临着环境约束性指标与干部考核指标体系中经济增长等硬指标越来越多冲突时，地方官员也不得不将经济增长作为优先选择。最后，晋升锦标赛促使政府公共财政支出结构偏离，为求短期内刺激经济增长，政府官员更热衷于基础设施建设支出而尽量压缩公共支出。即使官员考核体系包括环保表现，地方政府更倾向于实施计入考核体系的项目，而不一定以改善环境为最终目标。因此，晋升锦标赛最终结果导致地方公共政策及执行行为扭曲，以牺牲环境为代价谋求 GDP 增长。

（二）政府环境绩效考核实践进展

近年来，国家部分规范性文件就主要污染物减排、大气污染防治考核作出专门规定。根据《国务院办公厅关于转发环境保护部"十二五"主要污染物总量减排考核办法的通知》，考核内容主要包括减排目标完成情况、减排统

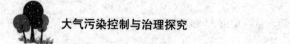

计监测考核体系的建设运行情况和减排措施的落实情况三方面。大气污染防治方面，《国务院办公厅关于印发＜大气污染防治行动计划实施情况考核办法（试行）＞的通知》中考核指标包括空气质量改善目标完成情况和大气污染防治重点任务完成情况两个方面（均为100分），大气污染防治重点任务完成情况包括工业大气污染治理、城市扬尘污染控制、机动车污染防治、大气污染防治资金投入、大气环境管理等10个方面29项子指标，2014年7月环保部等6部委印发《大气污染防治行动计划实施情况考核办法（试行）实施细则》明确和细化考核要求。此外，一些地方政府逐步将环境保护纳入政府绩效考核。党的十八大以来，环境绩效在政府绩效考核中的比重进一步加大，2013年中组部发布关于改进地方党政领导班子和领导干部政绩考核工作的通知有8个要点，其中6点提到生态或环境问题，要求完善干部政绩考核评价指标，加大资源消耗、环境保护等指标的权重。

第九章 地方政府协同治理
大气污染问题研究

第一节 地方政府协同治理及其理论基础

一、地方政府协同治理

地方政府协同治理是指在当前社会治理发育程度较低而政府的治理能力相对较高的现有状况下，地方政府应当自觉承担起大气污染治理的主要责任，深化府际政府间、政府部门间开展合作，并充分运用其优势发挥主导作用。但是针对当前社会自身属性的发展、社会治理主体地位的日益提高以及各多元主体在治理中所能发挥的重要作用，政府应当逐步完善各种制度规范，建立健全社会群体参与治理的渠道和平台，充分保障社会群体在大气污染治理中的各项权利并维护其自身的运转。进而能够推动政府以外的其他治理主体积极参与大气污染治理，有利于促进法律政策的实施，建立多元协同主体联合治理大气污染的新模式，促使大气污染治理的科学高效运行。

二、理论基础

（一）府际管理理论

府际管理理论起源于西方，后逐渐传入中国，是指在公共问题的解决过程中建立的一种新型的政府间关系，其目的是将传统的旧地方主义演变为新地方主义，以此打破传统的区域和层级观念，从而推动政府间协力合作和公私部门混合治理，从而实现公共政策目标和治理任务，而改善政府间关系的一种新型的思维。20 世纪 90 年代，美国学者 D.WrightC1996 才对府际管理理论作出了相对较为正式的界定，提出了"府际管理理论"主张强调通过合作、建立伙伴关系来解决争端和协商对话，后来在治理运动和政府间关系中应用了这种思想，并被称为府际管理。自 20 世纪 90 年代之后，世界各国对建立政府间关系进行了深入的探索，府际管理得到了广泛的传播和发展。20 世纪末，府际管理才传入中国，并逐渐在大气污染治理中得到应用和推广，并逐渐走向成熟。

肖明君（2011）认为府际管理的核心内容是改善政府间关系以达到推动政策实施和治理实现的目的，主要是通过协作、沟通等方式来处理遇到的问题，依托于非层级节制的网络行政新视野。府际管理理论的核心观点对于开展地方政府间合作治理大气污染的研究具有重要理论指导意义。现阶段大气污染呈现出一种跨区域性、复合型的特征，府际政府治理逐渐成为当前大气污染治理的重要治理方式，应当鼓励和引导政府间深化合作领域，做到信息共享、制度共建、一致治理等。

（二）协同治理理论

协同治理理论是由协同理论和治理理论构成，是对治理理论的发展与完善。协同治理强调主体之间的协同、竞争与配合来实现单独主体无法完成的目标，是指由原先的政府主导下的合作转变为多元主体间的平等合作，建立一种动态平衡的过程。

协同理论是德国学者赫尔曼·哈肯（1971）提出的，他指出协同理论是在具备一定的条件下，系统中的各个子系统通过互相竞争合作的方式，促使系统从混乱无序到有序自觉的转变，是一个从量变到质变的过程。治理理论最早产生于西方，西方学者（1995）认为治理理论是指所运行的管理活动是为了推动某些共同目标的实现，政府和其他社会组织作为主要组成部分共同管理公共事务的方式，其目的是协调多方的利益矛盾并促使其展开合作，其运转具有自身规律，不被政府的强制性措施所影响。协同治理最早是由美国学者约翰·多纳休教授提出的，他认为协同治理是一种特定的公私协同方法，他着重强调政府与民间、公共部门与私人部门之间展开合作。

荣硕（2016）对协同治理理论进行了研究，他认为协同治理过程中不但要确保政府的权威占据主导，还要保障其他治理主体的权威，并要制定多元主体多认可的共同目标，从而维护多元主体的共同利益，逐渐形成一种相对开放式的合作，确保信息交流、技术互通。协同治理可以为政府治理大气污染过程中产生的政策冲突和困境提供新的借鉴，能够改变传统的政府治理思维，有效地调动企业、社会组织和公民等主体参与大气污染治理的积极性，推动多元主体以互动、协商、合作的方式发挥作用，实现优势互补、资源互惠、功能融合，发挥协同合力，更好地解决大气污染问题，从而形成协同治理大气污染的长效机制。

第二节　地方政府协同治理大气污染的必要性和可行性

一、地方政府协同治理大气污染的必要性

（一）提高政府治理成效，建设服务型政府

地方政府协同治理可以有效地提高大气污染治理成效，推动服务型政府建设。在大气污染治理过程中，大气污染流动性、复合型的特征导致治理的难度和治理的成本与日俱增，加上涉及的行政区划和属地思维模式下的横向政府间、部门间的合作困境和利益冲突，导致横向政府间、部门间的整合力量较为薄弱，公共资源的和公共服务的供给质量较低，政府的治理能力和治理水平也不高，都导致大气污染治理的协同程度较低，治理的进程缓慢，阻碍着城市和区域的可持续发展，威胁着人们的身心健康。因此，需要通过深化大气污染治理方式，推动协同治理的深入落实，解决在治理过程中出现的问题，提高政府治理成效，建设服务型政府，深化政府间、部门间合作领域，寻求利益共同点，推动大气污染治理进程。

（二）强化协同理念，保障治理的顺利实施

地方政府协同治理可以有效地强化协同理念，保障治理的顺利实施。受当前包办思想、管制思想和人治思想的约束，大气污染治理的进程和效果受到了严重的阻碍，包办思想导致大气污染问题、矛盾越积越多，难以形成良好的治理环境；管制思想导致人民公平感缺失，阻碍大气污染治理目标的实

现；人治思想的权威体制和专制手段不利于调动人民的积极性，区划行政壁垒导致府际政府间、部门间的治理积极性不高，都制约着大气污染协同治理的进程。思想作为行动的先决条件对事物的发展具有重要意义，思想观念的变化往往对事物的发展具有引导作用。但是，由于协同治理的理念受到限制，生态治理理念无法科学合理的建立，进而导致地方政府间、部门间、政府和企业间以及政府和社会治理主体间的协同无法良好的开展，各个主体的优势、资源等无法形成统筹规划，从而造成大气污染治理进程缓慢，制约阻碍着经济社会的转型和政府治理能力的提高。因此，要强化协同理念，保障治理的顺利实施。

（三）提高公众环保意识，推动多元主体协同治理

大气污染协同治理是提高公众环保意识，推动多元主体协同治理局面形成的迫切需要。现阶段我国许多地区的空气质量较差，大气污染的流动性和复合型特征显著，治理过程中遇到的难题也越来越多。受当前我国社会治理发育程度较低而政府的治理能力和治理水平相对较高的影响，地方政府要当承担大气污染治理的主要责任，并发挥其重要作用。但是地方政府很难仅凭自身的努力和措施很难达到预期的治理目标，必须联合多元主体共同治理。

在大气污染治理过程中，企业、社会组织、公民等治理主体的治理积极性不高，人们的环保意识淡薄以及人们的不良生产生活方式等也深深加剧了大气污染。而且多元主体在治理过程中由于利益冲突和治理的整体利益认识不到位，导致治理的效果不佳。这些行为和方式对经济和环境的可持续发展造成了深刻的冲击，严重威胁着人民的生命安全，制约大气污染治理的成效，所以迫切需要深化地方政府协同治理，加大对环境保护和治理的宣传和引导力度，提高公众的环保意识；对其他治理主体创造一种平等包容的治理环境，形成一种以政府为主导其他治理主体共同参的协同多中心治理模式，做到全民共治，共同打造美丽蓝天，推进大气污染防治工作的开展，建设生态文明。

二、地方政府协同治理大气污染的可行性

（一）法律制度保障日益完善

地方政府协同治理大气污染问题研究是在已经制定的规章制度的基础上

对大气污染治理尤其是对协同治理的法律规章的完善建立。大量的大气污染防治活动的开展和相关数据的收集为协同治理法律制度的建立奠定了实践基础，为地方政府协同治理大气污染贡献了优质的组织条件和基础支持。在《全面加强生态环境保护坚决打好污染防治攻坚战的意见》文中件对生态环境保护提出了明确要求，要深入学习贯彻中国特色社会主义思想和党的十九大精神，打好污染防治攻坚战，提升生态文明，明确指出大气污染治理要统筹兼顾、系统谋划，强化协调、整合力量，区域协作、条块结合，提升生态环境治理的系统性、整体性、协同性。在 2018 年 7 月 3 日，国务院发布《打赢蓝天保卫战三年行动计划》，在文件中明确提出了大气污染治理的总体规划和目标要求，强化区域联防联控，坚决打赢蓝天保卫战。对推动大气污染治理进程，推进地方政府协同治理都产生了十分长远的意义。此外，国家还重新修订了《环境保护法》和《大气污染防治法》等法律法规中关于协同治理部分制定了专章法律法规，这都充分表明当前党和国家对于大气保护和治理的重视程度，大气污染治理法律体系的日益完善对大气污染中地方政府协同治理提供了强有力的法律制度保障，对保护生态环境，推动生态文明建设都会产生十分长远的意义。

（二）科学技术和人才队伍的快速发展

科学技术的快速发展和科研成果的不断转换为地方政府协同治理大气污染在技术方面给予了必要的支持。大数据和通信技术的迅猛发展为府际政府间信息共享合作提供了便捷，各地政府在区域大气污染治理过程中抓紧加深合作，进行信息共享、数据互通，监测信息的互通能够准备把握、分析、预测区域内各地的空气污染状况，实现网格化监测。科技创新和科研成果的转化越来越快，企业在排放污染物脱硫、脱氮、脱硝的技术日益成熟，新型清洁能源的开发和利用程度日益加大，对与科研的投入力度越来越大，科研成果转化到实际应用的领域越来越广，转化的速度越来越快，提升了治理能力和治理成效。因此，我们要不断加强对科技领域的探索，深化科学技术在大气污染协同治理的应用。

人作为生产要素中最重要的因素，是社会经济发展的重要资源，也是大气污染治理的重要保障。伴随生态文明建设不断推动，生态治理和环境保护人才队伍的建设越来越受到重视，国家相关机构专门制定了政策文件，对环境保护的人才提出了有针对性的要求。从当前我国各地大气污染治理现状来看，大气污染治理的人才队伍建设仍然有待加强，但是，已经有了显著的改变，人才总体数量在不断增加，人才结构在不断深化，针对大气污染治理的专业性技术骨干和管理人员在逐渐增多，在关于招收一定的高水平、专业化人才的政策上也在不断加强。人才队伍的不断发展为协同治理提供了必要的人员保障。

第三节　地方政府协同治理大气污染的成效及存在问题

一、地方政府协同治理大气污染取得的成效

近年来，随着各地的生态环境污染问题日益严重，各地的大气污染问题也频频发生，阻碍着经济社会可持续发展，威胁着人民的生命安全，因而各地政府对大气污染治理越来重视。虽然我国地方政府协同治理大气污染起步较晚，但是发展较快，协同治理取得了一定的成效，主要有协同治理法律制度逐步完善、协同治理机构开始设立、协同治理的效果明显好转。

（一）协同治理法律制度逐步完善

党的十八大上提出将生态文明建设纳入中国特色社会主义事业五位一体总布局，第一次把美丽中国作为生态文明建设的宏伟目标。在十八届三中全会上首次提出了用制度保护生态环境，这都充分表明党和国家对生态环境危机的深刻认识和时代把握。针对当前大气污染的严峻形势，协同治理法律制度的逐步完善有益于各地政府之间开展大气污染治理，解决由于制度供给不足而引发的环境治理的临时性和松散性。建立符合生态环境治理的制度和政策，才能为大气污染治理提供保障，营造美丽蓝天，才能真正地推动生态经济发展，建设生态文明。

在 2010 年 5 月党和国家公布了首个综合型、管控型行政规章《关于推进大气污染联防联控工作改善区域空气质量的指导意见》，这代表当前我国在大气污染治理领域已经迈入了一个新的征程。这部行政法规的设立为《大气

污染防治法》中关于联防联控法律条文的增设奠定了基础，同时也为以后其他行政部门制定专项整治大气污染的法律法规和地方性法律法规做了铺垫。2013 年 9 月发布的《大气污染防治行动计划》中明确规定大气污染治理要坚持"区域协作与属地管理相协调、总量减排与质量改善相同步"。在 2014 年将《环境保护法》中的部分内容作了增添，明确提出："国家建立跨行政区域的重点区域、流域环境污染和生态破坏联合防治协调机制"。在 2015 年根据对大气污染严重区域的研究提出要建立联防联控法律，并在新颁布的《大气污染防治法》中用专章的形式进行了设立。2018 年 6 月，国务院在印发的《关于全面加强生态环境保护坚决打好污染防治攻坚战的意见》明确指出注重依法监管。不仅要构建法律法规体系、确保行政执法和刑事司法的公正性，还要对破坏环境的做法严惩重罚，规范公民的活动。

随着中央政府针对大气污染治理的法律法规日益增多，地方政府根据自身的实际情况，在大气污染协同治理方面进行了一些地方性的立法实践。比如，京津冀地区的大气污染状况比较突出，为了更好地治理，提高空气质量，京津冀地区在党和国家相关部门直接领导治理的情况下，三地在相互沟通相互提意见的前提下各自颁布了《北京市大气污染防治条例》《天津市大气污染防治条例》和《河北省大气污染防治条例》来进行区域内机动车运行过程中产生的尾气污染控制、排污企业的专项整治等方面的协同治理。

（二）协同治理机构开始建立

各地对于协同治理机构的设立有利于地方政府更好地履行大气污染治理职能，有利于地方政府深入贯彻落实绿色发展理念，打造美丽蓝天，营造良好环境。大气污染协同治理机构的设置是我国实施机构设置改革的缩影，是为了更好地适应当前治理环境，是推进大气污染治理的重要举措，具有重要意义。

大气污染治理的机构陆续建立，在十九大机构改革中设立了中华人民共和国生态环境部，体现了党和国家对生态环境的重视。最早建立协同治理机构的地方主要集中在京津冀、长三角和珠三角地区，主要有以国务院领导同志为组长的大气污染防治领导小组，长三角和珠三角区域大气污染防治协作小组以及正在筹建的京津冀大气管理局等，各级地方政府也在针对本地区区域性大气污染状况着手建立区域性组织机构进行大气污染治理。

当前我国的大气污染状况日益复杂，主要是由臭氧、细颗粒物和酸雨等污染物造成的，呈现出一种流动性、复合型的污染状况，协同治理机构的设置使得大气污染治理得到强化。大气污染治理是一个多学科运用、多群体参与、治理时间长、跨度大、涉及范围广的系统性工程。以习近平总书记为首的党和国家领导人高度重视大气污染治理，重视生态环境保护，建立了中华人民共和国生态环境部，又陆续建立以国务院领导干部为组长的协作小组，在党和国家的高度重视下，各级地方政府日益重视大气污染治理，重视生态环境保护，地方政府各部门和机构之间陆续展开了协同治理和联合执法，有利于推动地方政府间、部门间和机构间在大气污染治理过程中严格履行职能和深入开展合作，有利于将机构协同的作用和功能发挥出来，取得良好的成效。

（三）协同治理的效果逐渐好转

党的十九大召开之后，从中央到地方在大气污染治理过程中既稳扎稳打，又敢于改革创新。从目前大气污染治理的整体状况来看，协同治理成效显著，空气质量得到了明显的改善，以二氧化氮、灰霾、光化学烟雾等现象为主的大气污染也得到了显著改善，保护了人民群众的身心健康。伴随着各地方政府治理程度的不断加深，各地灰霾天气逐渐减少，为人民打造出了一片美丽蓝天，人民群众的幸福指数也在不断提高。

二、地方政府协同治理大气污染存在的问题分析

（一）协同治理理念薄弱

首先，在我国传统治理思想和固有行政体制的影响下，虽然我国在大气污染治理的方式有所改变但是属地治理和单中心治理模式仍然盛行，行政区划壁垒依然存在，各导致各地政府间以及政府部门间缺乏合作，进而影响地方政府和企业、社会主体间的合作。地方保护主义和封闭发展思维严重，在跨区域大气污染治理过程中都存在事不关己、不劳而获的侥幸心理，导致整体性大气污染治理进程缓慢。其次，我国的复合型的大气污染问题日益严重，治理的难度也越来越大，但是，地方政府往往都以经济发展为首要目标，在

政府考核标准中对于环境保护和治理的所占比重有所改变但相对较小，政府官员的治理思维没有从根本上发生转变，虽然生态环境保护在政府绩效考核中比重有所上升，但是始终秉行 GDP 增长论，追求经济增长，往往会忽视对生态环境的保护，在治理过程中往往也采用应付性措施，政府职能没有得到有效地发挥，对于调动政府部门、企业和社会组织等主体的积极性进而开展合作治理的措施也不完善，无法将公共资源科学合理的运用到大气污染治理中，也无法科学合理的引入其他社会治理主体参与到大气污染治理中，导致治理的效率低下。最后，在当前经济社会转型期间，政府自身对于政府管理向政府治理转变的职能定位存在问题，对于公共服务和公共资源的提供存在一定的缺陷。例如，政府部门对于环境治理协同的宣传力度较低，公众对于协同治理的成果和政策性文件了解的渠道有限，致使公众对于协同治理的认知和支持度较低，参与度也较低，都导致社会成员的大气污染治理协同意识薄弱。

（二）协同治理法制建设和监督考核建设不完善

地方政府协同治理大气污染问题研究离不开政府的制度支持和保障，科学合理的法制体系和监督考核体系是真正实现大气污染治理的必要条件。从我国当前大气污染的实际情况来看，地方政府协同治理大气污染在制度层面上的不健全在一定程度制约了地方政府协同治理功能的实现。

地方政府协同治理的法治体系不健全。近几年，党和国家陆续在生态环境保护和治理方面制定了符合当前发展的法律法规，并在十八大上提出了用"制度保护生态环境"的明确要求，各地政府积极性响应，但是各地政府对于大气污染协同治理还处于探索阶段，大部分地区的跨域治理法律体系还处于初步建设阶段，部分地区关于跨地区、跨部门协同机构设立的法律法规处于空白阶段或零散阶段。仅有部分法律法规对大气污染协同治理进行了明确的规定，但是相关法律法规的政策性和理论性较强，缺乏法律层次的手段和强制性措施。再加上现有的法律法规对于当前的大气污染现状的适用程度不够，更新跟不上发展的速度，都导致大气污染日益严重。

地方政府协同治理的监督考核建设不完善。目前我国对于建立大气污染治理跨地区、跨部门的协同机构往往都是由上级机关或上级领导指定设立，没有针对建立机构所需要的规章和条件建立严格的法律规定，关于协同机构的监管和协同治理过程和成效的监管更处于空白阶段。监督考核作为大气污染协同治理过程的重要环节，监督考核的不完善导致协同主体的自我监督缺失、协同治理监督缺乏有效参与途径、政府以外的其他治理主体无法发展壮大，无法为大气污染协同治理贡献自己的力量，阻碍着地方政府协同治理功能的实现和大气污染治理的进程。

（三）协同治理方式单一

随着国家对大气污染治理协同和政府管理向政府治理转变的日益重视，我国的大气污染协同治理进程得到了极大的推动，治理的成效和质量有了明显的提高。但是大气污染本身的流动性和复合型特征致使治理本身就有难度。大气污染协同治理是根据当前各地大气污染治理的综合性和复杂性的现状有规划的建立的新型治理方式。当前我国的大气污染协同治理方式主要采用的是单中心治理方式，该方式是以政府为主导，其他治理主体包括企业、社会组织、公民个人等治理主体参与大气污染治理。虽然各地政府在协同治理过程中取得了一定的成效，但是以政府为主导的治理方式本身就存在一定的问题，而且在协同治理的实施中也产生了一些问题，亟须解决。

以政府为主导的单中心治理方式采用的是政府权威体制，依靠的是政府自身的职能定位和政府自身的职责来对大气污染治理主体的任务和职责进行分配和管理，然而政府对自身的监督和决策的制定过程存在着一定的缺陷，在决策环节往往会忽视了对客观情况的调查和科学合理的分析，进而导致治理方案的出台和落实会由于政府经济利益行为的独断专行，决策出现偏差。在监督环节，由于我国政府的管理结构分为纵向结构和横向结构，在实际的监督过程中要兼顾的方面较多，监督主体过多，导致监督工作的难度与日俱增。由于当前大气污染具有复合型和流动性特性，治理的难度越来越大，当前的治理体制已经无法适应大气污染治理的发展需要。但是，当前我国涉及跨区域政府间合作治理和政府部门间合作治理领域的治理方式有待完善，涉及的治理范围较大、治理问题较多，导致治理主体之间权责存在交叉，治理主体上下级关系不明确，进而导致传统的单中心治理方式占据主流，给大气污染协同治理带来了难度。

当前我国的社会治理发育程度较低，企业、社会组织、公民个人等社会治理主体的大气污染治理的能力和水平较低，地方政府对以企业、社会组织、公民等为社会治理主体的培育引导也不够，加上科学技术的应用和人才队伍的建设在社会治理主体队伍中的发展缓慢，因此，社会治理主体并不能很好地承担治理大气污染的责任。政府与企业、社会组织、公民等多中心协同治理方式无法产生良好的协同作用，并且导致社会资源和公共服务的极大浪费，制约大气污染治理的进程，降低了大气污染治理的质量和成效。

第四节 地方政府协同治理大气污染的有效策略

一、强化协同理念

思想是行动的先导。思想观念的变化在实践发展的过程中往往起着先导性的作用。要解决地方政府协同治理大气污染存在的问题首先要强化协同理念，这是实现协同治理并保障其顺利运行的先决条件。

（一）树立统筹协调的理念

目前，空气污染的特征逐渐向跨区域性、复杂型转变，空气污染治理的难度也越来越大，再加上当前我国的社会治理发育程度较低，政府治理能力相对较高，政府应在当前阶段应当承担起治理的主要责任。但是只凭借中央政府宏观调控全国各地的大气污染治理进程，不单会加大了治理的成本，还会导致治理的成效不明显。因此，中央政府在宏观调控的过程中在加强顶层设计的同时要不断简政放权，加大地方政府治理的自主权利，提高政府间、部门间、政府与企业间、政府与社会主体间的协同治理，推动大气污染治理进程。

地方政府在解决大气污染问题的过程中要针对本地区和跨区域性空气污染的现状和当前经济社会的发展现状从宏观和微观方面制定符合实际情况的总体规划、重点任务、政策制度等，而且还要做好与各个协同主体的沟通交流，理顺协同主体间的相互关系和利益分配方式。在大气污染治理过程中，统筹协调是否能够发挥良好的作用，重点是要做好保持秩序与激发活力相协调，在保障大气污染协同治理合理有序开展的情况下，还要将大气污染协同治理主体自身的潜力激发出来。统筹协调能否发挥良好的效果，还要在协同治理的过程中做到标本兼治。制定出符合地方情况的环保规划和治理标准，做好日常性治理和应激性治理，还要把污染源治理放到核心地位，通过不断完善制度体系、科技创新和宣传教育，从根源上降低和预防大气污染问题的产生，改善空气质量，保障经济社会良好稳定发展，保护公民身心健康。统筹协调能否发挥良好的作用，要把政府主导其他治理主体协同治理的关系处理好，深化政府间、政府部门间以及政府与企业、社会主体的协同，加强党的组织领导，深化政府职能建设，优化公共服务和公共资源供给质量，从而推动政府治理和社会治理的有机结合，推动全民共治局面的形成。统筹协调有助于更好地运用资源、技术等手段解决大气污染问题，有助于科学合理的规划分配减排任务，实现环境效益的最优化配置，对于大气污染防治起到十分重要的作用。

（二）转变发展理念，提高整合能力

我国日益重视生态文明建设，党的十八大明确指出生态文明建设要"融入经济建设、政治建设、文化建设、社会建设各方面和全过程"，实施"五位一体"的发展战略。生态文明建设在当前我国可持续发展进程中占据着越来越关键的位置。长期以来，政府为了追求 GDP 的增长，往往会忽视了经济发展的客观规律，把对生态环境的损害作为提升经济规模扩大的必要条件，对当地的生态体系造成了严重的损害，严重阻碍着经济和社会的良好发展，危害广大人民群众的身心健康。经济发展和生态环境保护两者之间既是相互联系又是相互制约的，受传统的经济模式的影响，环境保护往往会让步于经济发展，但是在新时期，党和国家越来越注重生态环境保护，越来越注重大气污染防治，不断加强顶层设计，制定了许多的法律法规和战略计划，地方政府根据顶层设计的规划制定符合本地区实际情况的政策法规，转变原有的政绩考核方式，推动绿色发展，将生态文明建设考核融入政绩考核中去，不断加快落实以环境保护和绿色发展为导向的生态文明发展考核体系，地方政府不断推动淘汰高排放、高污染落后产业，加快对落后产业的整合，加大对企业的监督力度，大力倡导企业的自我创新研发能力，加快产业的升级和推动新能源产业的壮大。

同时，地方政府内部要逐步构建完善领导干部考核评价体系，将权责和问责相结合，整合部门资源，提供良好的治理环境和治理保障，让各个部门都动起来，深化地方政府间区域协同发展理念，转变传统的事不关己的治理理念，使其真正地参与到生态环境保护中。通过设置合理的考核评价体系，使地方政府真正地重视生态环境保护，转变发展理念，加大对落后、高污染企业的整合力度，推动府际政府间、部门间通力合作，推动大气污染治理进程，保护生态环境。

二、完善协同制度建设

完善的协同制度建设是保障地方政府协同治理大气污染有序进行的必要条件。做好地方政府协同治理大气污染必须要具备完善的协同制度，才能有效的保障协同治理的实施。

（一）加强地方政府协同治理大气污染的法治建设

党的十八大报告上明确提出，要坚持用最严格制度最严密法治保护生态环境。保护生态环境必须依靠制度、依靠法治。必须构建产权清晰、多元参与、激励约束并重、系统完整的生态文明制度体系，让制度成为刚性约束和不可触碰的高压线。这是党从国家层面统筹政府管理思想，提升治理能力现代化的突出表现，这也表明党和国家对大气污染协同治理中法治建设的重视程度在日益提高。地方政府作为各地大气污染治理的主导者，依法享有制定规章的权利。根据各地的实际情况，以《中华人民共和国大气污染防治法》为根据制定本地区的法律法规，从而确立地方政府在协同治理过程中的权力和责任。地方政府的法制化过程是推动治理大气污治理进程的重要手段，对保护生态环境，建设美丽中国具有重大意义。

地方政府协同治理大气污染的法治建设不单要把重点放在其自身上，还要在将大气污染治理协同所需要的外部条件和环境上开展立法。比如在跨区域协同治理方面将目前的联防联控制度、应急管理制度等政策上升到法律法规的高度。在保护监测设备、大型空气污染处理设备等基础设施和方面开展立法，将对破坏基础设施的处罚行为上升为违法行为。同时，加强执法队伍建设，不单要加强自身队伍的建设，提高执法人员的素质和能力，还要做到严格执法，对污染物超标排放等破坏大气污染的行为采取高压措施，让违法成本远远大于违法获益。为地方政府协同治理大气污染奠定法治基石出。

以基础性法律法规为依据，制定更具有针对性的法律法规推动协同治理进程。地方政府协同治理的成效是需要长时间才能显现出来的，这就对地方政府在治理过程中提出了更高的要求，制定的法律法规要具有时效性、长期性和持续性，要以本地区的实际情况为根据进行立法工作。大气污染协同治理的开展涉及的范围广，涉及的群体比较复杂，治理的投入成本较大，经济发展会受到一定阻碍，因此在大气污染协同治理的立法过程中，要推动治理结构的优化，治理方式的转变，政府服务能力的提高的同时，还要做好地方政府部门间的互联互通，减少公共服务的浪费，节约资源。大气污染本身特有的属性决定了大污染协同治理的法制建设是一项长期而又曲折的系统性工程，它涉及许许多多的方面，以往的行为方式，规定标准，治理理念等都要进行不断的调整，确保法治建设和环境保护的发展速度相适应。因此，关于大气污染协同治理的政策法规建设也需要在完善中不断创新，适应时代发展的需要。

（二）完善地方政府协同治理大气污染的监督考核建设

地方政府协同治理大气污染是一种新型的环境治理模式，具有多元性、综合性、系统性等特征，与传统的环境治理模式相比具备更好地联动性和互动性。其自身特有的属性虽然有利于大气污染治理的实施，但是这也对地方政府协同治理的监督考核有了更加严格的标准要求。在大气污染治理过程中缺少科学合理的监督考核就会导致协同治理的运行发生故障，从而影响大气污染治理的成效。

首先，建立大气污染协同治理监督制度。在大气污染治理过程中地方政府作为公共服务的提供者，是治理的主要主体，承担着主要的治理责任，其本身就是由多元主体构成，在治理过程中往往会涉及跨区域政府间、政府内部相关治理部门的自身利益。如果缺乏及时有效的监督，地方政府间、地方政府内部的多元主体就会在协同治理的过程中片面寻求自身利益导致大气污染治理的成效受到影响，进而的产生社会不公平现象。因此，要构建地方政府间、地方政府内部主体间的监督，让地方政府内部的监督机构在发现问题之后及时反馈，协商解决，推动大气污染治理。要建立独立于政府之外的社会监督，比如舆论监督，这种监督方式有利于提高治理成效，保证公平公正，推动大气污染治理协同向科学合理的方向发展。

其次，建立地方政府协同治理大气污染考核制度。考核制度的建立是为了对大气污染治理成效的检验，是推动协同治理发展的重要方式。考核制度在大气污染协同治理过程中能够更好地发现存在的问题和不足，为大气污染协同治理不断优化和发展提供具有建设性的指导建议。因此，要建立大气污染协同治理内部考核制度和大气污染协同治理外部考核制度，从内部机构和外部第三方机构对政府治理主体、部门主体、社会治理主体进行考核评价，分析其中存在的问题，提出修改意见，推动治理主体的公平公正。

三、优化协同方式

当前，大气污染治理的难度越来越大，对政府治理的能力和治理的水平提出了更高的要求，通过深化地方政府间、政府部门间、政府与企业间、政府与社会主体间的协同治理方式，能够推动各主体间优势互补，良性互动，这既能够充分发挥地方政府的主导作用，又能调动其他治理主体的积极性，有利于提高大气污染治理的成效和质量，有利于提高地方政府的治理能力和治理水平，推动生态文明建设和服务型政府建设。

（一）优化政府间主体过程协同

政府间主体过程协同是指地方政府之间展开的协同合作，寻找利益共同点，推动协同治理有序发展的治理方式。包括中央政府与地方政府之间的纵向协同，地方政府间的横向协同和政府部门间的横向协同。建立政府间主体过程协同能够对中央政府和地方政府间的权力和责任进行合理的界定，规范政府的行为，保证中央和地方政府在大气污染防治领域的一致性；能够打破传统分工思维和分割管理下的碎片化行政困境，推动府际政府开展良好合作，实现信息共享，资源互通，打破垄断局面，落实监督反馈，推动跨区域大气污染治理进程；能够推动协同治理机构的实施，将跨区域治理工作统一规划、统一指导、统一协调，打破目前"各自为战"的局面。政府间主体过程协同方式的建立是提高地方政府治理能力和治理水平现代化的必然选择，是保护生态环境和推动生态文明建设和服务型政府建设的基石。

（二）优化政府部门间主体过程协同

政府部门间主体过程协同是指政府内部的各部门间分工明确、职责划分明确，在治理进程中从维护公共利益的角度出发展开合作，推动形成信息共享、资源互补、利益均衡的协同治理方式。当前，由于政府部门在大气污染治理领域的"条块分割"致使部门间的信息沟通不畅、利益矛盾加重，对治理工作的开展产生了严重的阻碍。政府部门间主体过程协同能够明确政府部门的分工，整合部门资源，调动政府部门内部治理主体的积极性，为大气污染治理提供资金支持、人才技术支持，提高政府治理工作的效率，提高大气污染治理的成效和质量。

（三）优化政府与企业主体过程协同

政府与企业主体过程协同是指地方政府和以经济发展为基础的市场之间通过对利益分配进行大气污染治理的协同治理方式。地方政府起主导性作用，企业也在不断提升自身的市场只能，两者在大气污染治理方面相辅相成，又互相制约，政府与企业主体过程协同能够淘汰落后产业，推动企业技术升级，完善企业生态转型补助标准；能够提高加快污染企业被市场淘汰的步伐，源头把控企业污染。能够推动排污许可制度改革的配套法规建设，提高违法成本，降低企业排污规模；能够提高企业环境保护和治理的责任意识，鼓励引导企业环境保护和积极参与治理的行为。政府与企业主体过程协同是经济社会转型变革期间推动治理成效的良性循环，是推动经济社会发展同生态环境保护相一致的重要举措。

（四）优化政府与社会主体过程协同

政府与社会主体协同是指地方政府和社会组织以及公民等社会治理主体之间在大气污染治理领域展开的协同治理方式。政府与社会主体过程协同能够有效地改变传统的政府治理思想，提高公众的参与度，从而提高政府决策水平；推动社会主体的发展，建立社会组织培育机制，约束社会组织合理地利用社会资源和环境治理，提升治理的成效；能够促使社会组织和公民对政府权力进行监督评估，推动政府治理过程中治理信息和资金支持的透明化、公开化，推动监管体制的发展；能够推动人才队伍建设，为大气污染治理提供专业的技术性人才，切实保障人民群众的权益，推动服务型政府建设。

四、建立地方政府协同治理保障机制

地方政府协同治理大气污染涉及府际政府、政府部门、企业、社会组织、公民等多个治理主体，在分析了地方政府协同治理大气污染存在的问题和原因的基础上，一种系统性、可操作性、稳定性都相对较强的保障机制的建立和实施，是多元主体真正实现博弈制衡和协同治理得到制度性保障的重要方式。

（一）建立利益共享机制

当前各地政府协同治理大气污染水平不高的根源在于不同主体和不同地域之间存在着利益冲突理清地方政府和其他治理主体间的关系，平衡各个主体间和区域间的利益需求是多元协同治理得以顺利实施的关键，只有建立科学合理的利益共享机制，保障社会各主体对社会资源和权利的公平享有，其中，利益表达机制和利益补偿机制是实现利益共享的主要机制，对提高大气污染的协同治理程度，提高地方政府的治理能力和治理水平，推动服务型政府和生态文明建设具有重要意义。

首先，要形成顺畅的利益表达机制。利益表达机制是指为了保障各个社会主体的利益诉求能够顺畅及时地传递到政府系统。在这个过程中不仅要尊重和听取企业、社会组织、公民等主体的利益诉求，还要强化企业、社会组织和公民对于自身利益的表达，充分保障地方政府和其他治理主体的利益表达平等权利。

其次，要完善利益补偿机制。利益补偿机制是指通过各种形式和途径对受损者进行适当的补偿。大气污染治理过程中产生的成本往往不是由污染者和治理者所承担，从而导致利益分配不均衡，因此需要完善利益补偿机制。在大气污染协同治理过程中对损失较大的主体，采取转移支付、税收优惠政策的方法，对治理贡献较大、承担的损失较多的主体进行利益补偿，保障社会公平正义，提升治理的质量和成效。并对协同治理过程中产生消极阻碍的主体和做法通过施加治理成本的方式达到利益均衡的目的，从另一方面提高利益补偿机制的成效。

（二）完善监督考核机制

为了维持地方政府协同治理关系的稳定性，仅依靠政府间、政府部门间、政府与企业以及政府与其他社会治理主体间的信任是不充分的，地方政府在治理过程中很大程度会发展成治理依赖，责任意识淡薄的状态。这就要求一定要有监督机制去制约督促治理的全过程。监督机制分成内部监督和外部监督。内部监督是指地方政府作为治理主体，运用法律、法规或政策等办法，制定符合实际情况的行为准则，制约或阻止地方政府在大气污染协同治理过程中出现的问题或有损公共集体利益的行为。在实际的治理行动中，这种监督要贯穿到整体过程当中。外部监督主要是指社会成员或社会组织运用法律赋予的权利监督大气污染治理中存在或产生的问题。外部监督试试效果的好坏取决于大气污染治理信息的公开透明，这将有助于督促地方政府合理合法地进行大气污染治理。公民知情权得到改善有利于吸引保障其他治理主体参与到大气污染中。

目前，监督考核机制的建立存在的最大难题是缺乏系统科学的考核体系，对地方政府协同治理大气污染的行为和结果进行分析，反映真实的治理成效。科学合理的考核需要专业化的绩效考核师资队伍开展考核或者是聘用专业的第三方考核评估机构设计一套符合当地实际情况的指标体系，走访调查，统计数据，分析评价地方政府在治理大气污染的成效，彻底改变以 GDP 增长率考核干部的局面。

（三）优化运行保障机制

针对大气污染这类公共环境问题，地方政府协同治理的时候离不开企业、社会组织和公民的支持。为了保障大气污染治理协同主体的良好发展，更好地提升大气污染治理的成效，地方政府需要优化运行保障机制。当前，国外政府在发挥第三方服务组织、企业、公益机构和个人参与大气污染治理方面取得了良好的成效，第三方服务组织通过实际调查了解，能最有效最真实的了解公民的需求，而公民作为环境问题的最直接接触者，是最具有发言权的。国外政府和其他机构在空气污染治理上的资金投入刺激了市场第三方服务组织的发展，治理的成效显著。与国外相比，我国第三方服务组织的发展相对较慢，我国的社会组织、企业、公益机构以及个人在公共环境治理的意识相对薄弱，供给发展的资金相对较少。因此政府应该扩大第三方服务组织参与治理的领域，加大资金投入，将更多地空气治理的公益性项目以公开竞争的方式由第三方服务组织开展治理。同时，地方政府要提高大气污染治理领域从业者的薪酬待遇，提高从业者工作的积极性，培养一批具有高水平的专业人才，对于有重大贡献的治理机构或个人要进行奖励，有助于提高大气污染治理的质量和效率。

（四）完善责任共担机制

地方政府协同治理大气污染体系不仅有各级地方政府和政府部门，还有企业、社会等多元主体，地方政府协同治理强调责任共担，这些多元主体都是大气污染治理过程中的共同责任承担者。在大气污染协同治理体系中，各主体间合理、清晰的权利划分和责任划分是取得良好协同治理效果的基础。

首先，地方政府作为大气污染协同治理的重要组成部分，在其中承担着制定规则、实施政策和落实监管的责任，而企业、社会等主体在协同治理过程所承担的责任主要是保护大气环境和治理大气污染。所以，地方政府不但要推动企业向绿色环保可持续转变，提高社会公众的参与积极性，更要从制度化和规范化的层面制定一系列的措施贯穿治理的全过程，推动企业和社会主体更好地承担责任，从而推动治理进程，提升治理效果。

其次，在区域内大气污染治理过程中，要将地方政府的各个层级和部门调动起来，构建出全方位多层次的长效责任机制，真正地发挥出政府权力的作用。在跨区域大气污染治理过程中，要构建完善的跨区域责任划分和共担机制，解决由于大气自身的流动性、复合型特征所带来的跨区域污染问题，从而制定治理目标，明确划分职责，以相对公平有效地共同承担责任和推动跨区域协同治理。

第十章 大气污染联防联控的
社会参与机制研究

第一节 我国大气污染联防联控的社会参与机制概述

一、社会参与相关概念辨析

(一) 社会参与

社会参与的概念，从不同的角度分析具有不同的结果。从语义学的角度分析，属于政治学术语的范畴，是指公民自愿参与各种合法性政治活动的行为。从公民资格理论的角度分析，社会参与是指公民行使自身合法权利和履行自身所承担的法定义务。从社群主义理论的角度分析，社会中的每一个人都不可能脱离社会组织而独立存在，个人行使权利和履行义务系通过参加社会活动来实现。总而言之，社会参与是指社会成员运用某种方式来影响社会发展的过程，由浅入深的参与、影响甚至是决定国家的政治决策、社会生活、文化传承以及社区的所有与社会成员息息相关的共同事务。所以从这一概念上说，社会参与的核心内容应当涵盖以下三个方面：第一，社会参与强调的是"社会"，参与体现在社会层面；第二，社会参与并不是孤立的，而是与他人联系在一起的；第三，社会参与是参与者精神层面的追求，是体现参与者价值的。一般而言，社会参与的主体是社会主体的构成又是多元的，包括市场主体、社会组织、非正式组织、公民个体等。各种与社会公民利益相关的公共活动是社会参与的对象。大气污染联防联控即属于典型的与社会公民利益息息相关的公共活动。也有学者将社会参与定义为，社会主体（企业组织、社会组织、社会公众）通过合法社会途径，参与到国家和地区的公共事务和社会事务，从而协力推进良性运行的社会行动。这一定义具体包含四层含义：第一，社会参与的主体是社会主体，主要包含企业组织、社会组织和社会公众；第二，社会参与的客体是社会事务，即虽然由政府管治，但明显牵涉广大社会成员生存发展和生活质量的各种公共事务；第三，社会参与的途径是社会途径，而不是经由政府调遣、命令、指派的行政途径；第四，社会参与的目的是不同社会主体协力推进社会良性运行。

（二）社会参与与社会治理

社会治理是社会管理的继承和发展。传统上，社会管理一直是行政学和社会学的研究内容。社会管理主要是政府和社会组织组织、指导、协调、规范、监督社会系统的组成部分、不同领域和不同环节，纠正社会失灵的过程。社会管理的广义概念是政府领导的专门机构统筹协调、管理社会领域的经济、政治、社会和文化事务。从社会管理向社会治理的发展是一个循序渐进的过程。十六届四中全会就把"社会协同、公众参与"作为社会管理的一部分，经过10年的社会管理创新和发展，社会主体参与社会治理已经初具规模，社会治理在理论和实践中都已经渐趋成熟。十八大报告顺应这一趋势，正式提出社会治理，代替了此前的"社会管理"，被正式纳入政策文件之中。从社会管理的"管"到社会治理的"治"反映了政府执政理念的不同，执政理念的创新。它意味着我们不仅要向市场放权，也要向社会放权；除了要解放社会生产力，更要释放社会活力。在我国的早期社会管理中，政府是主要的甚至是唯一的管理者，其他社会主体从属于政府。而社会治理强调政府和各种社会力量的多元共治。对政府而言，政府要从重管理轻服务向管理与服务并重转变，简政放权，为社会自我治理提供充分的参与空间，扩展社会主体的参与途径，激励社会主体的参与意愿，培育社会主体的参与能力，维持社会主体的参与秩序。对社会力量而言，则要不断培育公共精神和法治精神，学习各种参与知识和技能，不断提高在社会治理中的参与能力，与政府协调互动。社会参与大气污染联防联控是社会治理的必然趋势。

（三）社会参与与公众参与

公众参与是指公众获取环境信息、参与和监督环境保护的权利，与社会参与在大气污染联防联控领域同指公民、法人和其他组织参与大气污染联防联控工作，在主体方面均系泛化的主体，但亦存在不同的地方。

其一，社会参与强调社会主体之间互动形成"合力"。社会参与是党的十七大提出"党委领导、政府负责、社会协同、公众参与"的社会管理格局重要内涵，也是对"党委领导、政府负责"的一种社会配合行动。社会参与包含社会协同与公众参与，强调专业与分工，强调各社会主体之间的合作，形成合力。而公众参与强调的是每一个公众因子的作用。

其二，社会参与强调不同社会主体发挥不同作用。《环境保护公众参与办法》（2015年）中，公众虽然被定义为"公民、法人和其他组织"，可见在法律范畴，公众参与的主体与社会参与的主体是一致的，较为广泛。但与社会参与相比，公众参与将公民、法人和其他组织置于同一位置，并未将法人、特别是社会组织的参与作用和内容与普通公众区别开来。社会参与则在公众参与的基础上，区分企业的作用、社会组织的作用，比如提高公民的组织性、维护社会秩序；是人们在国家机构以外实现互助和解决纠纷的重要机制，为公民提供了参与公共事务的机会和手段；社会组织可以有效地整合各种利益关系，有利于公民获得归属感并增进社会信任，从而减少社会矛盾等等。

其三，社会参与的方式更加多样化。根据《环境保护公众参与办法》第七条对公众参与方式的规定，征求意见、问卷调查、座谈会、论证会、听证会等方式征求公众对相关事项或活动的意见和建议；公众可以通过电话、信函、网络、社交媒体公众平台等方式反馈意见和建议。社会参与的方式除了所列举的公众参与方式外，则更加多样。比如社会组织可以通过媒体、专家、组织联盟与政府接触，特别是争取国际支持进而实现自己的目标，从而进行社会参与。且由于大多数社会组织具有较高的专业性，往往会提出与普通公众不同甚至相反的实体性权利诉求。

其四，社会参与内容更为广泛。通过《环境保护公众参与办法》第三条对公众参与范围的规定，"制定或修改环境保护法律法规及规范性文件、政策、规划和标准；编制规划或建设项目环境影响报告书；对可能严重损害公众环境权益或健康权益的重大环境污染和生态破坏事件的调查处理；监督重点排污单位主要污染物排放情况，以及防治污染设施的建设和运行情况；环境保护宣传教育、社会实践、志愿服务及相关公益活动；法律、法规或规章规定的其他事项"。可以看出，公众参与是内容涉及立法、环境影响评价、环境公益诉讼等调查处理、监督、宣传教育、社会实践、志愿服务等，维护的利益仅限于单纯的"公共利益"。但掺杂了私益的"公共利益"，比如公司为自身盈利的私益，在运营模式中融合绿色环保的理念，实现了公司盈利与大气防治双赢局面。再比如，环境污染第三方治理机构的参与，大气污染联防联控工作本就属于其工作内容。这些情况下，应当均不属于目前法律规定公众参与的范畴。而社会参与内容涵盖了非单纯的公共利益，相较于公众参与而言，内容更为广泛。且非单纯的公共利益，只要最终有利于大气污染联防联控机制的运行，最终实现了公共利益。

二、大气污染联防联控社会参与机制的理论依据

社会参与大气污染联防联控领域，并不是无据可循。从西方理论到我国中国特色社会主义理论，从多中心治理理论、合作博弈与非合作博弈理论到社会协同理论，从治理的多中心到协同、合作，无一不为社会参与大气污染联防联控提供理论依据。

（一）多中心治理理论

多中心治理理论是公共管理领域中，公共事务自主治理的重要制度理论，是印第安纳大学政治理论与政策分析研究所的奥斯特罗姆夫妇在研究公共池塘资源时，通过多方位的理论论证分析和丰富实践的实证分析共同研究出来的。奥斯特罗姆夫妇通过研究发现：政府以国家强制力制定的各项规章以及纯粹的市场化方式都无法管理好森林、湖泊和渔场等公共资源，而当地社区、组织却可以独自更好地管理这些公共资源。多个相互依赖的个体因为共同的目标、共同的利益，有可能将自己组织起来，自主进行统一治理，社会中的每一个人都能够相互监督、相互合作，来提高双方的共同利益，搭便车、投机倒把、逃避责任等机会主义行为将被杜绝。多中心的制度安排力图打破以往传统的只有一个权力格局的单中心制度，突破私有化和国有化的两个极端现象，从而形成一个由多个权力中心组成的多个权力格局，以承担一国范围内的公共事务管理与服务的责任和义务。

首先，在主体方面，多中心治理理论强调治理的主体不是一元的，而是多元的，认为处理公共事务的主体应是相对独立且彼此之间相互联系的多个主体，从而在一定利益相关范围内共同履行公共事务治理的职责。在公共物品供给、公共事务管理与服务方面，建立竞争机制，明确一定的竞争规则，由公共品生产者之间在规则范围内进行竞争，由传统的单一部门垄断转变为多主体的竞争与合作，从而提高公共品质量、优化公共事务的处理效果。

其次，多中心治理理论中"多中心"，是该理论的核心词，其含义是治理方式的改变。在治理公共事务方面，以往的市场或政府"单中心"的治理方式已不能适用时代的发展与需求，必须寻求改变，进行完善。制度设置强调分级别、分层次、分阶段的多样性突破，治理模式应涵盖政府、市场、社会三维框架下相互支撑的"多中心"，从而实现政府、市场、社会多种治理手段的融合，以有效地克服单一依靠市场或政府的不足。该理论的价值在于，多中心自主治理结构是通过社群组织自发秩序形成的、非强制的，基础是政府利益均衡的"多层级政府安排"，具备交叠管辖和权力分散的特征，实现公共利益的持续发展，最大限度上遏制集体行动中的机会主义。

再次，"治理"是多中心治理理论的另一个核心词。"治理"是人类漫长的政治生活变革的产物，在不同时期具有其特定的含义，20世纪90年代之前治理的主要偏向国家政治强权统治，20世纪90年代后期，治理被社会科学家赋予积极治理的新概念。治理对政府提出了新要求，在职能、角色和主要任务方面都对政府提出了新要求，由高高在上的统治者、管理者转变为更接地气的"中介者"管理方式亦要求变事事亲力亲为的"直接管理"转变为身处幕后"间接管理"。

总而言之，从多国对中心治理理论实践的成功经验来看，多中心治理理论对建立公共资源有效、和谐的共享制度以及人类社会的可持续发展具有重要的意义。"多中心治理"理论的建立是为了更好的管理公共事务，尊重人与自然、地方与区域之间的协调发展，实践已经证明，政府和市场均已发生了失灵现象，现代社会的管理需求已不是传统的"二分模式"能够满足的。治理主体应力求多元化，各方齐齐用力必有大力，社会能够弥补政府和市场的不足，解决其所不能解决的问题，而这与理论思路不谋而合，为社会参与大气污染联防联控等公共事务提供了理论基础。

（二）社会协同理论

社会协同理论是在 2004 年召开的十六届四中全会首次提出的，要求建立健全社会管理格局除了要坚持党委领导、政府负责外，还特别强调社会协同和公共参与缺一不可。2012 年召开的十八大会议亦强调社会管理体制应当创新，要求社会管理体制应当党委领导、政府负责、社会协同、公共参与、法治保障缺一不可。党的十八届三中全会针对现阶段社会治理所面临的困境，进一步强调创新社会治理体制的必要性、改进社会治理方式的紧迫性，并提出在系统治理、党委领导方面，政府领导作用不容动摇，政府应主动采取多种措施，动员社会各方面的力量积极参与，支持和鼓励社会各方面的力量参与，真正在政府、社会、居民自治之间的实现良性互动。社会协同的概念，是指存在于社会的各行动主体之间，能够通过一定方式形成紧密配合、和谐共存、相互支持的合作关系。社会协同的主体因分析层面的不同而有所不同，从宏观层面分析，由政府、市场和社会构成社会协同的主体；从组织层面分析，政府、企业、社会组织、社区共同构成社会协同的主体。加强社会组织同政府、企业、社区及社会组织自身的协同是社会协同的本质，充分发挥社会组织的核心作用。

社会协同的前提是分工和专业化，只有实现明确的分工和精细的专业化才能实现。正处于社会主义初级阶段是我国的基本国情，政府、社会组织和公众是我国近阶段社会治理的主要主体，各主体在不同的社会领域中承担各自相应的社会治理职能，各司其职，同时又相互联系。其中，政府居于全面统筹协调社会治理网络的主导地位，毋庸置疑占据核心位置；社会组织为仅次于政府的重要主体，表现为具有社团结构的"枝干型"；公众是基础，表现为"基本节点型"，三者缺一不可。社会治理主体的这一网状结构特征，决定了我国社会治理需要建立多中心、自发组织协调网络治理结构，该结构不是从上而下单纯依靠政府的"单中心主义"治理结构，而是以政府及社会组织为中心。前者强调的是网络的纵向协同，后者注重的则是横向协同。

社会协同治理所涉及的一般是具有"公众性、大众性"特征、与社会个体有关联的公共事务。要处理好这些公共事务，则需要在政府之外充分动员、发挥公众和社会组织的作用。作为典型公共事务治理类型的大气污染联防联控，兼具复杂性、关联性、不确定性和流动性的特征，要解决大气污染联防联控问题，不是任何一个社会治理主体能够独立完成的，需要充分利用全社会全部的知识、工具、资源和能力。以政府为主的单一管理主体的强制性管理模式，在一定程度上存在着低效率、治理高成本低社会响应的现实缺陷，社会治理活动的复杂性也就决定了政府某一方面的无能为力。缺乏对社会自发组织社会治理能力的培养，缺乏社会参与，大气污染联防联控终将是一潭死水。

倡导主体多元化、合作方式协同化的社会协同理论，追求资源利用的最大化，强调社会参与的重要性，协同整合多种资源，为社会参与大气污染联防联控提供了理论依据。

第二节　大气污染联防联控的社会参与现状与不足

一、大气污染联防联控社会参与的立法与政策

2013 年印发的《大气污染防治行动计划》（大气十条）中，第十条即是明确政府、企业和社会的责任，动员全民参与环境保护，强调政府的统领责任、企业是大气污染治理的责任主体外，还强调广泛动员社会参与。对社会参与的详细描述是，大气污染防治，人人有责。不仅要积极开展形式多样的大气污染防治宣传教育工作，向全民普及科学基本知识。在高等教育方面，做大做强大气环境管理专业，培养精干人才。在消费和生活方式方面，倡导文明、节约、绿色，在全社会树立起"同呼吸、共奋斗"的行为准则，引导公众绿色生活、勤俭节约一起共同改善空气质量。

党的十九大报告中，关于环境治理体系构建的内容上，在治理主体方面，强调政府为主导、企业为主体、社会组织和公众共同参与。

《环境保护法》第九条除了强调各级人民政府的主导作用外，还应加大力度宣传环境保护和对公众普及环境保护知识，还首次以法律明文规定的形式体现社会组织、环境保护志愿者、基层群众性自治组织等社会主体对于环

境保护的重要性，只有人人自觉参与环境保护、自觉学习环境保护法律法规、自觉宣传环境保护知识，才能形成保护环境的良好风气。教育行政部门和学校也应承担相应职责，学校应尽快在教育内容增加环境保护知识，从小培养、从学生培养环境保护意识。新闻媒体的职责亦包含宣传环境保护法律法规和环境保护知识，只是其宣传载体具有公众性，具有更强的影响力，同时肩负着披露环境违法行为和舆论监督的责任。这一规定是我国首次在环境基本法中明确规定教育行政部门和学校应该强化环境教育，但迄今为止，我国尚未出台环境教育的具体法规，而且该法所指的环境教育应该属于环境基本知识教育，如何参与环境保护的培训机制未在其列。该法第五十三条亦明确规定了，肩负着环境保护职责的行政部门应为公民、法人和其他组织提供参与环境保护提供便利条件，比如应当公开环境信息保障公民、法人和其他组织充分享有环境信息的知情权、完善参与程序保障公众、公民和其他组织依法参与环境保护、拓宽监督渠道充分保障监督权利。这是我国政府致力于完善公众参与程序，保障公众参与权利行使的原则性规定，但该法并没有对政府违反该规定要承担的法律责任做出规制，更没有规定公众如何才能保证参与权不受侵害。

作为《环境保护法》的重要配套细则的《环境保护公众参与办法》于2015 年 7 月发布，强调了环境行政实践的理论与制度的重要性，该办法的主要内容是，明确公民、法人和其他组织在享有权利的基础上，如何行使获取环境信息、参与和监督环境保护等方面的权利，但不可避免的仍存在一定不足之处。比如，环境治理公众参与的主体受限。《环境保护公众参与办法》赋予了"公众"宏观的概念，公民、法人和其他组织等主体都属于公众的范畴，这是值得肯定的。然而在该办法的参与程序主体设计时，第四条和第七条分别做了不同的表述，第四条规定，环境保护主管部门征求涉及环境保护事项和活动的建议和意见时，采取的方式是问卷调查、组织召开听证会、征求意见、组织召开专家论证会、组织召开座谈会等，征求的对象是"公民、法人和其他组织"；而第七条却规定，环保社会组织中的专业人士、相关专业领域专家为参加专家论证会的主要参会人员，同时规定公民、法人和其他组织的范围却限定为必须"可能受相关活动或者事项直接影响"，且应当选出代表，接收到行政主管部门邀请后才能参加。在参会人员范围上进行了缩小和限定，如何遴选参会代表、采取何种邀请方式、受选人的权利如何保护和职责范围都未予以明确。也就是说，公众参与环境保护尚未达到真正自主的层次，被动有幸参与仍然是环境保护领域参与主要形式。如何对公众参与的权利义务进行分配也是一个问题。一方面，从公众权利角度来看，公众参与大气污染联防联控的前提是知情权，要想公众能够清楚的对大气污染联防联控工作作出决定和选择，就必须先全面、精确的了解相关大气污染信息，才能使大气污染联防联控工作中的公众参与达到完美的效果。但是目前存在的问题是，一般普通的公众是根本不具备大气污染防治工作的相关素质和实践经验的，如何操作能够让每一位普通公众能够有能力去获取相关大气环境信息，现阶段的制度规定并未涉及其中。另一方面，从政府义务方面看，目前该办法对环境信息公开关于公开实践、公开内容和公开方式的规定，由于规定应当公开的环境信息范围有一定限制，且行政机关自身为追求政绩往往会隐藏对其不利的环境信息，怠于履行公开环境信息的义务。由于权利得不到充分保障，义务又不能充分履行，因此必然造成权利义务的失衡。

《大气污染防治法》中第五条明确规定了保护大气环境的义务主体是所有单位和个人，并同时享有检举权和控告权。但是这一规定缺乏切实可行的操作性规范，未明确规定检举和控告的具体程序和救济途径，不能与立法本意相契合。

以规定公众参与规划环境影响评价为内容的《规划环境影响评价条例》，于 2009 年通过并公布。就公众参与的形式、环节、提出意见的方式等比较具体的公众参与内容，但对公众参与的主体范围、公众参与环境执法监督、公众参与环境救济程序等都没有规制。

考虑到大气污染具有区域性和流动性的特征，在《关于推进大气污染联防联控工作改善区域空气质量的指导意见》中首次提出了我国大气污染应建立联防联控机制，并明确了大气污染联防联控工作，应当遵循的指导思想和基本原则，明确列举了大气污染责任主体和重点防治污染物。第三十条着重强调了通过组织编写大气污染防治科普宣传和培训材料、开展多种形式的大气环境保护宣传教育等方式，重视宣传和教育工作，在区域大气污染联防联控工作加强引导和动员公众参与。通过定期公布大气污染防治工作进展情况和区域空气质量状况，让社会大众充分享有知情权，让新闻媒体充分发挥其舆论引导和监督作用。但上述这些规定亦较为笼统，缺乏程序性的规定。

中国环保领域 2006 年出台了第一部专门就公众参与进行明确规定和细化程序的环境性文件，即《环境影响评价公众参与暂行办法》，这是公众参与环评工作的明确的、可靠的政策性依据。该办法充分保障了公众参与环评的切实可行性，对公众参与环评法实施中的相关问题和程序作出了较为细致和详尽的规定，但不足之处是缺少相应的问责、监管机制。

环境保护的问责规定主要体现在《环境保护违法违纪行为处分暂行规定》中，但是该暂行规定并不具体。比如，在规划编制单位、环评机构及项目建设单位对于公众参与环评的重要性认识不足的情况下，工作人员缺乏积极性，在环评工作中怠于履行保证公众参与的义务，亦无法问责该工作人员。

二、我国大气污染联防联控社会参与存在的主要问题

如果社会参与能够成体系的运用至大气污染联防联控中，将能够进一步扩大我国的大气污染联防联控统一战线。但由于大气污染联防联控中社会参与机制自身存在一定的不足，尚未形成科学的运行机制，所以社会参与的作用尚未得以充分发挥。

（一）社会参与主体缺位

在大气污染联防联控方面，我国已经达成的共识是政府主导、市场调节和社会参与缺一不可。正如柯泽东教授指出，在现代社会中，包含社会团体在内的国民、甚至是社会消费大众，都与自然环境或文化环境的破坏、与公害的产生有着直接或间接的关系，因此，保护环境最普遍、最广大之第一防线，应该是国民对环境保护的遵守及努力之意愿。

在社会主体处于弱势的大背景之下，企业在大气污染联防联控中承担的是"谁污染、谁治理"的主体责任，所以企业在大气污染治理方面主观上经常表现为应付性。企业首要考虑的是自身盈利，其次才是排污合规问题。很少的企业会将大气污染治理作为一种社会责任，主动的纳入企业的经营活动考虑范围之内，更少对环境因素加以利用，开拓为企业寻求自身竞争优势的

渠道。此外，我国企业与公民之间的信息沟通还需依赖政府和大众媒体的引导，在环保设施方面，由企业直接进行的投资较少，尚未形成规模。

环境污染第三方治理的概念，是指在环境污染中，排污者委托环境服务公司进行污染治理，并由排污者向环境服务公司缴纳或按合同约定支付费用的模式。环境污染第三方企业面临发展资金不足，缺乏政策优惠和支持、法律规制不足等诸多困难，严重影响了环境污染第三方治理的健康发展。当前亦有不少不具备治理能力的第三方企业，利用我国刚刚建立环境污染第三方治理的契机、相关法律和法规尚不完备的漏洞，采用见效快、低收费的手段获得第三方治理，其结果导致大气污染等环境问题无法得到真正解决。

社会组织的概念是指经过一定程序依法登记，以社会成员自愿参加、自主管理为原则，不以营利为目的，不带有任何色彩的社会群体。社会团体、民办非企业组织和基金会是社会组织的三大表现形式。

当前我国社会组织发展的另一个关键问题是社会组织的设立门槛太高、社会组织的登记管理制度过于严格。登记管理制度本应具有规范和促进社会组织发展的双重功能，是政府对社会组织实施有效监督管理的第一道门槛。但因实际的登记程序比较复杂，等待的时间周期较长等问题，限制社会组织的发展。我国基本形成了比较健全的登记管理制度，分别针对社会团体、基金会和民办非企业单位等不同的组织，都颁布了登记管理条例。但其中有些规定过于僵化，难免脱离实际。比如在登记管理条例中，要求设立社会团体和民办非企业单位的必备条件是"业务主管单位"的同意。但由于社会活动的复杂化、多样化以及自身利益考虑等原因，肯定存在大量准备设立的社会组织不知道如何寻找业务主管部门，或者找不到合适的业务主管部门；亦存在大量政府机构因政绩等各种原因不愿意或不积极担当社会组织的业务主管单位，形成脸难看、事难办的登记管理程序。因此，因为难以找到合适政府部门担任业务主管单位，这一规定导致不少拟设立的社会组织无法正常登记，限制了许多社会组织的设立。而且目前登记管理制度规定，设立了不允许社会团体设立跨地区的分支机构的门槛，限制了社会团体的跨地区发展，这不利于社会团体的做大、做强。因此，可以看出在三大类社会组织的登记管理条例中，促进性的条款较少，大多以规范性条款的形式存在。此外，由于立法的滞后性，我国虽然针对三大类社会组织的不同特征，都出台了的登记管理制度，从总体上看存在一定的规范性，但深究起来都还比较粗糙，尤其是欠缺对社会组织成立以后的制度性规范体系。由于以上这些原因，在实践中不仅会使社会组织的登记成立比较困难而导致量少，而且会使成立以后的社会组织的管理缺少系统化的社会性规范和政府规范而导致质劣。

同时，由于给予社会组织发展所需的经费支持不足，对社会组织活动提供信息和制度支持比较欠缺等原因，亦会影响社会组织的发展。比如广东环保社会组织，之所以广东环保社会组织数量不少，但能深入、全面、有效地参与环境治理的却凤毛麟角，主要原因就是在于，政府重视不够，缺乏对环保社会组织的资金支持和培训、培育，缺乏对环保社会组织的身份认可和权利赋予，同时，环保主管部门与环保社会组织缺乏沟通交流，环保组织的要求难以反映到政府部门。

（二）参与方式被动

《环境保护公众参与办法》中关于公众参与环境保护的方式有明确的规定，但该办法所明列的征求意见、组织召开座谈会、问卷调查、听证会、专家论证会等诸多方式，公众参与的前提均是政府同意并且组织。如果政府不组织，社会主体则无参与渠道，且参与方式很大部分仅是表面流程，缺乏政府与社会之间的互动机制。

目前我国社会主动参与大气污染联防联控的主体主要是志愿者等身份存在的单个个体和社会团体。单个个体通过以身作则、投诉的方式参与大气污染防治，但投诉也很难保证得到回复和处理。

（三）参与模式不科学

在大气污染联防联控领域我国当前存在的一个突出问题是注重命令控制而忽视协商自主、强调管制而忽视治理，大气污染联防联控的主要障碍是治理能力欠缺、治理机制缺失。对于具有"公共性"特征的大气污染联防联控等公共事务，社会参与应当成为内核，社会参与应贯彻到环境资源保护到利益分享的整个过程中，在社会的互助合作中保证公平性、公正性和有效性。仅仅依靠命令——控制手段是无法保障社会参与的有效性，必须建立科学的社会参与模式，激发社会参与逐日的参与热情和积极性，促使包含非政府组织、民间团体、环保企业、公民个人在内的社会主体主动参与、有能力参与。但由于缺乏参与所需资金、信息披露不足、社会主体缺乏专业能力、缺乏参与意识等原因，社会参与并未形成科学的参与模式，流于形式，缺乏有效参与。

第三节　完善我国大气污染联防联控社会参与机制的建议

一、提高社会主体参与能力与意识

在大气污染联防联控方面，提高社会主体的参与能力，是大气污染联防联控社会参与机制的基础。首先，实行大气污染第三方治理机制，构建和完善环境污染第三方治理机制，培育第三方治理主体。企业应当抓住第三方治理领域快速发展的机遇，加大资金投入，专研和发展第三方环境治理技术。与政府进行合作，在政府大力引导，并通过信贷优惠政策、税收优惠政策、成立政府性引导基金等宏观政策高强度扶持第三方环境治理企业发展的情况下，积极投资于环境污染第三方治理产业，为培育环境污染第三方治理企业贡献自己的力量，同时，企业可以通过设立专项基金制度引导环保技术发展。坚信环境污染第三方治理企业必将大有所为，为社会组建并发展一大批高素质的环境污染第三方治理企业，解决企业生产的后顾之忧。其次，在技术研发方面，高校与科研机构的作用更不容忽视。高校与科研机构应当紧密合作，开展环保技术人才教育，将环保技术理论进行研究和实证，源源不断地向企业和政府输送高素质的环保人才，创新生产技术。

在社会组织方面，合理优化我国的社会组织的数量，针对我国社会组织成立制度存在的缺陷和不足加以改进，降低社会组织的登记管理条件，登记管理制度应当适当放宽，比如，不必要求社会组织一定要有挂靠单位，社会组织的设立不必要求太多的实体性条件，只需履行一定的程序即可等。同时，还必须加强社会组织自身建设。一方面，建立科学管理、严格规范的内部治理机制，通过制定规范的社会组织内部规章制度确保管理制度化，明确各部门、各岗位的职责权能确保管理科学化，设立权力机构、执行机构和监督机构的现代法人治理结构确保管理民主化；建立较为完善的信息披露制度来保障和提高社会组织的公信力，及时公开社会组织的财务信息、重要活动信息、重要人员变动信息等。比如，构建一个信息发布平台，定期发布相关信息；应建立和政府及工作的沟通交流机制，定期向政府汇报近期活动情况，积极参与政府主办的活动，支持政府的环境行政执法活动，配合政府进行环境管理；还要加强和公众的交流，可定期举行公众见面会，接受公众的质询，帮助公众解决困难和问题。另一方面，吸取社会组织管理的经验教训，在财务方面，应当配备专职的财务人员、完善相应的财务管理制度。社会组织应当加强社会组织筹资管理进行开源，进而通过公开财务信息督促提高社会组织的资金使用效率来节流，保存实力，因为社会组织的最终目标是能够不断地发展壮大，而不仅仅限于现阶段的生存。

大气污染的主要来源即是企业污染，企业应主动成为大气污染联防的主要践行者。企业应当具备大气污染防治的社会责任感，在生产技术上进行研发和创新，高度认同绿色生产才是可持续发展之路，不断提升企业的市场竞争力，坚持生产与环保两不耽误提高企业的竞争力，按照法律规定定期发布企业环境责任报告，并倡导绿色采购、低碳采购。目前我国已有相关的支持政策和税收激励，企事业单位应当承担大气污染联防联控的义务，与政府合作，资源共享创新升级生产技术，实现高污染型企业向清洁生产企业的跨越，最终能够形成并长期保持绿色企业的本质不动摇，回报社会以蓝天白云。

公众行为是面对大气污染源强度大小的最重要控制因子，如果公众能够节能减排、绿色出行，势必能够大大缓解大气污染的程度。公众应当传承和发扬绿色可持续发展的环保理念，在精神上坚持不懈地提高自身的整体素质，在实际生活中从个人生活的点滴细节做起，小到出行方式、大到择业置产等重要决策，都要将节能减排作为重要的考虑因素。每一位社会公民必须要强化能源观念，社会经济在不断发展，能源的消耗也在不断进行，只要有能源消耗过程，就一定会对大气造成不同程度的破坏。社会公民应当具备节约意识，能源和原材料均是不可再生的资源，只有在尽量减少使用量的情况下，提高能源利用率，保证生活质量。同时尽量采取措施减少或消除废弃物的产生，对废弃物进行循环利用，以此来降低污染废气的排放量，提高大气质量。

环境意识的提升不仅应体现在对权利的追求上，还应体现在对义务的履行上。在理论方面，公众应当通过学习培训，主动了解我国大气污染的整体情况，包含污染类型、污染程度、污染趋势等等，全面了解大气污染对我国经济发展和社会生活所带来负面影响，从内心深处培养自身的环境法律意识和责任意识。在实践中，积极投身于各种各样的大气污染联防联控的主题活动，将理论结合实践，充分响应国家号召，抓住机会不断参加以创建文明城市、建设生态文明乡镇、创建绿色学校和社区为主题的各项环保活动。学习世界环境日、地球日等与大气环境息息相关的纪念节日的相关知识，并且可以利用相关纪念日活动开展的契机，广泛开展低碳生活、绿色生活的宣传教育活动，提高公众的环保意识，引导公众绿色消费、低碳消费。投身志愿者活动，通过加入环保 NGO 有组织、有计划地进行环保活动。在中国香港，环保志愿者服务就非常发达，志愿服务范围不仅包含文物建筑保护、自然生态保护、清洁再生能源的等传统的宣传管理活动，还包含植树、清理郊野及海滩、协助减废回收工作，协助环保团体筹款等实践活动，担任生态导览员对某一生态环境进行介绍、动员和推广有机耕种、对濒危动植物的进行野外考察及协助研究工作等辅助工作。在这丰富多样的环保志愿活动当中，环保团体扮演着组织引导的重要角色、并给环保志愿者提供大量的服务机会。因此在提升公众主人翁方面，应借鉴中国香港方面的经验，市民大众在精神上应对保护环境及生态投入更多的关注，在行动上则应以实践行动积极参与环保志愿者及环保组织的自发性的环保服务相关工作，为大气污染防治在内的环境保护出一分力。公众往往是环境污染治理最有力和最坚定的支持者，公众主人翁意识的提高，对大气污染联防联控的广泛参与和支持，是大气污染联防联控机制建立长效机制的有效保障。

二、增强社会参与的主动性

社会参与的关键是实现主动性、有效的社会参与，避免社会参与流于形式，进而构建有序的、立体化、多形式、网络化的参与平台，规范社会参与。组织与协作是社会参与在功能上的最大优势。作为社会参与的重要单元，学术科研机构、民主党派、咨询智囊组织、人民团体、民间服务机构等社会组织和利益团体能够发挥重要的作用，不仅是社会压力群体形成的重要动力，还能增强社会集聚效应和规模效应，使社会参与方式更具强制效力；还能够上传下达相关社情民意，在效能方面强化社会参与；使社会参与方式更具有效性；有助于不同群体、阶层之间对利益的恰当表达，保障有序的社会参与。

社会主体可以通过"要求"参加听证会、座谈会，而不是"受邀""申请"参加，还可以通过新闻媒体采访披露、电话咨询与问答、环境信箱留言与问答等方式进行参与。赋予社会主体监督权，公民还可以对立法机关拟定大气环境相关法律时，通过旁听充分了解立法机关的立法背景与立法本意，并站在自身角度发表相关意见；在人民法院审理有关大气环境问题的案件时，进行旁听或者作为人民陪审员直接参与案件的审理等等。在全民普及网络的大背景下，社会参与的方式亦应与时俱进，通过微信、微博、QQ、网站等平台，与相关部门进行沟通交流、检举监督、咨询、反馈等等。以主动的社会参与，推动大气污染联防联控工作的进步与完善。

三、丰富社会参与内容

社会参与的内容亟待丰富，因大气污染联防联控问题是社会关心的热点和难点问题，社会参与的意义重大，应涉及立法、执法、司法的方方面面。社会的参与对大气污染防治起到了事先预防和保障的作用。因为在决策所作用的区域内，对大气污染状况最为了解的对象一定是社会主体，因为他们无时无刻不身处其中，明白自己需要什么、要求什么，所以大气污染防治决策的整个过程中都应当贯穿社会参与的内容，为政府的相关决策者提供参考信息和意见建议。政府决策者在充分听取并考虑来自社会各方面的声音后，能够使决策更加契合实际，预防或者减少大气污染的情况发生。因此，在立法准备阶段，将提出立法项目的主体由国家机关扩大到社会公众，使法律法规在制定的准备阶段就能体现参与主体的广泛性和参与意见的多元性；在法律制定阶段，立法机关可以采取多种形式保障社会参与，如向社会公开征集立法建议，举行座谈会、听证会和论证会等；在法律审查阶段，公民可以提出进行审查的建议等等。社会参与还应涉及环境评价听证、检举和揭发各种违反环境保护法律法规的行为，在政府部门调查处理过程中积极提供信息、人力、物力等方面的支持，在特定情况下甚至直接参与到环境执法过程中，协助完成执法行为。在大气环境的执法阶段，社会的参与是一种事后保障、可持续的保障。换句话说，社会参与不仅仅可以对污染者即工商企业或者个人的污染大气的行为进行监督，也可以对环境行政管理机关及相关工作人员怠于执法或者不当执法的行为进行监督，具备了双重保障功能。在制定大气污染防治政策的决策阶段，在大气污染联防联控的司法阶段，社会主体针对污染大气的行为，可以向有关政府机关提起控告、举报，或者向法院提起诉讼、向检察机关提起申诉，既能为维护自身利益获得对大气污染权益受到损害的补偿和赔偿，又能向社会起到一定的警示作用。还可以以担任人民陪审员、人民监督员的形式，保障环境权利的最后一道防线。

大气污染联防联控社会参与的内容还包括创建环保组织、积极加入各种环保组织和社会团体、对垃圾进行科学分类、低碳生活、绿色出行、植树造林、宣传环保知识、成为志愿者、捐献大气污染防治基金、技术研发与升级、发明创造、勤俭节约等等。

大气污染联防联控应当丰富，流于形式的社会参与的负面影响会造成恶性循环，不仅会降低社会参与大气污染联防联控的积极性，还会影响社会参与往深度发展。中国大气污染联防联控的社会参与程度，此前都不理想。不仅仅是社会组织在内的社会主体表现为形式上的表皮参与，连基层政府对我国大气污染联防联控的参与度都不够深入，根本不可能产生出社会参与的连锁和传动效应。现今社会体制在不断地完善当中，人们环保意识的不断增强，应抓住各种机遇，建立健全社会参与的渠道建设，强化社会参与深度。

四、完善社会参与科学模式

建立社会参与的科学模式，主要是要构建社会主体参与的科学网络。社会参与大气污染联防联控的科学模式，是能够为社会参与大气污染联防联控凝聚和组织力量，从源头上来提高社会参与的自主性层程度，从内核上推动社会力量的成长，为社会参与提供质和量的基础性条件；促进国家和社会之间的良性合作，有国家作为社会参与的强有力后盾，必能使社会参与更加频繁、有效。社会参与实际上是身处网络中的社会主体，从小接受大气污染联防联控相关知识的教育，形成高层次的大气污染联防联控主体意识和平等、互助、团结、合作的公民素质，在道德约束和行为把控方面的能力显著增强，社会参与行为具备现代社会规范的特点，从而形成民主、规范、可持续性、安定的社会参与过程。

（一）完善大气污染联防联控的教育和培训机制

社会主体能否最终保质保量的参与大气污染联防联控工作，一个很重要的条件就是社会主体具有参与环境事务的素质。比如，社会参与大气污染防治法规、规章或规范性文件的制定，需要社会主体具备最起码的大气污染防治法律知识。因此，完善大气污染联防联控的教育和培训机制，是构建大气污染联防联控科学模式的基础性条件。大气污染联防联控主动性的社会参与方式以及深层次的社会参与内容，都离不开大气污染防治知识的教育培训和专业人士的引领。完善大气污染联防联控的教育和培训机制，必须使社会主体具备参与大气污染联防联控的意识。首先，在义务教育方面，应强化小学基础阶段的环境教育，义务教育的内容应当涵盖大气污染防治方面的内容，在法律、政治、思想道德等课程中要渗透大气污染防治教育的的相关内容，创新授课方式，让普通的中小学生具备基本的大气污染联防联控知识。在高校教育方面，将大气污染防治等环境教育纳入教学计划，作为大学生素质教育的重要考核指标，鼓励高校以创新的方式开展大学环境教育和大学间的环境教育交流活动。在社会层次的教育方面，鼓励和支持组建大气污染联防联控的教育与培训工作机构，对大气污染联防联控涉及的内容进行教育与培训；挑选专家成立专家组织，研究大气污染联防联控教育和培训问题，并对教育和培训工作进行指导和监督；促进校企合作致力于构建生产、学习、研发三方面合作的互利共享机制。在政府方面，政府环保部门应当将大气污染防治等环境教育培训列入工作日程，明确年度目标、完善年度计划，定期或不定期地开展培训，培训对象应当广泛，针对培训对象的不同培训内容可以有所区别，比如对于身处要职的党政领导干部、传递知识学校教师和决定企业生产方案的企业负责人尤其要加大培训力度，提升环境意识，提高社会责任感。构建大气污染联防联控的教育和培训机制，还必须理论联系实际，将大气污染联防联控的研究成果进行推广，加快全民环境教育试点工作，建立环境友好型学校，鼓励和支持环境友好型项目的开展，响应政府号召积极投身生态文明的创建活动，进而慢慢健全社会参与的行动实践体系。特别是针对中小学生的大气污染联防联控的环境教育问题，更需富有趣味性和形象性。中小学生有权享受适合的社会资源，在一些科技馆、植物园、文化馆、博物馆、民间环保组织、科研院校中设立合作项目或者社会实践基地，开展实践活动，实地进行学习。总之，要完善大气污染联防联控的教育和培训机制，构建一个具备高度环保意识的良好社会背景，必须将教育和培训工作涉及公民义务教育和高等教育、社会文化的形成和传承、法律普及与宣传、绿色消费心理的培养等方方面面，并充分利用网络媒体等平台积极宣传和传播绿色发展正能量，并对污染行为、奢侈浪费行为进行舆论谴责和正确引导，不断提升公民的绿色环保意识，增强国民的环境法治观念和社会参与观念。

（二）完善社会参与的激励和促进机制

意识决定行动，要构建积极的大气污染联防联控的社会参与机制，则需要充分彰显法律的激励功能。一方面，针对在大气污染联防联控中参与度高、作出突出贡献的个体和组织，应当给予支持、鼓励，形成示范效应，维持和宣扬积极的社会参与；另一方面，针对在大气污染联防联控的不当参与行为，要制定相应制度和法律进行约束，通过正确价值观和道德观进行约束，对因不当参与行为所造成的消极后果进行赔偿和弥补，惩戒和避免消极的社会参与。权利模式才是社会参与激励和促进机制有效的性的关键，换句话说，就是将社会参与作为一种权利以法律明文规定的方式进行确定，社会主体依法参与环境事务决策权、参与环境立法权、环境诉讼参与权、环境执法参与权、环境信息知情权等。对社会参与的促进机制包括对环境公益社会组织的激励和促进，比如，对符合一定条件的环境公益组织可以免税、允许其接受社会捐赠，允许其在符合公益组织的目的范围内进行一定的经营活动，在环境公益诉讼中免收诉讼费、案件胜诉后补偿公益组织的诉讼差旅费等，都是促进社会参与的激励机制的范畴。

（三）建立社会参与协商民主机制

社会参与是一项涉及全社会方方面面的大事业，广泛的社会支持是制胜法宝。如何取得社会的广泛支持，就需要针对社会参与的、隐匿性分散性、冲突性和流动性的特点，有针对性的完善重大决策的规则和参与程序，建立健全科学合理的利益表达机制、利益反应机制、利益协调机制和舆情民意反馈机制为主要内容的协商民主机制。协商民主机制的建立，可以从社会政策层面上保证社会大力支持、群众广泛参与，实现社会主体合理、有序地公开表达自身的利益主张与要求，保障社会参与的有效性。

但现阶段协商民主机制在我国大气污染联防联控领域中的运用，主要是指个地方政府间通过洽谈、签订合作协议，构建某一区域大气联防联控的统一框架性背景。在我国大气污染联防联控决策和执行中，政府往往忽视民主化，将环境利益的最终受益人——公众等社会主体视为客体，政府与社会主体之间缺乏良性互动。要形成作为政府与社会互动，回应大气污染联防联控公共利益和权利，协商民主机制的建立是关键，能够充分实现社会主体与政府之间沟通协商的民主化。

协商民主机制，为我国大气污染联防联控的社会参与困境提供了一个新思路，不仅明确组织、企业、公众作为参与者与政府的平等性，而且强调社会主体的主体地位。社会从意识深处呼唤民主环保意识，鼓励社会主体积极培育参与型的政治文化。协商治理的最终目的是善治，达到大气等环境利益最大化的境界，在政治国家和公众的合作管理之下，双方都能达到最佳状态，促进政治、经济、文化、社会等方面和谐发展。协商治理是一种政府与公众、群体之间的良性互动、良性合作治理，可以存在于国家与社会之间、公共领域与私人领域之间、政治社会与市民社会之间的一种对话模式。与传统的政府统治模式的区别之处是，协商治理是以协商的方式、从上至下或从下至上都能进行充分沟通，对公共事务的治理建立合伙伙伴关系，并且互相认同，从而进行有效治理。

我国大气污染联防联控中，亦应当在环境决策和执行过程中进行协商治理，并通过法律或政策对协商民主机制进行明确，广泛吸收社会主体参与，使社会组织、专家学者、公众参与大气污染联防联控的机制常态化、规范化。只有这样，才能在大气污染联防联控中充分体现利益相关者的价值需求，并通过充分协商沟通，上升到区域大气污染联防联控的决策中，使社会主体能够充分理解大气污染联防联控的相关政策的制定背景，并积极维护或实施相关政策，建立包含社会主体在内的真正的大气污染联防联控统一战线。为使

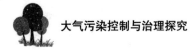

决策尽量科学化，协商民主机制中亦应当重视专家学者的意见，搭建平台，充分引入决策讨论。

五、畅通社会参与救济途径

我国应在社会参与大气污染联防联控的法律、法规、规章或规范性文件中，针对不履行社会参与义务的责任承担与追究机制作出专门规定，并详细规定不履行和不当履行社会参与义务的责任追究在程序方面的内容，使得社会参与不仅是一项法定义务，而且是一项具备操作性、可监督、可执行的法定义务。结合我国的国情，在我国中国特色社会主义体制下，可以把当地大气污染联防联控中社会参与的程度和效果，作为相关官员政绩考核的一项指标，以社会主体对当地环境的满意度作为重要的考量因素。我国当前应在社会参与的法律、法规、规章或规范性文件中明确规定社会参与前受到侵害的救济途径、救济程序和法律责任，建立社会参与权利保障机制，以此来保障社会参与权的依法实施。

第十一章 应用实例分析

第一节 SNCR 脱硝技术在循环流化床锅炉上的工程应用

（一）引言

随着环保要求的提高，对电站锅炉的 NOx 排放标准也日益严格，2011 年新出台的火电厂大气污染物排放标准中要求在 2014 年 7 月 1 日前燃煤电厂 NOx 排放浓度要控制在 100mg/Nm³ 以下，因此对锅炉烟气的脱硝治理成为电厂从业人员密切关注的问题。在众多的 NOx 控制方法中，选择性非催化还原（SelectiveNon-CatalyticReduction，简称 SNCR）技术以其投资少，运行费用低的优点逐渐引起广泛关注。

选择性非催化还原（SNCR）脱除 NOx 技术的原理是把含有 NH_2 基的还原剂（如氨气、氨水或者尿素等）喷入炉膛温度为 800℃~1100℃的区域，在此温度下还原剂迅速热分解成 NH_3 和其它副产物，随后 NH_3 与烟气中的 NOx 发生还原反应而生成 N_2。NH_3 还原 NOx 的主要反应为：

$$4NH_3+4NO+O_2 \rightarrow 4N_2+6H_2O$$

$$4NH_3+2NO_2+O_2 \rightarrow 3N_2+6H_2O$$

循环流化床锅炉技术是近十几年来迅速发展的一项高效低污染清洁燃烧技术。流化床锅炉能够在燃烧过程中有效控制 NOx 的产生和排放，是一种"清洁"的燃烧方式。流化床内的燃烧温度控制在 840~950℃范围内，从而保证稳定和高效燃烧，同时在此温度下运行，抑制了热力型 NOx 的形成。流化床锅炉旋风分离器中烟气的温度一般在 800~900℃左右，既可以满足 SNCR 还原反应的温度要求，还可以保证还原剂与烟气具有充分的反应时间。

（二）某能热电流化床锅炉 SNCR 脱硝项目简介

为响应国家"十二五"期间主要污染物减排工作的实施，某设计研究院于 2012 年 8 月与某能热电有限公司签订 3×75t/h 流化床锅炉 SNCR 脱硝总承包建设合同。该工程于 10 月 10 日开工，12 月 10 日进入热态调试及 168h 试运行，调试运行结果表明，脱硝系统可连续稳定运行，脱硝性能达到设计要求，锅炉烟气 NOx 排放浓度 < 100mg/Nm³。

1. SNCR 系统设计及性能保证参数

表 1　SNCR 系统主要设计参数

序号	参数名称	单位	数量	备注
1	锅炉额定蒸发量	t/d	75	
2	锅炉实际出力	t/d	50-70	
3	入口 NOx 浓度	mg/Nm³	300	6%O₂，干基
4	出口 NOx 浓度	mg/Nm³	100	6%O₂，干基
5	氨逃逸浓度	mg/Nm³	2.5	6%O₂，干基
6	氨水浓度	%	10	
7	烟气量	Nm³/h（干态、真实 O2）	140000	

2. SNCR 脱硝还原剂

SNCR 工艺中常用的还原剂为氨水和尿素，两者脱硝效率与反应温度之间的关系见图 1。

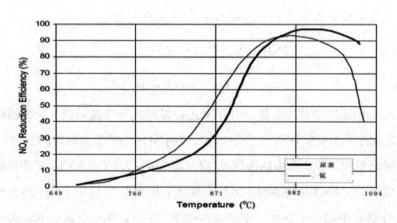

图 1　不同温度下 SNCR 系统的脱硝效率曲线

本工程采用约 10% 浓度氨水作为还原剂。氨水来源于相关企业生产过程中产生的废氨水，不但可以降低运行成本，还能变废为宝。

3. SNCR 脱硝系统配置

SNCR 系统主要由氨水储存系统、氨水输送系统、稀释水系统、在线稀释计量分配系统、喷射系统、控制系统、在线监测系统等部分组成，工艺流程见下图 2：

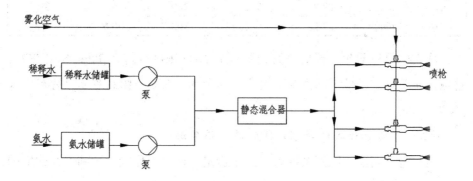

图 2 SNCR 工艺流程图

SNCR 各组成系统均为模块化设计，利于现场安装施工。氨水储罐及稀释水储罐均做防腐处理，泵类设备设置一用一备，通过稳定调节系统自动控制保证喷枪入口处压力的稳定。接触氨水溶液的管道、阀门均选用不锈钢材质。

4. 调试及试运行

本工程于 2012 年 12 月 10 日开始进行脱硝热态调试，锅炉运行负荷稳定，旋风分离器入口的烟气温度为 860℃ ~920℃，基本在最佳脱硝反应温度窗口，原烟气中 NOx 浓度（干态、6%O2）为 260–300mg/Nm³，调试期间其它运行数据参见下表 2：

表 2　调试期间的运行参数

时间	烟气量	出口 NO₂	炉膛温度	氨水量	脱硝效率	NH₃
	Nm³/h	mg/Nm³	℃	l/h	%	mg/Nm³
12.10	140000	88.2	912	297	70.7	2.3
12.11	140000	96.5	925	285	68	3.5
12.12	140000	85.4	930	293	71.6	2.5
12.13	140000	92.3	890	282	69.1	3.6
12.14	140000	95.6	903	278	68.1	3.1
12.15	140000	88.9	912	289	70.3	3.1
12.16	140000	87.5	905	302	70.6	3.7

从表中可以看出，经脱硝系统处理后 NOx 浓度维持在 90mg/Nm³ 左右，且数据比较稳定，低于国家标准中要求的 100mg/Nm³，脱硝效率保持在 70% 左右。

（三）不同参数条件对 SNCR 脱硝效果的影响

调试运行期间，脱硝系统运行连续稳定，调试工作较为顺利。在此期间对不同参数条件下 SNCR 系统的脱硝效果进行了验证。

1. SNCR 脱硝技术的最大脱硝效率

相关文献报道 SNCR 脱硝技术在实验室内的试验中可以达到 90％以上的 NOx 脱除率，应用在循环流化床锅炉上，一般能获得 50％~70％的 NOx 脱除率。本项目通过调节喷氨量对 SNCR 脱硝技术可以获得的最大脱硝效率进行实验验证。实验数据如下表

表 3　SNCR 可获得的最大脱硝效率

序号	锅炉负荷（t/h）	炉膛出口温度（℃）	脱硝前 NOx（mg/Nm³）	脱硝后 NOx（mg/Nm³）	氨水流量（L/H）	氨逃逸（ppm）	脱硝效率（％）
1	65	923	270	95.8	270	1.4	64.5
2	65	921	270	85.5	300	2.5	68.3
3	65	915	270	78.3	330	3.2	71
4	65	923	270	67.5	360	5.1	75
5	65	925	270	58.2	390	7.5	78.4
6	65	930	270	58.7	420	9.5	78.3
7	65	925	270	58.3	450	11.5	78.4

从表中可以看出，在920℃左右，逐渐增加喷氨量，NOx浓度逐渐降低，脱硝效率升高，同时氨逃逸量也逐渐增加。当氨水流量大于390L/h时，随着氨水流量的增加，NOx浓度基本保持稳定，此时脱硝效率约为78%，但氨逃逸量显著增加。

2.锅炉负荷对脱硝效果的影响

电厂锅炉正常运行时根据要求会对锅炉负荷进行调整，不同锅炉负荷下炉膛温度、烟气NOx浓度变化较大，本项目对不同锅炉负荷下SNCR脱硝效果进行了实验验证，试验数据如下表4：

表4　不同锅炉负荷对脱硝效果的影响

序号	锅炉负荷（t/h）	炉膛出口温度（℃）	脱硝前NOx（mg/Nm³）	脱硝后NOx（mg/Nm³）	氨水量（L/H）	氨逃逸（ppm）	脱硝效率（%）
1	50	855	252	98.5	315	5.8	61
2	55	905	265	95.8	290	2.1	63.8
3	60	920	270	93.2	275	1.8	65.5
4	65	930	273	87.5	275	1.7	67.9
5	70	935	275	85.9	270	1.5	68.8

从表中可以看出，炉膛出口的温度随锅炉负荷的增加而增加，烟气中NOx浓度也随之增加，这种变化趋势符合NOx的形成规律。SNCR脱硝系统的脱硝效率随锅炉负荷的降低而降低，在锅炉低负荷状态下为保证出口NOx浓度达标需增大喷氨量，相应的氨逃逸量也有显著增加。

3.喷枪前压力对脱硝效果的影响

为使喷入炉膛内的氨与烟气能够充分混合，需要保证喷枪的雾化效果，喷枪前压力是影响雾化效果的一个重要因素。本项目对不同喷枪前压力对脱硝效果的影响进行了实验验证，实验结果如下表：

表5　喷枪前压力对脱硝效果的影响

序号	锅炉负荷 t/h	炉膛出口温度 ℃	喷枪前压力 MPa	脱硝前NOx mg/Nm³	脱硝后NOx mg/Nm³	氨水流量 L/H	氨逃逸 ppm	脱硝效率 %
1	60	920	0.1	271	153	270	3.7	43.5
2	60	925	0.2	268	137	270	2.8	48.8
3	60	915	0.3	270	115	270	1.4	57.4
4	60	923	0.4	269	93.6	270	2.1	65.2
5	60	918	0.5	271	94.3	270	1.8	65.2
6	60	920	0.6	270	92.8	270	1.6	65.6

从表中可以看出，喷枪前压力对脱硝效果有较大影响；脱硝效果随喷枪前压力的增大的增大，喷枪前压力为0.4MPa时，NOx浓度降至100mg/Nm³以下，继续提高压力，NOx浓度基本不变。

（四）结论

旋风分离器入口处温度一般为850~950℃，应用SNCR技术可以获得65%以上的脱硝效率，经处理后烟气中NOx浓度可以降至100mg/Nm³以下，满足国家排放标准的相应要求。

锅炉负荷对SNCR脱硝效率具有一定影响，锅炉运行负荷较低时脱硝效率较差，锅炉负荷高于60%，经脱硝后的NOx浓度即可满足国家标准要求。

SNCR应用于循环流化床锅炉最大可以获得78%的脱硝效率，但此时氨逃逸量较高。

SNCR系统的正常运行时喷枪前压力为0.4MPa。

（5）随着国家电力行业NOX排放控制要求的日益严格和环保标准的提高，SNCR技术由于其投资成本低，工程建设周期短，运行成本相对合理，环境效益高，对于循环流化床锅炉烟气NOx浓度的控制具有广泛的应用前景。

第二节　西北地区某热源厂机组超低排放改造工程实践

面对日益严峻的环保态势，国家出台了更加严格的环境保护相关政策及污染物排放标准，根据相关要求，西北地区某热源厂排放烟气要求在基准氧含量 9% 的情况下，颗粒物、氮氧化物、二氧化硫排放值分别不高于 10、50、35mg/Nm³。本文分析超低排放改造的三方面内容，实践中超低排放改造效果明显，以期为后续参与类似超低排放改造项目的热电厂提供借鉴和参考。

（一）西北地区某热源厂超低排放技术分析

西北地区某热源厂为 2×46MW+2×70MW 机组。烟气入口参数及排放要求见下表 1。

表 1 烟气入口参数及排放要求

序号	类型	污染物项目	入口浓度 （mg/Nm³）	排放限值 （mg/Nm³）	污染物排放 监控位置
1	燃煤锅炉	烟尘	5000	10	烟囱
		二氧化硫	1500	35	
		氮氧化物	3500	50	

1. 脱硫改造技术研究

本项目将现有双碱法脱硫系统改造为石灰—石膏湿法脱硫系统，脱硫剂选用石灰粉。四台锅炉按两炉一塔布置，塔内循环工艺，共新建两台脱硫塔，每台脱硫塔烟气处理能力按 1 台 46MW 和 1 台 70MW 锅炉烟气量设计，原有设备如石膏脱水系统、工艺水系统、水池、制浆系统能利旧部分利旧。

性能指标：脱硫处理系统总的设计脱硫效率为 98.5%，原始 SO_2 排放浓度按 1500mg/Nm³，SO_2 排放浓度 < 35mg/Nm³。

该项目所采用的石灰—石膏湿法脱硫工艺，主要由石灰浆液制备与供应系统、SO_2 吸收与氧化系统、烟气系统、工艺（业）水系统、石膏脱水系统、浆液排放回收系统等组成。采用直接外购石灰粉配浆方式，外购的石灰粉用汽车罐车运输至浆液制备区域，以气力输送的方式把石灰粉输送至石灰粉仓。

此外，本项目脱硫效率在 96% 以上，因此采取了一些提高脱硫效率的措施：（1）在原第 2、3 层的喷淋层间增大吸收塔高度，设置合金托盘。合金托盘可以积存脱硫循环液，可以实现在单塔内形成两种喷淋系统的效果。托盘将喷淋层分为上下两部分，位于下方的喷淋层实现预洗涤的作用，去除烟气中夹带的 HCl、HF 和飞灰，因此上喷淋层的脱硫效率显著提高。烟气通过第一级喷淋层后，塔内烟气更加均匀，有利于提高二级脱硫效率；（2）适当增

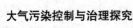

加循环泵扬程；（3）喷枪采用高效单向双头喷嘴，其具有提高喷淋覆盖、强化二次雾化效果的郭勇，因而喷淋层覆盖率至 500% 以上。

2.脱硝改造技术研究

本项采用炉内 SNCR+ 炉外 SCR 联合脱硝技术，新建一套尿素溶解制备系统供四台锅炉使用，每台锅炉设置一套 SNCR 炉内脱硝装置，每台炉新建一套炉外 SCR 脱硝系统。通过改造锅炉尾部受热面，提供 SCR 脱硝系统反应所需的温度区间。

性能指标：脱硝系统设计脱硝效率 90%，原始 NOx 浓度按 350mg/Nm³，NOx 排放浓度 < 50mg/Nm³。

SNCR+SCR 联合烟气脱硝技术是 SNCR 工艺的还原剂喷入炉膛技术同 SCR 工艺利用未反应氨结合起来，或利用 SNCR 和 SCR 还原剂需求量不同，分别分配还原剂喷入 SNCR 系统和 SCR 系统的工艺有机结合起来，达到所需的脱硝效果，它具有 SNCR 工艺费用低和 SCR 脱硝效率高的优点。SNCR+SCR 联合脱硝工艺的脱硝效率可达到 ≥86%，氨逃逸小于 5mg/Nm³。

3.除尘改造技术研究

本项采目现有静电除尘器大修，更换损坏的极板极线，确保除尘效率；并在脱硫后增设湿式静电除尘器，同时脱硫增容改造协同除尘技术，除雾器为两级屋脊除雾器，提高除尘效率。性能指标：入口烟尘浓度 < 5000mg/Nm³，静电除尘器设计除尘效率 99%；新建湿式静电除尘器设计除尘效率 85%，确保烟囱出口烟尘浓度 < 10mg/Nm³；

现有 2×65t/h+2×100t/h 锅炉烟气经静电除尘后烟尘含量 < 30mg/Nm³，但通过湿法脱硫后烟气中的烟尘浓度大约为 30–40mg/Nm³，本方案湿式电除尘器入口烟尘设计浓度为 50mg/Nm³，处理后烟尘排放浓度降至 10mg/Nm³，设计除尘效率 85%。

湿式电除尘器与干式电除尘器相比，二者的主要区别有：（1）工作原理相似，但是清灰方式不同。WESP 采用水喷淋清洗，而 ESP 采用振达方式清灰容易产生二次扬尘；应用的烟气环境（流速，含尘浓度，温度）不同；（2）WESP 不受烟气特性及比电阻的影响，而 ESP 受烟气特性和比电阻的影响较大。

本项目湿式电除尘器的技术特点：（1）收尘极板采用新型耐腐蚀复合材料，蜂窝形式布置，充分利用有效空间，流场分布均匀，耐腐蚀，放电强力稳定，使设备电压，电流处于较高参数，保证较好的收尘效果；（2）结构布置灵活，可置于吸收塔出口净烟道处，也可以布置于脱硫塔塔顶，或者布置于电厂合适的空地上；（3）运行时无须连续喷入碱性水，依靠电场管束中收集的雾滴形成溢流实现清灰的功能；（4）高压电源采用恒流和高效火花控制装置，避免闪络拉弧现象，保证电场稳定；（5）冲洗方式优化，包括简化供水系统、选用耐腐蚀、导电性强的增强碳纤维复合材质极板，无须喷淋碱液；（6）通过凝并装置的处理可以增加单个粉尘的比电阻，促进单个粉尘的长大使其满足被电离扑集的要求，提高除尘效率。

（二）超低排放改造结果讨论

改造后的 SO_2、NOx、烟尘分析曲线详见下图1。

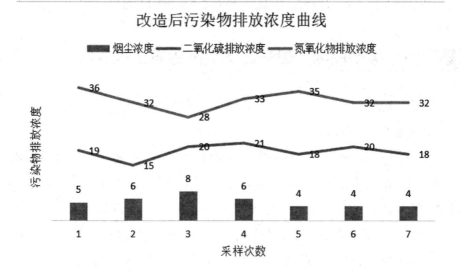

图 1　超低排放改造后 SO_2、NOx、烟尘排放浓度

上述数据表明，改造后的 SO_2 排放浓度可稳定在 20mg/Nm³ 左右，NOx 排放浓度控制在 40mg/Nm³ 以下，烟尘排放浓度小于 10mg/Nm³，污染物浓度可以满足相关排放标准要求。

（三）结论

为了响应国家政策，该热源厂对 2×46MW+2×70MW 机组锅炉实行超低排放改造：（1）脱硫方面：为保证脱硫效率，采用湿法脱硫工艺技术，选择石灰石膏法脱硫技术，采用两炉一塔的方案对脱硫塔进行改造，最终脱硫改造效率可达 98.5% 以上；（2）脱硝方面：采用 SNCR+SCR 联合脱硝技术，增加催化剂数量，预留备用催化剂空间，增加声波吹灰装置，提高脱硝效率。改造结果：脱硝效率达到 95%，满足超低排放标准的要求；（3）除尘方面：采用静电除尘结合湿电除尘工艺，充分利用原有设备，结合场地特点、施工便利性、综合成本控制和系统稳定性等因素，增加提效措施，控制出口烟尘浓度。改造后烟尘去除效率可达 99.8%，排放浓度低于 10mg/Nm³。

随着科技进步和时代发展，环保相关法律法规也会更加严格、更加完善，热电厂超低排放改造技术的研究也将更加深入，未来不断探索研发新技术、新产品、新工艺、新材料也必将成为环保发展永恒的主题。

第三节　某燃煤电厂加装湿式电除尘器工程实践

（一）概述

1. 某电厂机组现状

某电厂装机容量 2×300MW，机组锅炉为东方锅炉厂生产的 DG-1025/18.2-Ⅱ6 型亚临界、自然循环、燃煤汽包锅炉；锅炉除渣方式均为水力除渣；每台炉配一套共 2 台电除尘器；2 台机组共用一根烟囱。

2009 年建设 FGD 系统，为石灰石－石膏湿法脱硫工艺、一炉一塔。2013 年 3 月开始进行 FGD 系统增容改造工程，每台机组增加一个预洗塔，形成"双塔"脱硫系统；同期每台机组均完成脱硝 SCR、空预器和增引合一改造工程。

为了满足 2014 年 7 月 1 日起实施的《火电厂大气污染物排放标准》GB13223-2011 中允烟尘浓度 ≤ 30mg/m³（重点地区 ≤ 20mg/m³）的要求，需要在脱硫系统后烟囱前新增湿式电除尘器及其附属系统。

2. 主要技术原则

（1）板式湿式静电除尘器：设计烟速 < 2m/s，比积尘面积 ≥25㎡ /（m³/s）；

每台机组除尘器不少于 8 个分区，配套电源不少于 8 套。

（2）烟囱入口粉尘浓度 < 10mg/Nm³ 固体颗粒（标、干 6%O2），粉尘去除率 > 90%；PM2.5 去除率 ≥90%。

（3）系统总阻力 ≤ 500Pa（包括除尘器本体、烟道的阻力）。

（4）除尘器允许在 0~110% BMCR 工况时运行正常，不发生堵塞。

（二）湿式电除尘器原理

湿式电除尘器除尘原理是向电场空间输送直流负高压，通过空间气体电离，烟气中粉尘颗粒和雾滴颗粒荷电后在电场力的作用下，收集在收尘极表面，利用在收尘极表面形成的连续不断的水膜将粉尘冲洗去除。

有的湿式电除尘器通过在阳极板上部设有喷水系统，将水雾喷向放电极和电晕区，水雾在芒刺电极形成的强大的电晕场内荷电后分裂进一步雾化，电场力、荷电水雾的碰撞拦截、吸附凝并，共同对粉尘粒子起捕集作用，最终粉尘粒子在电场力的驱动下到达集尘极而被捕集。喷出的水雾在收尘极上形成连续的水膜，将收集的粉尘冲刷到灰斗中排出。有的湿式电除尘器则不设置水膜形成喷水系统，利用饱和湿烟气中收集下来的大量水雾滴在收尘极上形成连续不断的水膜，将粉尘冲洗去除。只设置定期冲洗喷水系统，对收尘极和放电极进行定期大水量冲洗，保证运行效果。湿式除尘器原理图如图 1 所示。

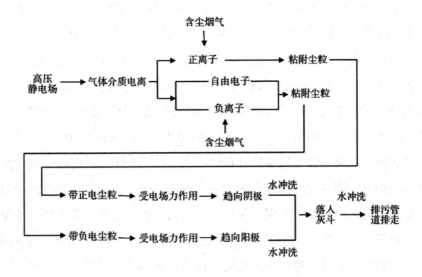

图 1　湿式除尘器原理

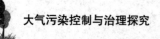

湿式电除尘器通常设置在湿法脱硫装置后，脱硫后的饱和烟气中携带大量水滴，在通过高压电场时也可被捕获去除，这样可降低烟气中总的携带水量，减小石膏雨形成的几率。同时用于收集微细颗粒物 PM2.5、酸雾尺寸为 $0.1\sim0.5\mu m$ ）等，烟尘排放浓度可以达到 $\leqslant 5mg/m^3$；解决湿法脱硫系统存在的石膏雨问题，还可用于控制汞等重金属污染物。

（三）湿式电除尘器设计方案

（1）对原电除尘器电源进行改造，一、二电场改造为高频电源。

（2）对原电除尘器进行检修，更换原电除尘器阴极线及振打系统易损件。

（3）拆除净烟气烟道，在其空间新增湿式电除尘器钢支架，设置湿式电除尘器。

（4）对影响湿式电除尘器支架基础的管道、桥架等进行拆除并重新布置。

（5）控制部分：采用 PLC 控制，控制柜布置在新建配电间内。

（6）水系统部分：采用卧式方案需设置水循环系统；采用立式布置不需设置水循环系统。

（四）主要特点

1.电场区

主要包括收尘极（阳极）、放电核（阴极）。采用管式结构除尘器，阳极板采用耐腐蚀导电非金属复合材料，成品由六边形蜂窝状管束组合而成，组合好的管束模块垂直安装在壳体内。这种材料由良好的导电性和极强耐腐蚀性，避免了采用金属收尘极，运行中需连续喷入大量碱性水合繁琐的水处理系统，减轻结构重量，降低投资和运行维护费用。阴极线采用柔性合金钢，阴极框架及吊挂材料均采用不低于 316L 耐蚀材料。阴极框架主梁不低于 32# 槽钢等级，重锤、阴极框架、吊挂连杆等与烟气接触的部件，材质不低于 316L。

湿法脱硫系统后的烟气是带有石膏雾滴、PM2.5 微细颗粒物及 SO3 酸雾的饱和湿烟气。烟气中的雾滴和粉尘一旦附着在收尘极内壁，当电除尘器投入运行时，收尘极容易产生爬电现象。因此在结构上对收尘极采取特殊保护措施，即对每一个收尘极进行加热，保证收尘极内壁干燥；考虑到石膏雾滴具有一定的黏性，石膏、粉尘较容易吸附在收尘极内壁，因此，在湿式电除尘器顶部配有收尘极密封风机系统，通过风机向收尘极室中注入空气，大量的热空气会对收尘极内表面进行强力吹扫，进一步保证收尘极内壁清洁，避免出现火花放电，使得湿式电除尘器能稳定运行。综合运用上述技术措施，保证湿式电除尘器在处理饱和湿烟气时能高效、稳定运行。

2. 流场分布装置

每台除尘器的进口都应配备均流装置，以便烟气均匀地流过电场，均流装置的材质必须满足脱硫后湿烟气运行环境要求。板式结构除尘器进口均流板不少于 3 层，厚度不低于 3mm；出口均流板宜采用 C 型钢布置结构；材质均不低于 316L。管式结构除尘器进口均流板不少于 2 层，厚度不低于 3mm；出口均流板宜采用 C 型钢布置结构；材质均不低于 316L。除尘器内部建有防止烟气短路的阻流装置。

3. 电气控制

湿式电除尘器供电方式为两段相互联络备用的原则（一侧能够满足两侧负荷供电），（380V/220V）电源直接由除尘器变压器（甲、乙侧干式变压器）低压侧出线对应引出两路电源（设两路电源柜），为湿式电除尘器及其附属设备供电，且两路相互联络备用（一侧能够满足两侧负荷供电，设联络开关柜）。新增的电源柜、配电柜及控制柜等负荷两路合理分配，并考虑现有电除尘器配电室原有负荷分配情况，保证 2 台除尘变负荷合理分配。

配套先进的高压电源及科学合理的自动控制系统，根据烟气粉尘特性确定电源选型和控制方式，提高细颗粒物捕集效果；考虑将收尘区设计为小分区供电，优化运行控制方式，喷水清灰时对电气参数不产生影响，不需断电喷淋，提高设备运行的稳定性和可靠性。

4. 清洗系统

湿式电除尘器的清洗水采用脱硫系统工艺水，给水压力 > 0.6MPa。清洗分为阴阳极清洗、均流装置清洗及积水斗清洗；根据设备运行情况，定期间断喷水冲洗收尘极和放电极；设计为每天冲洗一次，实际运行可根据锅炉负荷优化清洗周期；冲洗水压力为 > 0.3MPa，每次冲总洗时间为 8~12min，单台炉总清洗耗水量 10m³/ 次。（设计 4 个电场区单独控制，每个电场冲洗 2~3min，水清洗系统与供电装置分区相对应，采用自动控制，各电场区交错完成。）

均流装置清洗及积水斗清洗也为间断喷水方式设计为每隔 3~5 次 /d，实

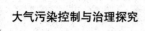

际运行可根据锅炉负荷优化清洗周期；冲洗水压力为 > 0.3MPa，每次冲总洗时间为 8~12min。

湿式电除尘器满负荷正常运行时收集烟气中水雾滴和冷凝水总量约 3~5m³/h，锅炉负荷降低则收集水量减少，该部分收集水量为连续外排水量；设备冲洗过程时，短时间内冲洗水量会增加 10m³/次，该部分水量为间断瞬时水量，短时间内对脱硫系统总水平衡影响不大，水量汇总后通过除尘器积水斗下部的排水管路排出。积水斗底部设置排水管口，能够满足正常运行和喷水冲洗时排水要求，排水管汇总后排放到脱硫浆液地坑中，通过浆液循环泵打回到脱硫浆液循环系统中，不破坏脱硫系统水平衡。

（五）结束语

电厂通过增设湿式电除尘器，达到国家 2014 年 7 月 1 日实施的烟囱烟尘排放浓度 ≤ 20mg/m³ 这一环保重点要求，同时 PM2.5 这种吸肺型粉尘有较高的收集率，可减少对人体的危害；每年平均可减少粉尘排放量约 1294t/台炉。除尘效率提高，污染物排放浓度降低，使企业的形象得以提升，同时也是对国家节能环保政策的积极响应；污染物排放浓度的降低充分体现了企业对环境保护的高度重视以及对建立和谐社会、环境友好型社会的责任感。

第四节　喷涂行业 VOCs 治理工程实践

一、行业特点

1.概述

喷涂行业为保护或装饰加工对象，在加工对象表面覆以涂料膜层的工业行业。随着社会经济的发展，喷涂行业应用领域随之增多，实现了在手工作业及工业自动化生产中的广泛应用。而在具体的喷涂操作过程中有机溶剂不会附着在工件表面，因沸点较低，在常温常压下极易挥发产生大量喷涂废气，其主要来源于溶剂和稀释剂，是典型的挥发性有机废气（VOCs）。其废气特点为：风量大、浓度低、组分复杂、含漆雾等固体颗粒物、相对湿度较大（因喷涂废气一般系用湿式除漆渣方式）等特点。

2. VOCs 治理背景

挥发性有机物化合物（VolatileOrganicCom-pounds，简称 VOCs）是指在标准状态下饱和蒸汽压较高、沸点较低、分子量小、常温状态下易挥发的有机化合物。挥发性有机物作为 $PM_{2.5}$ 和 O_3 的重要前驱体，随着挥发性有机污染物的排放，对环境造成严重危害，严重威胁到人类的健康。其防治引起国内外广泛关注与研究。我国近年来对此高度重视，制订了一系列相关政策标准，挥发性有机物的治理成为我国大气治理重点工作内容之一。

3. 风量计算取值

喷漆房废气处理风量计算方法，即风量计算公式，使用的风量计算方式有 y 以下两种：

（1）风量 = 车间体积 × 换气次数

（2）风量 = 车间面积 × 风速

换风要求参考《洁净厂房设计规范》（GB500732013）见表 1-1。

表 1-1　工业生产车间换气设计参数表

项目	设计 / 取值
一般环境要求的换气次数	25~30 次
人流密集场所	30~40 次
人流密集或高温场所或车间	40~50 次
高温既有严重污染场所或生产车间	50~60 次

备注：

①南方潮湿地区，换气次数应适当增加；

②北方干燥地区，换气次数可以适当减少；

③有关洁净车间换气次数还应参考洁净车间等级表

喷漆室送排风采用上送下排式、侧送侧排的，其控制点为喷漆室断面，控制风速要求参考《涂装作业安全规定 - 喷漆安全技术规定》（GB14444-2006），见表 1-2。

表 1–2　喷房风速设计参数表

操作条件 （工件完全在室内）	干扰气流 （m/s）	类型	控制风速	
			设计值	范围
静电喷涂或自动无空气喷涂（室内无人）	忽略不计	大型喷涂室	0.25	0.25
		中小型喷涂室	0.50	0.38~0.67
手动喷漆	≤ 0.25	大型喷涂室	0.5	0.38~0.67
		中小型喷涂室	0.75	0.67~0.89
手动喷漆	≤ 0.5	大型喷涂室	0.75	0.67~0.89
		中小型喷涂室	1.00	0.77~1.3

收集罩或者水帘柜通排风量计算：

通风柜风量计算公式为：$L=L1+vF\beta$

其中：L1—柜式通风罩内污染物气体发生量及物料、设备带入的风量，m^3/s；

v—工作面（孔）上的吸入风速，m/s，参考表 1-4；

F—工作面（孔）和缝隙的面积，m^2；

β—考虑工作面风速不均匀的安全系数，取值范围为 1.05~1.1。

表 1–4　通风柜设计风速表

污染物的性质	取值（m/s）
无毒污染物	0.2~0.375
有毒或者有危险污染物	0.4~0.5
剧毒或者放射性污染物	0.5~0.6

二、案例分析

本案例以山东省某汽车零件加工企业喷涂产生的有机废气处理系统为依托。

1. 企业简介

企业涂装车间有 PP1 线 1 条（4 套喷房）、PP2 线 1 条（3 套喷房）、烘炉 2 个，含刮渣间、调漆间、漆料储存间、危废间等辅房，喷房经水帘预处理收集，刮渣间 1 个、危废库 1 个。

2. 有机废气处理工艺简介

VOCs 治理广泛采用的有吸收法、生物法（包括生物膜法和生物过滤法）、吸附法、燃烧法、冷凝法等，近年来发展的新型工艺有等离子体分解法、电晕法、光催化和臭氧分解法，同样具有广阔的应用前景。以下选取几种常见工艺做简单对比介绍。

2.1 吸收法

吸收法是指用液体吸收剂来吸收 VOCs 的方法。常见的液体吸收剂有煤油、柴油、水等。吸收剂的性能和吸收设备的结构将会影响吸收 VOCs 的效率，因此对吸收剂的选择非常重要。一般要求液体本身无毒、稳定性强且 VOCs 在其中易溶，吸收设备要使吸收剂与气体有较大的接触面积，绪构封闭，寿命长等。因为要对吸附剂进行后期处理，所以吸收法容易产生二次污染。

2.2 生物法

生物法利用微生物对有机物进行自然的分解、降解，最终将有机物转化为二氢化碳和水等产物，这种方法作过程简单。产生的二次污染小，成本相对较低，但处过程时间长，效率低，同时生物对环境条件要求高，处理混合有机物气较为困难。

2.3 冷凝法

冷凝法是利用降低温度或提高系统压力将气态的 VOCs 转为其他形态，在这一过程中，转化后的 VOCs 通过形态的改变得以去除，冷凝法可以将部分有必要回收利用的 VOCs 从废气中分离出来，也运用于一些组分为简单，浓度大的 VOCs 废气，一般会在冷凝法的基础上，增加吸收和吸附等分案技术，可以提高冷凝法的效率，减少设备使用过程中产生的费用。

2.4 燃烧法

2.4.1 直接燃烧

直接燃烧法就是把可燃挥发性有机物当作燃料直接燃烧的方法。直接燃烧的过程中，需要保证氧气充足，挥发性有机物与氧气均匀合，这样才能达到理想的处理效果，否则会产生二次污染。火炬常作为直接燃烧的设备，适用于只要补充空气、不要补充燃料的工业有机废气的处理。火炬燃烧法相对比较安全，成本较低，但是燃烧不完全会造成大量污染物，资源也不能回收。

2.4.2 蓄热燃烧

目前主要有 2 种燃烧系统：蓄热式热力学氧化器（RTO）和蓄热式催化氧化器（RCO）。RTO 采用蓄热式烟气余热回收装置，进气后对 VOCs 废气先在预热中处理，再利用少量可以助燃烧的物质进行燃烧，净化后的气体进行冷却，将进口处的废气预热，能极大地回收温烟气的显热，能耗低，处理效率高，蓄热催化燃烧（RCO）技术是在 RTO 基础上发起来的，与 RTO 不同的是在燃解室加入了催化剂，它的最大优点是不会生成氮氧化物，这两种反应器均由热室、燃烧室、阀门系统组成。该类方法净化效率较高。

3. 处理工艺比选

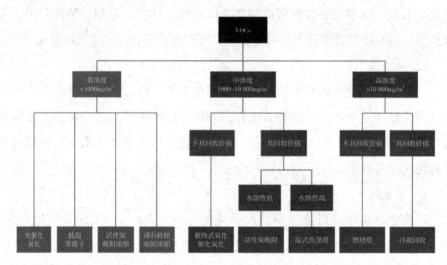

总体来说，VOCs 末端治理技术主要有以下两大类，应根据项目具体情况选择相应的治理工艺。

一类是回收技术，治理的基本思路是对排放的 VOCs 进行吸收、过滤、分离，然后进行提纯等处理，再资源化循环利用。比如吸附回收技术、吸收技术、冷凝技术和膜技术等。

另一类是销毁技术，处理的基本思路是通过燃烧等化学反应，把排放的 VOCs 分解化合转化为其他无毒无害的物质。比如燃烧技术、生物技术、紫外光催化氧化和等离子体技术等。

本项目产生的有机废气风量较大，浓度低，且不具有再回收利用价值。对此，适用的治理技术有吸附浓缩催化或蓄热氧化组合技术。

表 2-1 沸石转轮与蜂窝活性炭吸附浓缩装置对比表

序号	比较项目	新型旋转式	传统固定床
1	吸附材料	沸石分子筛	蜂窝活性炭
2	吸附效率	90%—95%	<85%
3	安全性	吸附材料为无机硅酸盐，不燃，杜绝着火隐患	吸附材料为炭基质，易燃
4	材料寿命	10 年左右	一般 2 年更换一次，且活性炭易燃，属于危险废弃物，按照规范应交由当地有资质单位进行处理
5	脱附浓度	稳定	不稳定
6	运行稳定性	高吸附、脱附出口浓度连续稳定，便于控制	低吸附、脱附出口浓度变化，相应控制阀频繁动作
7	控制阀	无，维护费用低	多，维护费用高

与其他吸附介质相比，沸石具有吸附能力强、不可燃、耐化学性好、热稳定性强、使用寿命长等优点，在废气治理领域得到广泛应用。

表 2-2　燃烧氧化技术对比表

对比项目	催化氧化 CO	蓄热催化氧化 RCO	蓄热氧化 RTO
处理效率	> 95%	> 95%	> 99%
燃烧温度	300-500℃	300-500℃	760-1000℃
设备投资	低	高	高
运行成本	中	低	低
维护成本	高	高	低
占地面积	小	大	大
安全性	中	高	高
废气浓度	中高浓度 2500-3000mg/m³ 最佳	中低浓度	中低浓度

对比项目	催化氧化 CO	蓄热催化氧化 RCO	蓄热氧化 RTO
主要应用	主要针对含烃类、苯类、酮类、酯类、醚类、酚类、醇类等废气	涂装线、印刷、化学合成工艺、石油炼制	涂装线、印刷、化学合成工艺、石油炼制
工艺特点	高浓度时维持自燃，能耗仅为风机功率，浓度较低时，需要间歇性加热补偿	有较高的换热效率，节能显著，兼备催化燃烧的特点	有较高的换热效率，节能显著，兼备催化燃烧的特点
公用工程	压缩空气、电力	压缩空气、电力、燃油、燃气	压缩空气、电力、燃油、燃气
不足	催化剂成本高，需要定期更换，催化剂催化效果不稳定，受风速、温度影响较大，若浓度波动较大，可能会造成催化剂超温失效	设备一次投入高，催化剂成本高，需要定期更换，催化剂催化效果不稳定，受风速、温度影响较大，若浓度波动较大，可能会造成催化剂超温失效，占地面积大	设备一次投入高，工作温度高，对设备硬件及保温要求高，占地面积大

上述可知，RCO 设备一次投入比 CO 高出很多，且 RCO 对废气浓度波动比较敏感，需要根据实际进行间歇性补热，催化剂需要定期更换，且存在失活的潜在因素，一般适合于连续生产作业。CO 炉虽然设备投入少，但催化剂存在与 RCO 同样的问题，且处理效率低于 RCO 及 RTO，无法完全保证在线检测达标的要求。RTO 运行中不需要催化剂，且处理效率高，是目前最为有效的保证达标排放的处理手段。

综上，本项目宜采用沸石分子筛吸附浓缩 – 蓄热氧化组合治理技术。

因此，本方案采用的工艺流程图简图如下：

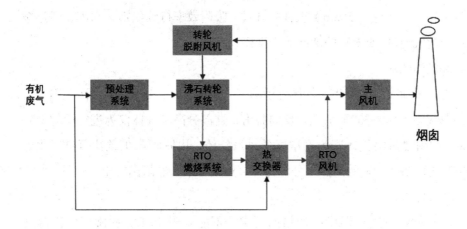

1-1 工艺流程简图

4.工艺流程

（1）工艺流程示意图：

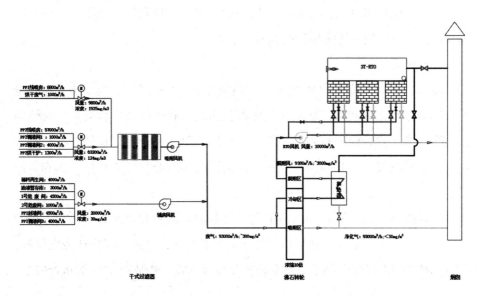

预处理＋沸石吸附浓缩＋RTO 工艺流程图

工艺流程说明：

①气体吸附

废气经过干式过滤器除雾、除尘、除湿等，在主风机作用下 VOCs 废气进入沸石转筒，吸附材料采用微孔活性碳纤维＋沸石（孔道＜2nm）及介孔沸石（2nm＜孔道＜50nm）组合的方式，吸附效率持续稳定＞90%，经过净化后的废气通过15米高的烟囱达标排放。

②气体脱附

被分子筛吸附的VOCs气体分子随着转轮的旋转被送往再生区（脱附区），由高温气体（180-200℃）进行反向脱附，这部分高温气体仅为进气量的1/3-1/20，脱附之后的气体变为高浓度低风量气体，由脱附风机送往蓄热氧化炉（RTO炉），在850℃的高温下分解为二氧化碳和水，经烟囱排出。

③气体冷却

沸石材料对废气温度有严格的要求，不能高于40℃，脱附区经高温气体脱附后，该区域吸附材料温度较高，无法进行下一步吸附浓缩，因此沸石转轮设置有冷却区，采用常温气体对脱附后的区域进行冷却，并将温度降至40℃以下，保证沸石转轮的高效吸附。

沸石转轮在减速机的作用下，低速稳定转动，吸附区、脱附区、冷却区循环进行，废气处理持续稳定的吸附、脱附。

④蓄热氧化

脱附后的高浓度有机废气送至蓄热氧化炉（RTO炉），在850℃的高温下分解为二氧化碳和水，从而使气体得到净化。利用部分炉膛高热气换热加热脱附气流，供转轮转轮脱附使用，焚烧后产生的大量热量被储存在蓄热陶瓷内，供脱附来气预热使用，这样可最大限度地降低燃气消耗量，达到节能目的。

当有机物浓度达到利用自身氧化燃烧释放出的热量可维持自燃时，RTO炉运行时，只需要很少的补热功率甚至不需要补热，可最大限度地降低能耗，同时，RTO炉配置泄爆装置、测温装置及补冷装置，可保证RTO炉运行安全、可靠。

5.运行成本分析

（1）项目投资及每年的运行成本

表 2-19　项目投资及每年的运行成本估算表

项目		数据
项目总投资 / 元		4150000
项目每年的运行成本	过滤器更换费用 / 元	134800
	沸石转轮更换费用 / 元	230000
	RTO 燃气费 / 元	738200
	电费 / 元	703872
	合计 / 元	1806872

6. 设备维保

本项目废气设备每处装置都设有检修空间及检修位置，便于后期检修、维护；

干式过滤器设置检修门及观察视窗，维护人员可以从外部查看内部情况，也便于进入过滤器中进行更换滤材，内部设置有爬梯及平台，方便、快捷；

转轮设置有检修门，可以打开进入；并设置有视窗，便于观察转轮使用情况；

RTO 炉膛设置检修口便于 RTO 的日常维护和检修；

风机设置检修口，便于风机加润滑油及皮带等元器件的检查更换；

整套控制系统自动化程度高，可以通过 PLC 面板直接控制显示系统运行，当某个部件出现故障时可以之间通过控制面板显示，方便于设备故障维修维护。

第五节　化工行业 VOCs 治理工程实践

一、项目概况

山东某液晶材料生产企业，是专门从事生产、销售、研究、开发的其他有限责任公司，本项目废气来源于单晶和 OLED 和 PCO 生产（1# 和 2# 厂房）、纯化车间（2 号厂房五车间）、溶剂回收车间（甲苯）、污水站产生的高浓度有机废气（包括污水站调节池、气浮池、罐区、双效）。废气的主要成分为甲苯、四氢呋喃、甲醇、二氯乙烷、石油醚等。为了满足当地环保部门最新的排放标准，本套废气净化设备采用先进的"蓄热氧化燃烧＋吸收塔吸收"的工艺，使排放废气实现达标排放。

二、生产废气情况

根据企业提供的数据及技术人员设计，确定本项目的设计参数如下：车间#排放废气风量为24000m³/h，污水站排放废气风量为6000m³/h，合计30000m³/h。

表1　废气成分表

序号	废气组分	分子式	分子量	沸点℃	燃烧热 kJ/mol	引燃温度℃	爆炸下限 %	占比
1	甲苯	C7H8	92.14	110.6	3910.3	480	1.1	0.244
2	四氢呋喃	C4H8O	72.11	66	2515.2	321	1.8	0.258
3	甲醇	CH4O	32.04	64.7	723	464	6	0.202
4	二氯乙烷	C2H4Cl2	98.96	83.5	1243.9	413	6.2	0.114
5	石油醚	C7H7BrMg	195.34	30~130	—	232~280	1.1	0.044
6	苯	C6H6	78.11	80.1	3264.4	560	1.2	0.078
7	乙醇	C2H6O	46.97	78.3	1365.5	243.1	3.3	0.047
8	正己烷	C6H14	86.18	69	4159.1	225	1.1	0.012
9	合计							1

表2　废气浓度表

废气来源	RTO处理前总VOCt/a	设计风量 m³/h	进口浓度 mg/m³	排放浓度 mg/m³	VOC排放量 t/a	VOC去除量 t/a
生产车间	267.61	24000	1549	15.5	2.68	264.9
污水站	86.40	6000	2000	20.0	0.86	85.5
合计	354.01	30000	1639	16.4	3.54	350.5

由原料平衡计算，本项目 RTO 入口平均废气浓度计算数据为 1639mg/m³，考虑到实际运行中浓度波动，本项目选取 20% 余量，即实际 RTO 入口浓度设计为 2000mg/m³。

经处理的废气排放满足山东省挥发性有机物排放标准 DB37/2801.6—2018《挥发性有机物排放标准第 6 部分：有机化工行业》表 1 有机化工企业或生产设施 VOCs 排放限值的"其他行业"排放标准及表 2 废气中有机特征污染物及排放限值（相关）。

表 1　有机化工企业或生产设施 VOCs 排放限值（其他行业）

行业名称	生产工艺或设施	污染物项目	浓度限值 单位为毫克/立方米（mg/m³）		速率限值[1] 单位为千克/小时（kg/h）	
			I 时段	II 时段	I 时段	II 时段
其他行业（除上述行业外的有机化工行业）	有机废气排放口	苯	4	2	0.3	0.15
		甲苯	10	5	0.6	0.3
		二甲苯	15	8	0.6	0.3
		VOCs	120	60	6.0	3.0
所有行业	有机废气排放口	废气中有机特征污染物	表 2 所列有机特征污染物及排放浓度限值		—	—

注[1]：污染治理设施处理效率达到 90% 及以上时，不执行排放速率限值要求。

三、常用的有机废气处理技术选择

在进行工艺选择时，应结合排放废气的浓度、组分、风量、温度、湿度、压力以及生产工况等，合理选择 VOCs 末端治理技术。实际应用中，企业一般采用多种技术的组合工艺，提高 VOCs 治理效率。

1. 催化氧化技术（CO）

催化氧化技术是通过催化剂的作用减低挥发性有机物的氧化反应所需的温度，与直接燃烧相比，由于燃烧温度较低，对设备材料和保温的要求相应减低，同时排气温度通常也低于直接燃烧，达到一定的节能效果，总体占地面积小，风量不大投资相对较小。催化工艺在选择催化剂时要全面考虑来气的情况，确保催化剂在使用过程中不出现失活现象才能达到设计的性能和使用寿命。由于采取的是间壁式换热装置，其热回收率相对较低。

此外，由于本项目中处理的有机废气含氯，会造成催化剂中毒，进而在较短时间造成催化剂失效，因此本项目不宜采用催化燃烧工艺（包括活性炭吸附浓缩＋催化燃烧）进行处理。

2. 蓄热催化氧化技术（RCO）

工作原理：第一步是催化剂对 VOCs 分子的吸附，提高了反应物的浓度。第二步是催化氧化阶段降低反应的活化能，提高了反应速率。借助催化剂可使有机废气在较低的起燃温度下，发生无氧燃烧，分解成 CO_2 和 H_2O 放出大量的热，与直接燃烧相比，具有起燃温度低，能耗小的特点，某些情况下达到起燃温度后无须外界供热，反应温度在 250~400℃。

与上述工艺相同，由于本项目中处理的有机废气含氯，会造成催化剂中毒，进而在较短时间造成催化剂失效，因此本项目不宜采用蓄热催化氧化技术（RCO）进行处理。

3. 直接焚烧法

高浓度可燃有机废气宜采用直接燃烧法。直接燃烧方法需要燃烧空间中有足够高的温度和足够的氧气。如果氧气量不足，燃烧将不完全；如果氧气含量过多，可燃物的浓度将不在点火极限之内，并导致不完全燃烧。为了防止气体爆炸，通常在锅炉或敞开的燃烧器中燃烧废气，燃烧温度大于 1100℃。但是当燃烧不完全时，会导致一些污染物和烟尘排放到大气中，燃烧的热能无法回收，从而造成燃料的能量损失。

焚烧含氯、溴有机物和芳烃类物质时极易产生二噁英类强致癌物质，尤其在焚烧炉启动和关闭过程中更易产生，为避免二噁英类物质产生，须提高燃烧温度至 1200℃以上，但保持如此高的燃烧温度不仅运转费用高，而且对焚烧炉的要求也大大提高。由于本项目含有大量的氯元素，因此，考虑经济效益与达标情况不宜采用直接焚烧工艺。

4. 蓄热燃烧法（RTO）

RTO，是一种高效有机废气治理设备。与传统的催化燃烧、直燃式热氧化炉（TO）相比，具有热效率高（≥95%）、运行成本低、能处理大风量低浓度废气等特点，浓度稍高时，还可进行二次余热回收，大大降低生产运营成本。

其原理是在高温下将可燃废气氧化成对应的氧化物和水，从而净化废气，并回收废气分解时所释放出来的热量，废气分解效率达到99%以上，热回收效率达到95%以上。

炉体内壁可做防腐处理。系统把有机废气加热到760℃以上（以废气成分为最终设置依据），使废气中的挥发性有机物在燃烧室中氧化分解成二氧化碳和水。氧化产生的高温气体流经特制的陶瓷蓄热体，使陶瓷体升温而"蓄热"，下个过程是废气从已经"蓄热"的陶瓷经过，将陶瓷的热量传递给废气，有机废气通过陶瓷作为换热器载体，反复进行热交换，从而节省废气升温的燃料消耗，降低运行成本。在中高浓度的条件下，RTO可以对外输出余热，通过蒸汽、热风、热水等形式加以利用，在满足环保目标的同时，实现经济效益。

废气中的含卤素、含氮气体，经过RTO燃烧后，会产生含卤素无机物和无机盐，因此，废气经过水洗塔冷却降温后需要经过碱洗塔进行处理，去除上述物质，避免这些物质对排放系统的腐蚀及超标排放。

综上所述，适合本项目的工艺为"蓄热氧化燃烧＋吸收塔吸收"工艺进行处理。

四、废气处理工艺流程

（1）碱洗预处理

每条生产线废气的废气经过"三级碱液喷淋"装置，去除废气中的酸性及部分水溶性气体，由喷淋塔后端的引风机提供动力，废气进行下一步处理。

（2）混合除雾

废气经过预处理系统后，在主风机作用下含有水汽的VOCs废气进入混合器内进行混风，混合后的废气经由装有除雾填料的除雾塔，对废气中的水雾进行充分拦截。

（3）蓄热氧化

除雾后的高浓度有机废气送至蓄热氧化炉（RTO炉），在850℃的高温下分解为二氧化碳和水，从而使气体得到净化。焚烧后产生的大量热量被储存在蓄热陶瓷内，这样可最大限度地降低燃气消耗量，达到节能目的。

当有机物浓度达到利用自身氧化燃烧释放出的热量可维持自燃时，RTO炉运行时，只需要很少的补热功率甚至不需要补热，可最大限度地降低能耗，同时，RTO炉配置泄爆装置、测温装置及补冷装置，可保证RTO炉运行安全、可靠。

（4）氧化后冷却

氧化后的废气需要经过后处理程序，此时的废气带有较高的热量，为提高后处理效率，氧化后的废气需要先经过冷却，冷却装置采用水喷淋冷却塔，废气经冷却后进入后续处理设备。

（5）碱洗后处理

废气中废气中的含卤素、含氮气体，经过RTO燃烧后，会产生含卤素无机物和无机盐，因此，废气经过水洗塔冷却降温后需要经过碱洗塔进行处理，去除上述物质，避免这些物质对排放系统的腐蚀及超标排放。

参考文献

[1] 曹琴琴.大气环境治理对经济增长影响的实证研究 [D].上海：上海师范大学，2021.

[2] 柴发合.我国大气污染治理历程回顾与展望 [J].环境与可持续发展，2020，45（03）：5-15.

[3] 陈莹.大气污染对环境的危害与治理方案研究 [J].资源节约与环保，2020（09）：136-137.

[4] 陈雨捷，叶向航，毛其乐.环境工程中大气污染的危害与治理分析 [J].绿色环保建材，2021（02）：37-38.

[5] 关丽辉，于静.城区大气无污染的控制与治理 [J].北京农业，2014（33）：218.

[6] 韩春，章文斌，李海浪.城区大气污染的控制与防治 [J].资源节约与环保，2020（07）：27-28.

[7] 赫洁.大气污染区域联防联控中 VOCs 的控制研究 [D].天津：河北工业大学，2012.

[8] 李倩，陈晓光，郭士祺，郁芸君.大气污染协同治理的理论机制与经验证据 [J].经济研究，2022，57（02）：142-157.

[9] 李士雷.我国环境工程中大气污染的危害与治理方案 [J].资源节约与环保，2018（01）：13-14.

[10] 李晓龙.大气污染检测与治理 [J].化学工程与装备，2022（04）：262-263.

[11] 李雪松，孙博文.大气污染治理的经济属性及政策演进：一个分析框架 [J].改革，2014（04）：17-25.

[12] 李优楠.区域工业大气污染源排放清单智能优化与减排研究 [D].杭州：浙江大学，2021.

[13] 李子娟，宋宛益，冯玲.大气污染与环境监测治理技术分析 [J].皮革制作与环保科技，2022，3（02）：56-58.

[14] 刘茜.大气污染的危害及治理对策研究 [J].皮革制作与环保科技，2021，2（14）：2-4.

[15] 刘学民.环境规制下雾霾污染的协同治理及其路径优化研究 [D].哈尔滨：哈尔滨工业大学，2020.

[16] 刘学永.大气污染环境监测与治理对策的思考 [J].清洗世界，2021，37（06）：149-150.

[17] 罗文剑，李娟.政府协同治理大气污染的激励相容制度分析 [J].江西社会科学，2019，39（11）：196-203.

[18] 马玲.城区大气污染的控制与治理思考 [J].资源节约与环保，2015（03）：197.

[19] 马喜立.大气污染治理对经济影响的 CGE 模型分析 [D].北京：对外经济贸易大学，2017.

[20] 聂丽，张宝林.大气污染府际合作治理演化博弈分析 [J].管理学刊，2019，32（06）：18-27.

[21] 邱志诚，林丽衡，李光程，云龙.大气污染环境监测技术及治理方案 [J].化工管理，2022（12）：54-57.

[22] 司鑫鑫.浅析大气污染控制的现状及措施 [J].能源与节能，2013（08）：88-89.

[23] 孙丹，司尧迪，刘昌威，薛俊.空气自动监测在大气污染治理中的作用 [J].皮革制作与环保科技，2021，2（23）：42-44.

[24] 孙鹏举.我国雾霾污染法律治理研究 [D].太原：山西财经大学，2014.

[25] 唐亮.城市大气污染成因与治理对策分析 [J].中国资源综合利用，2021，39（10）：156-158.

[26] 田园.大气污染治理的政府行为对策探讨建议 [J].清洗世界，2021，37（11）：97-98.

[27]   王冰，贺璇 . 中国城市大气污染治理概论 [J]. 城市问题，2014（12）：2-8.

[28]   王亚明 . 企业 VOCs 污染控制与治理措施分析 [J]. 工程技术研究，2021，
       6（13）：4-5.

[29]   魏巍贤，马喜立，李鹏，陈意 . 技术进步和税收在区域大气污染治理中
       的作用 [J]. 中国人口·资源与环境，2016，26（05）：1-11.

[30]   张杰 . 城市大气污染成因与治理对策分析 [J]. 中国标准化，2019（16）：
       217-218.

[31]   周军军，张乐，杨海连，王发恩 . 大气环境污染监测及环境保护措施 [J].
       智能城市，2021，7（09）：120-121.